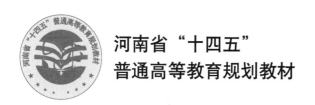

河南省"十四五"
普通高等教育规划教材

"大学计算机基础"
课程思政特色教材

U0162118

大学计算机基础

课程思政版

主　编　杨奎武　赵　俭　侯雪梅
副主编　南　煜　张俭鸽　刘洪波

国防工业出版社

·北京·

内 容 简 介

本书是河南省"十四五"普通高等教育规划教材,是省级一流建设课程"大学计算机基础"的主讲教材。本书以2020年教育部《高等学校课程思政建设指导纲要》提出的"培养学生精益求精的大国工匠精神,激发学生科技报国的家国情怀和使命担当"为指导思想,以计算思维的培养为主线进行编撰。

全书共分为9章,主要内容包括计算与计算思维、信息表示、程序设计基础、计算机系统、数据库技术、计算机网络、多媒体技术基础、信息安全、计算机新技术等。

本书内容丰富、层次清晰、通俗易懂、易教易学,在内容上既符合精品课程的政治性、高阶性要求,又有着一定的创新性和挑战度,旨在为高校教师提供得心应手的课程教材,也为大学生计算机应用能力培养、计算思维养成打下坚实的基础。另外,本书配有电子教案以及内容丰富的教学资源,也有着对应的线上精品课程,便于广大师生的教与学。

图书在版编目(CIP)数据

大学计算机基础:课程思政版/杨奎武,赵俭,侯
雪梅主编. —北京:国防工业出版社,2022.8(2024.7 重印)
ISBN 978 – 7 – 118 – 12628 – 0

Ⅰ.①大… Ⅱ.①杨… ②赵… ③侯… Ⅲ.①电子计
算机 – 高等学校 – 教材 Ⅳ.①TP3

中国版本图书馆 CIP 数据核字(2022)第 166393 号

※

国防工业出版社出版发行
(北京市海淀区紫竹院南路 23 号 邮政编码 100048)
三河市天利华印刷装订有限公司印刷
新华书店经售

*

开本 787×1092 1/16 插页 2 印张 15½ 字数 350 千字
2024 年 7 月第 1 版第 4 次印刷 印数 4001—8000 册 定价 68.00 元

(本书如有印装错误,我社负责调换)

国防书店:(010)88540777 书店传真:(010)88540776
发行业务:(010)88540717 发行传真:(010)88540762

前　言

从 2015 年 2 月美国政府禁止英特尔公司向中国出口超算芯片开始,中美科技领域的竞争日趋白热化。2019 年 5 月,美国政府以所谓安全名义,打压中国民营企业华为公司,对其实施"科技禁运",更标志着中美科技竞争达到了前所未有的高潮。科学技术在成为推动社会发展进步核心动力的同时,也成为世界各国竞争的高地和焦点。科学技术作为社会发展进步的重要推动力量,科技兴则民族兴,科技强则国家强,关键核心科技一定要牢牢掌握在自己手中。

近年来,全国高校计算机基础教育改革一个重要的主题就是开展课程思政教育教学改革,强化课程的价值引领。本书正是在中美科技竞争以及课程思政教育改革的背景下完成的。教材以"科技有国界,祖国有成就"作为切入点,在立足高校学生计算思维培养、训练的同时,更加凸显青年人民族自强、文化自信、科技自立的精神塑造。教材通过精心选取与教学内容密切相关的思政元素,将思政教育隐性融入专业教学,从而实现知识传授、能力培养与价值引领的有机融合。

"大学计算机基础"作为高等院校第一门计算机课程,受众面广,影响力大,是高校新生能力培养、价值塑造的优良沃土,因此更应当主动抬高站位,强化责任担当,肩负起立德树人的根本任务,这也是本书撰写的出发点。

全书分为 9 章,分别是计算与计算思维、信息表示、程序设计基础、计算机系统、数据库技术、计算机网络、多媒体技术基础、信息安全和计算机新技术。在教学内容方面,把重点放在学生计算思维能力培养和信息素养养成上,以 Python 语言贯穿课程始终,突出动手能力训练,强调在分析问题和解决问题中达成能力素质的跃升,同时强化价值引领和精神塑造,从而实现能力和价值的双提升。

本书第 1、8 章由杨奎武编写,第 2 章由刘洪波编写,第 3 章由南煜编写,第 4 章由赵俭编写,第 5 章由张俭鸽编写,第 6 章由侯雪梅编写,第 7 章由

**本书配套
线上课程**

中国大学
MOOC 网

头歌实践
平台

张俭鸽、刘洪波共同编写,第 9 章由杨奎武、赵俭共同编写,全书由杨奎武统稿。信息工程大学罗军勇教授、周刚教授、陈越教授以及吴建萍和陈宇飞老师对本书提出了许多宝贵意见和建议;国防工业出版社王九贤老师在本书出版过程中付出了大量心血,在此一并表示深深的感谢,谢谢大家!

由于时间紧迫以及作者水平有限,书中难免有不足之处,还恳请各位读者和专家批评指正!

编者
2022 年 1 月

目　录

第1章
计算与计算思维

计算机诞生至今已经有70多年的历史，如今计算机已经渗入到人们生活的各个方面，有力地推动了社会的发展与进步，同时也带来了相应的风险和挑战。信息时代的青年，不但要了解和学会使用计算机，还要具备计算思维，学会如何利用计算机解决现实问题。

第1章电子教案

1.1 计算概论

从世界上第一台计算机诞生至今,计算机已经有 70 余年的历史了,计算机作为通用、强大的计算工具,目前已经广泛应用于社会生产、生活的各个领域,成为当前人类必不可少的计算工具,有力地推动了社会的发展和进步。了解计算机、使用计算机、利用计算机解决现实问题成为信息社会对人的基本要求。

1.1.1 计算与计算工具

1. 计算的定义

"计算"一词在日常生活、工作学习中经常出现,例如:

(1) 饮料 3 元 1 瓶,买 4 瓶送 1 瓶,计算一下买 11 瓶饮料需要多少钱;

(2) 通过微积分计算一个曲面梯形的面积;

(3) 从投票情况计算和分析美国大选结果;

(4) 利用前几天的天气指标观测值,计算预测下一周的天气情况;

(5) 故父母之于子也,犹用计算之心以相待也,而况无父子之泽乎!(《韩非子·六反》)

从以上的例子中我们对计算给出这样的描述:计算是一种将单一或多个输入值转换为单一或多个输出结果的一种思考过程;或者说计算是在某计算装置上(纸笔、人脑、机器)根据已知条件,从某一个初始点开始,在完成一组良好定义的操作序列之后,得到预期结果的过程。其中"一组良好定义的操作序列"就是算法。计算不仅是数学的基本技能,也是自然科学研究的基本工具。从事计算所使用的器具或辅助计算的实物称为计算工具。

2. 计算工具简史

人人都拥有计算能力,但人的计算速度却不高,如我国古代数学家祖冲之将圆周率推算至小数点后 7 位花了整整 15 年;我国第一颗原子弹研制时,为了能够快速运算,出现了几百名数学家集体打算盘的壮观场面。追求快速计算的能力是我们人类一直向往的目标,为此人类也发明了许多辅助计算的工具。

(1) 算筹和算盘(拓展阅读 1-1:算筹和算盘)。算筹是我们祖先在春秋战国时期就发明的一种计算工具,由木头、竹子或骨头制作而成,根据不同的摆放规则进行计算,算筹是世界上最早的计算工具。到了唐代,算筹演化为算盘。算盘是世界上最早的手动计数器,一直沿用至今,其所使用的珠算口诀则是世界上最早的体系化算法。

算筹和算盘

(2) 计算尺。1622 年,英国数学家奥特瑞德根据对数原理设计了计算尺,可以用于执行加、减、乘、除、指数、三角函数等运算,计算尺发明后,就成为科学工作者和工程技术人员的重要工具,直到 20 世纪 70 年代才被计算器所取代。

(3) 加法器。1642 年,法国数学家帕斯卡发明了帕斯卡加法器,它采用齿轮旋转执行进位操作,是人类历史上第一台机械式计算设备。人们发现机械过程与人的思维过程很像,可以用机械来模拟人的思维。

（4）计算器。1673 年,德国数学家莱布尼茨在加法器的基础上发明了可以进行四则运算的计算器。计算机在进行乘法运算时采用了进位加的方法,这种方法后来被现代计算机所采用。

（5）差分机。19 世纪初法国人发明的提花编织机启发了英国剑桥大学的查尔斯·巴贝奇教授,他于 1812 年设计了差分机,创新性地采用了寄存器来存储数据,体现了早期程序设计的思想。

（6）分析机。1832 年查尔斯·巴贝奇开始了分析机的研究,在分析机的设计中,他采用了存储装置、运算装置和控制装置 3 种具有现代意义的装置,充分体现了现代电子计算机的设计思想。

这些计算工具虽然大大提高了计算速度,但仍远远不能满足人们的需要。第二次世界大战期间,为了能够解决传统计算方法对炮弹弹道计算速度过慢的问题,科学家发明了电子计算机,从此人们才从繁重的计算中解放出来。

1.1.2　计算机的诞生

在 20 世纪以前,人们普遍认为,所有的问题都是有算法的,人们的计算研究就是找出这些算法。但是 20 世纪初,人们发现有许多问题经过长期研究,仍然找不到算法。于是,人们开始怀疑,是否对有些问题来说,根本就不存在算法,即它们是不可计算的。那如何判定一个问题是可计算还是不可计算呢? 这就不得不提到图灵和图灵机了。图灵不但解决了可计算的判定性问题,还提出了最早的计算机理论模型——图灵机。

20 世纪上半叶,图灵机、ENIAC 电子计算机和冯·诺依曼体系结构的出现在理论上、工作原理、体系结构上奠定了现代计算机的基础,具有划时代的意义。

1. 图灵和图灵机

阿兰·图灵(拓展阅读 1 – 2:阿兰·图灵) (Alan Mathison Turing,1912—1954,如图 1 – 1所示)是英国著名科学家,在第二次世界大战中他为破译德军密码做出了巨大贡献,并因此获得了“大英帝国勋章”,这是英国皇室为对国家和人民作出巨大贡献者授予的最高荣誉勋章。

阿兰·图灵

图 1 – 1　图灵

可计算理论

图灵为了回答究竟什么是计算、什么是可计算性（拓展阅读1-3：可计算理论）等问题，在全面分析了人的计算过程后，把计算归结为最简单、最基本、最确定的操作动作的组合，1936年提出了图灵机（Turing Machine，TM）模型，为可计算性理论奠定了基础。

图灵机不是具体的机器，它是一个通用的抽象计算模型，其基本思想是用机器来模拟人们利用纸笔的计算过程。图灵机由以下几个部分构成（图1-2）。

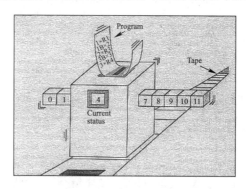

图1-2　图灵机模型

（1）一条纸带（Tape）。纸带被划分成小格，每个小格记录一个符号，其中一个特殊的符号代表空格。格子从左到右依次被编号为0，1，2，…纸带右侧可以无限延长。

（2）一个读写头（Head）。读写头在纸带上左右移动，能够读出当前格子上的符号，也可以修改格子上的符号。

（3）一个状态寄存器（Status Register）。用于保存当前图灵机的状态，状态数量一般是有限的，其中有一个特殊的状态为停机状态。

（4）一套规则（Program）。它根据当前机器的状态、读写头所在格子的符号来确定读写头下一步的动作，并改变状态寄存器的值，进入下一个的状态。

图灵机的动作完全由3个因素决定：当前状态、当前读入方格的符号、转换规则。每个转换规则由 < current_status，symbol_in，symbol_out，action，next_status > 五元组来表示。具体意思是当图灵机处于 current_status 状态时，读写头读取当前所在格子的符号是 symbol_in，则在向当前格子写入符号 symbol_out 后，执行 action 动作，并将图灵机状态修改为 next_status。

例1-1：图灵机完成2+1运算。

我们可以根据图1-3中的规则表，让图灵机完成"2+1"算术运算。从规则表可以看出，图灵机有s1、s2、s3 3种状态；纸带上的符号要么是1，要么是空格b；机器的动作包括左移L、右移R和保持不动H。数值2用符号"11"表示，数值1用符号"1"表示。如图1-3所示，图灵机初始状态为s1，读写头所处的位置为纸带左侧第一个符号"1"的位置。根据规则表，可以看出在经过多次读写操作以后，图灵机位置和状态将保持不再变化（停机状态），说明运算完成，此时纸带上的符号为"111"，表示数值3。

规则表

Current_Status	Symbol_in	Symbol_out	action	Next_Status
s1	1	1	R	s1
s1	b	1	R	s2
s2	1	1	R	s2
s2	b	b	L	s3
s3	1	b	H	s3
s3	b	b	H	s3

状态：s1，s2，s3
符号：1，b（空格）
动作：R右移1格；L左移1格；H保持不动

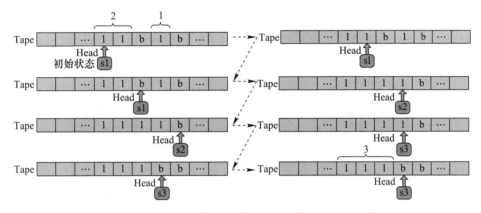

图 1-3　图灵机运算规则表及进行"1＋2"的运算过程

图灵机虽然解决一个简单的运算都非常麻烦，但是它却反映了计算的本质。直观地说，能够用图灵机进行计算，并最后停机取得结果的问题就是可计算问题，否则就是不可计算的（如哥德巴赫猜想、图灵机停机问题）。可计算性理论可以证明，图灵机拥有强大的计算能力，其功能与高级程序设计语言等价。邱奇、图灵和哥德尔曾断言：一切直觉上可计算的函数都可以用图灵机计算，反之亦然，这就是著名的邱奇-图灵论题（拓展阅读1-4：邱奇-图灵论题）。

图灵的另一个伟大贡献是提出了图灵测试（拓展阅读1-5：图灵测试），回答了什么样的机器具有智能，奠定了人工智能的理论基础，被称为人工智能之父。为了纪念图灵的杰出贡献，美国计算机学会（Association for Computing Machinery，ACM）于1966年设立了"图灵奖"（拓展阅读1-6：图灵奖），每年颁发给在计算机科学领域有杰出贡献的研究人员。图灵奖也被誉为计算机业界和学术界的诺贝尔奖。

邱奇-图灵论题

图灵测试

图灵奖

2. 第一台电子计算机

第一台电子计算机的出现实际上解决了如何快速计算的问题。目前大家普遍认为世界上第一台电子计算机是由美国宾夕法尼亚大学摩尔学院于1946年研制成功的，它的名称是电子数字积分计算机（Electronic Numerical Integrator and Computer，ENIAC），如图1-4所示。ENIAC使用了17468个电子管、70000个电阻器、10000个电容器和1500个继电器，包含6000个手动开关和500万个焊接点，重30t，占地167m^2。虽然ENIAC是个庞然大物，但它的运算速度并不算高,每秒钟只能进行5000次加减运算(是同时代运算器的1000倍),但这也足可以表明电子计算机的时代到来了,其意义和影响是划时代的,人类社会从此步入了高速发展的时代。

ENIAC也存在一些缺点:一是仅能存放20个数,无法进行大量计算;二是编程困难,改变一次程序往往需要专业人员数周的时间。所以ENIAC虽然意义深远,但对后来计算机的研究影响却不大。真正在体系结构、工作原理上为现代计算机奠定基础的是离散变量自动电子计算机(Electronic Discrete Variable Automatic Computer,EDVAC)。

图1-4 ENIAC

3. 冯·诺依曼体系结构计算机

冯·诺依曼

1944年,美籍匈牙利著名数学家冯·诺依曼(拓展阅读1-7:冯·诺依曼)(John Von Neumann,如图1-5所示)听说了ENIAC工程,并到访摩尔学院,从此以技术顾问的身份加入了ENIAC研制小组。在频繁的技术交流过程中,"存储程序"的思想逐步成熟起来。1945年6月,冯·诺依曼发表了《关于EDVAC的报告草案》,草案详细说明了EDVAC的逻辑设计,正式提出了"存储程序"的原理,逻辑上完整描述了新机器的结构,这就是所谓的冯·诺依曼体系结构。其主要思想如下:

图1-5 冯·诺依曼

(1)采用二进制表示数据。

(2)"存储程序"即程序和数据一起存储在内存中,计算机按照程序顺序执行。

（3）计算机由 5 个部分组成：运算器、控制器、存储器、输入设备和输出设备。

冯·诺依曼体系结构对计算机技术的发展产生了深远的影响，70 多年来一直沿用至今，虽然计算机在性能、应用、工作方式上不断变化，但是体系结构基本没有变，不过冯·诺依曼也谦虚地承认他的"存储程序"的想法来自图灵。

EDVAC 是人类制造的第二台电子计算机，它和 ENIAC 都不是商用计算机。1947年，ENIAC 的两个发明人莫奇莱和埃克特创立了自己的计算机公司，并于 1951 年生产了第一款商用计算机 UNIVAC，这为计算机工业奠定了基础。

1.2 计算机的发展

1.2.1 计算机分代

70 多年来，计算机体积不断减小，性能不断提高，这与电子技术的发展密不可分，因此电子器件的更新换代通常也作为计算机换代的标志，一般将计算机的发展分成 4 个阶段，如表 1-1 所列。

表 1-1 计算机的 4 个发展阶段

年代\标志	第一代 1946—1958	第二代 1958—1964	第三代 1964—1970	第四代 1970 至今
物理器件	电子管	晶体管	集成电路	大规模集成电路 超大规模集成电路
存储器	磁芯存储器	磁芯存储器	磁芯存储器	半导体存储器
代表机型	IBM 650 IBM 709	IBM 7090 CDC 7600	IBM 360	个人计算机 IBM 5150
代表机型照片				
最高运算速度	每秒几千次	每秒几十万次	每秒几百万次	每秒亿亿次
标志语言或软件	机器语言 汇编语言	高级语言	操作系统	数据库 计算机网络

当前计算机处于第四代，这个时代的计算机有一个突出的特点就是普遍采用了大规模集成电路作为计算机的逻辑元件，其中最典型的就是中央处理器（Central Processing Unit,CPU）。1971 年，美国 Intel 公司推出了第一个微处理器芯片 Intel 4004，成为大规模集成电路的标志，从此计算机体积开始大幅变小，被人们称为微型计算机，简称微机。当然，随着时间的推移，Intel 公司也在不断地推出新的微处理器，也不断有新的计算机陆续出现。由于 Intel 公司的强大和技术的领先，在第四代计算机的更进一步划分过程中，我们往往以微处理为典型代表进行计算机详细分代划分，但仍然在体系结构上属于冯·诺依曼计算机。

Intel 公司创始人之一的戈登·摩尔（Gordan Moore）在 1965 年总结了存储芯片的增

长规律后指出,微芯片上集成的晶体管数目每隔 18 ~ 24 个月就会增加 1 倍,性能也将提升 1 倍。这一现象的归纳被人们称为摩尔定律。人们对更好、更快、更强计算机的追求也一直没有停歇,从目前的研究情况来看,未来的新型计算机可能将在下列几个方面取得革命性突破。

1. 光子计算机

用光子代替电子,用光互连代替导线互连,利用激光来传递信号,光子计算机具有超强的并行处理能力和超高速的运算速度,这是现代计算机望尘莫及的。目前,光子计算机的许多关键技术(光存储、光芯片)都已取得了重要突破。

2. 生物计算机

生物计算机的运算过程是蛋白质分子与周围物理化学介质的相互作用过程,采用由生物工程技术产生的蛋白质分子构成的芯片,其运算速度比当今世界上最快的计算机快 10 万倍,且能耗仅相当于普通计算机的 1/10,而且还拥有巨大的存储能力。

3. 量子计算机

潘建伟:量子
世界里的领
跑者

一类遵循量子力学规律进行高速运算的物理装置。在量子计算机中,数据采用量子位存储,由于量子具有叠加效应,一个量子位既可以存储一个二进制状态(0 或 1),也可以同时存储 0 和 1 两个状态,所以采用同样数量的量子位可以比传统计算机存储更多的信息,计算速度也更快。

2021 年 10 月,中国科学技术大学宣布该校潘建伟(拓展阅读 1 - 8:潘建伟:量子世界里的领跑者)主导的量子计算机研究团队与中国科学院上海技术物理研究所、国家并行计算机工程技术研究中心合作成功造出了九章二号光量子计算机和祖冲之二号超导量子计算机,我国因此成为在两条量子计算路径上取得"量子计算优越性"(拓展阅读 1 - 9:量子优越)的国家。

量子优越

1.2.2 计算机分类

随着技术的进步,计算机的种类越来越丰富,很难有统一的分类标准,并且标准也随着时代的进步不断变化。根据用途和使用范围,计算机可以分为通用机和专用机。通用机的特点是通用性强、综合能力强,可以面向各种应用需要,如我们的个人计算机;专用机则功能单一,配有解决问题的专用软、硬件,如收银机。如果根据运算速度和性能指标来划分,则计算机主要包括高性能计算机、微型计算机、嵌入式计算机等。

1. 高性能计算机

全国产世界
最快超级计
算机到底有
多快

高性能计算机也称为超级计算机、巨型机或大型机,专指目前运行速度最快、处理能力最强的计算机。国际 TOP 500 组织作为一个为高性能计算机提供统计排名的国际机构,每半年向全球发布一次世界最强的前 500 名计算机排名。2016 年至 2017 年,我国国家并行计算机工程技术研究中心研发的神威·太湖之光(拓展阅读 1 - 10:全国产世界最快超级计算机到底有多快)超级计算机一直位列榜首,2021 年 6 月的最新排名位列全球第四。

我国在高性能计算领域一直位居世界前列,拥有神威曙光天河(拓展阅读1-11:天河超级计算机探秘决战崛起)、银河等知名系统,其中天河三号、神威采用的是具有完全自主知识产权的国产核心处理器,不但实现了自主可控,还达到了国际先进水平,完全摆脱了美国的封锁。

天河超级计算机探秘决战崛起

高性能计算机数量不多但用途重要,是解决国家经济建设、社会发展、国防建设等领域一系列重大挑战性问题的重要手段,是国家战略资源。在军事上可用于航天测控、核武仿真、预警探测、战略防御等方面;在民用领域,可用于气象预报、气候模拟、药物研制、石油勘探等方面。

2. 微型计算机

微型计算机目前主要是指个人计算机(Personal Computer,PC),是使用微处理器作为运算控制单元的一类计算机。微型计算机种类非常丰富,如日常办公的台式机、个人笔记本电脑、平板电脑等。微型计算机由于体积小、能耗低、通用性强、价格适宜等优势目前已被大众广泛接受。

微型计算机的核心部件就是中央处理器(Central Processing Unit,CPU),目前主要由美国的 AMD 公司和 Intel 公司把控,基本上已形成了全球垄断。为解决自主可控,防止受制于人,国产 CPU 不断壮大崛起,目前国产 CPU 品牌主要有龙芯、华为鲲鹏、兆芯、飞腾、申威等。2021 年 7 月,首款采用自主指令系统 LoongArch 的处理器芯片龙芯 3A5000 问世,龙芯 3A5000 芯片代号为"KMYC70",以纪念抗美援朝 70 周年;服务器专用芯片龙芯 3C5000 也已于 2021 年上半年完成设计,芯片代号为"CPC100",以庆祝建党 100 周年。

3. 嵌入式计算机

嵌入式计算机是指作为一个信息处理部件,嵌入到应用系统之中的计算机,或者说是基于嵌入式微处理构建的计算机系统,通常作为专用计算机来使用。嵌入式计算机与通用计算机相比在原理上没有区别,主要区别在于系统和功能软件集成在计算机硬件系统之中,完成了软硬件的一体化。

嵌入式计算机类型丰富、应用广泛,是物联网时代终端设备的典型存在形式,数量、规模远超通用计算机。例如,家用电器的控制系统、电梯的控制系统、数码相机、数字电视、车载影音系统等都属于嵌入式计算机范畴,可见,嵌入式计算机目前已经无处不在。

嵌入式计算机的核心硬件一般称为嵌入式处理器,如华为海思处理器、高通骁龙处理器、ARM 公司的 Cortex 系列处理器等,这些嵌入式计算机的性能相对传统的通用计算机要弱,但是往往功耗低,体积小,应用灵活广泛。由于与传统的 Intel 系列处理器不同,因此采用的操作系统也不同,在嵌入式处理器上运行的操作系统一般称为嵌入式操作系统,如 Andriod、鸿蒙、RT-Thread 等。

4. 其他计算机

除了以上三类计算机,还经常见到工作站、服务器等计算机系统,它们在一些专用领域、网络领域也发挥着重要的作用。

1.2.3　计算机的发展趋势

计算机的发展可以用"四化"来表示,即巨型化、微型化、网络化、智能化,这

"四化"代表了当前计算机软、硬件技术的发展方向。

1. 巨型化

计算机的巨型化不是指体积变大,而是指计算机的运算速度、存储容量不断提升。"天下武功,唯快不破",运算速度是诸如天文、气象、地质、核反应堆等尖端科学的需要,也是记忆巨量的知识信息以及使计算机具有类似人脑的学习和复杂推理的功能所必需的。巨型化的发展集中体现了计算机科学技术的发展水平。

2. 微型化

微型化就是进一步提高集成度,利用高性能的超大规模集成电路等技术研制质量更加可靠、性能更加优良、价格更加低廉、整机更加小巧的微型计算机。计算机的微型化不但可以降低能耗,还有助于将其与其他系统相结合,实现更多的功能,在医疗、探测、战场侦查等领域有着广泛的应用。

3. 网络化

网络化就是把各自独立的计算机用通信线路连接起来,形成各计算机用户之间可以相互通信并能使用公共资源的网络系统。网络化能够充分利用计算机的宝贵资源并扩大计算机的使用范围,为用户提供方便、及时、可靠、广泛、灵活的信息服务。

4. 智能化

智能化是指让计算机具有模拟人的学习和思维过程的能力。智能计算机具有自我学习、逻辑推理等功能。人与智能计算机可以通过智能接口完成交流,如通过文字、语音、图像等与计算机进行自然对话。目前,已有各种各样的智能计算机来辅助人类的工作或在某些领域具备人的能力,如下棋、自然语言理解、图像识别等。智能化使计算机突破了"计算"这一初级的含意,从本质上扩充了计算机的能力,可以越来越多地代替人类脑力劳动。

1.3 计算机的应用

计算机已经融入到社会生产、生活的各个方面,不断改变着我们的工作、学习和生活方式。计算机的发展也将越来越人性化、智能化,帮助人类完成各种复杂的工作和任务。数字化将成为未来主要的生产生活方式,人类也越发离不开计算机。计算机的典型应用主要有以下几个方面。

1. 科学计算

科学计算也称为数值计算,主要解决科学研究和工程计算中的数学问题。在计算机出现之前,科学研究和工程设计主要依靠实验或试验提供数据,计算仅处于辅助地位。计算机的快速发展,使得越来越多的复杂计算成为可能,深刻改变了科技本身,成为科学研究的第三范式;航天、航空、基建、电商等各个领域都离不开计算机的精确计算。可以说,没有计算机参与计算,就不可能有今天快速发展的科学技术。

2. 数据处理

数据处理主要指非数值计算或事物处理,如信息管理和查询、数据统计等。数据处理是计算机应用最广泛的领域,如管理信息系统、办公自动化系统、售票系统、财务系统等都属于数据处理范畴。与科学计算不同,数据处理往往面对的数据量很大但运算并不复杂。对于现代计算机来说,80%以上的应用都属于数据处理领域。

3. 自动控制

自动控制也称实时控制或过程控制。计算机借助其快速准确的运算能力及时采集检测数据,按最优或既定方案对动态过程实现自动控制。以计算机为核心的自动控制系统已被广泛应用于实时性要求高、操作复杂或危险性大的工矿企业、石油化工、航空航天、冶金电力、核能安全等领域,用于提高生产效率和产品质量,是自动化技术的重要组成部分,图 1-6 是中国南方电网公司某区域控制中心。

图 1-6　某电网区域控制中心

4. 计算机辅助系统

计算机辅助系统包括计算机辅助设计(Computer Aided Design,CAD)、计算机辅助制造(Computer Aided Manufacturing,CAM)、计算机辅助测试(Computer Aided Test,CAT)和计算机辅助教育(Computer - Based Education,CBE)等,主要是辅助人类完成一类特定的任务,承担任务中能够自动化的信息处理工作。例如,CAD 包括飞机设计、电路设计、建筑设计、机械设计等,如图 1-7 所示;CAM可以控制工业系统的运行、产品的检测检验等;CAT 包括故障检测、故障识别、合格率检测、监控报警等。采用计算机辅助系统,可以大幅度降低人力成本,提高工作效率和工作质量。我国在工业软件领域目前还存在卡脖子问题(拓展阅读 1 - 12:35 项"卡脖子"技术),对国外的依赖还比较严重。

35 项"卡脖子"技术

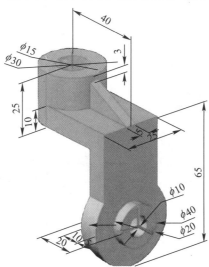

图 1-7　利用 CAD 软件进行模具设计

5. 多媒体技术

多媒体技术是指利用计算机、通信等技术将文本、图形、图像、声音、视频等多种形式的信息综合起来,使之建立逻辑关系,并进行加工处理的技术。多媒体系统一般由计算机、多媒体设备和多媒体应用软件组成,如常见的可视电话、影视剧、医学影像等。多媒体技术广泛应用于通信、教育、医疗、娱乐、广告、旅游等领域,以极强的生命力渗透到我们生活的方方面面,为我们塑造了一个丰富多彩的多媒体世界。图1-8 给出的就是利用多媒体软件进行影音制作的图片。

图 1-8　利用多媒体软件进行影音制作

6. 人工智能

AlphaGo

人工智能(Artificial Intelligence,AI)是指用计算机来模拟实现人类的智能。目前很多智能系统已经走入了我们的生活,逐步替代我们的脑力劳动,如手机中的语音辅助软件、智能音箱、购物推荐、交通导航、人脸支付、无人驾驶等都是人工智能产品。2016 年 3 月,韩国顶尖围棋棋手李世石与谷歌公司的人工智能程序 AlphaGo(拓展阅读 1-13:AlphaGo)进行人机对战(图 1-9),李世石 1:4 落败。这场比赛具有里程碑的意义,代表着人工智能已经走向历史前台。2016 年也被称为人工智能元年,而李世石这唯一的胜局也将载入史册。目前,人工智能在很多方面的能力已经远超出了人类,但要真正达到人类的智能还有很长的路要走。

图 1-9　AlphaGo 大战李世石

计算机经过 70 多年的发展,计算机科学及应用已经无处不在,计算机专业也是高校最大的专业之一,并形成了独特的计算机文化。学习计算机、掌握计算机已成为现代人最重要的和必备的技能,学会利用计算机解决问题,具备计算思维已成为青年人的一项重要任务。

1.4 计算思维

2007 年,图灵奖得主、关系型数据库的鼻祖吉姆·格雷(Jim Gray)提出将科学研究分为四类范式,依次为实验归纳、模型推演、仿真模拟和数据密集型科学发现,直观些说就是科学研究的方法包括实验验证、理论推导、计算仿真和数据分析,而与之相对应的科学思维方法分别是实验思维、理论思维、计算思维和数据思维。其中计算思维又称构造思维,以设计和构造为特征,计算机学科是典型代表。

1.4.1 计算思维定义

图灵奖得主艾兹格·迪科斯彻(Edsger Wybe Dijkstra)说过:"我们使用的工具影响着我们的思维方式和思维习惯,从而也将深刻影响着我们的思维能力。"计算的发展在一定程度上影响着人类的思维方式,从古代的算筹、算盘到近代的加法器和现代的电子计算机,计算工具的进步也直接推动了人类思维方式的快速转变。

2006 年,美国卡内基梅隆大学计算机科学系主任周以真(Jeannette M. Wing)教授提出并定义了计算思维。周以真教授认为,计算思维是运用计算机科学的基础概念进行问题求解、系统设计,以及人类行为理解等涵盖计算机科学之广度的一系列思维活动。从这一定义可知,计算思维的目的是求解问题、设计系统和理解人类行为,而具体方法就是运用计算机科学的方法。计算思维目前已经和实验思维、理论思维一样成为科学研究中重要的一类方法。下面通过一个简单的实例说明什么是计算思维。

例 1-2:稀疏矩阵在计算机内的存储。

稀疏矩阵就是矩阵元素大部分为 0 的矩阵,图 1-10 所示的矩阵就是一种典型的稀疏矩阵。对于稀疏矩阵而言,实际存储的数据项很少,如果在计算机中使用传统的二维数组来存储稀疏矩阵,就会大大浪费计算机的存储空间。特别是当矩阵很大时,如存储一个 1000×1000 的稀疏矩阵需要 10^6 个存储空间。由于矩阵大部分元素都是 0,所以如果每个数据都存储会造成空间的浪费。为提高存储空间利用率,我们可以用三元组(i,j, value)表格(图 1-11)来存储这个稀疏矩阵。

$$\begin{bmatrix} 25 & 0 & 0 & 0 & 32 & 0 \\ 0 & 33 & 0 & 0 & 0 & 0 \\ 0 & 0 & 0 & 0 & 0 & 0 \\ 0 & 0 & 0 & 0 & 34 & 0 \\ 25 & 0 & 0 & 0 & 0 & 0 \\ 0 & 0 & 0 & 0 & 0 & 0 \end{bmatrix}$$

图 1-10 稀疏矩阵

	0	1	2	
0	6	6	5	表示矩阵是6×6，共5个非0元素
1	1	1	25	表示矩阵(1,1)位置的元素是25
2	1	5	32	表示矩阵(1,5)位置的元素是32
3	2	1	33	表示矩阵(2,1)位置的元素是33
4	4	5	34	表示矩阵(4,5)位置的元素是34
5	5	1	25	表示矩阵(5,1)位置的元素是25

图 1-11　稀疏矩阵的三元组表格表示

例 1-3：汉诺塔问题。

汉诺塔(Tower of Hanoi)问题是印度的一个古老传说：在印度北部的神庙里，1 块黄铜板上插着 3 根宝石针，分别用 A、B、C 表示，如图 1-12 所示。印度教的主神梵天在创造世界的时候，在其中 1 根针上从上到下按大小顺序穿好了 64 个金片，这就是汉诺塔。无论白天黑夜，总有 1 个僧侣在按以下法则移动金片：1 次只能移动 1 片，小片始终在大片的上面，最终将金片全部移到另一根针上，僧侣们预言，当所有金片都移动到另一根针上时，世界就将在一声霹雳中消失。那多久可以完成移动呢？

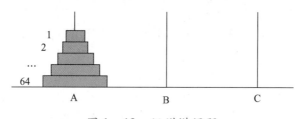

图 1-12　汉诺塔问题

用 $f(x)$ 表示 x 个金片需要移动的次数，则有

(1) $f(1) = 1 = 2^1 - 1$，只有 1 个金片时移动 1 次即可，即直接从 A 移动到 C；

(2) $f(2) = 2*f(1) + 1 = 2^2 - 1$，只有 2 个金片时移动的次数为 3 次，即将第 1 个金片从 A 移动到 B，再将第 2 个金片从 A 移动到 C，然后再从 B 上将金片移动到 C；

(3) $f(3) = 2*f(2) + 1 = 2^3 - 1$，只有 3 个金片时移动 7 次。先将最上面 2 个金片从 A 移动到 B，次数为 $f(2)$，再将第 3 个金片从 A 移动到 C，然后再将 B 上的 2 个金片移动到 C，即 $f(2)$ 次，总共 7 次。

由此可知 $f(n) = 2^n - 1$。当 $n = 64$ 时，$f(n) = 18446744073709551615$。如果每秒移动 1 次，那么全部移动完成需要 5845 亿年，所以暂时不用担心世界的消失。

1.4.2　计算思维本质

计算思维的本质是抽象(Abstraction)和自动化(Automation)。抽象就是忽略一个主题中与当前问题无关的那些方面，以便更充分地关注与当前问题有关的方面。抽象是一种广泛使用的思维方法，计算思维中的抽象完全是超越物理的时空观，并完全用符号来表示。最终的目的是能够机械地一步步自动执行抽象出来的模型，以求解问题、设计系统和理解人类行为。其中抽象是自动化的基础和前提。下面以人工神经元模型为例来说明什么是抽象。

例 1 - 3:构建人工神经元模型。

人类大脑当中的神经元是神经系统的最基本单位,也是实现智能的基本单元,典型的生物神经元结构如图 1 - 13 所示。生物神经元主要由 4 部分构成:树突,用来接收信息;细胞体(内有细胞核),用来处理信息;轴突,用来传导信息;轴突末梢(突触),用于和其他神经元连接并将信息传递出去。生物神经元内部信息的传递是以电信号的形式完成的。具体过程就是树突接收外部送入的电信号并进行整合处理,如果神经元能够被激活,它会将处理的结果通过轴突传递出去,到达轴突末梢后传递给相连的其他神经元。

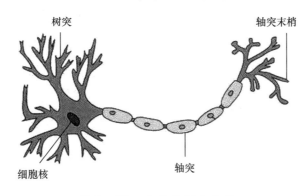

图 1 - 13　生物神经元结构

在人工智能的研究当中,连接主义学派(也称仿生学派)主要就是基于生物神经元来构建人工神经元模型,并在此基础上进行人工神经网络设计。从上面的描述中可以看出,生物神经元从结构上来看,实际上就是一个多输入、单输出的系统,因此在人工神经元模型构建过程中,可以构建一个多输入、单输出的模型,其中 x_i 代表送入的数据,y 代表神经元的输出,$\varphi(x)$ 代表神经元对信息的整合处理,如图 1 - 14 所示。这实际上就是将实际问题抽象成了一个数学模型,就是计算思维中的抽象。

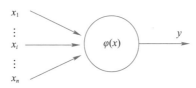

图 1 - 14　人工神经元模型

1.4.3　计算思维特征

计算思维主要包含以下 6 个特征。

(1) 计算思维是人的思维方式,不是计算机的思维方式。计算机之所以能够求解问题,是因为人将计算思维的思想赋予了计算机。例如,递归、迭代、黎曼积分等思想都是人在发明计算机之前就已经提出的,人类将这些思想赋予计算机后,计算机才能进行这些计算,计算机不过是加快了计算的速度。

（2）计算思维是概念化的，不是程序化的。计算机科学不是程序设计，像计算机科学家那样去思考问题，意味着不仅能够为计算机设计程序，还能够在抽象的多个层次上思考。

（3）计算思维是思想，不是人造物。计算思维不是以物理成品的形式呈现的人造物品，而是设计、制造软硬件中所包含的思想，是人类把计算机的"计算"概念用于探索和求解问题、管理日常生活和与他人交流和互动的思想。

（4）计算思维是根本的技能，不是刻板的技能。计算思维是根本技能，是人们为了在现代社会中发挥职能必须掌握的基本技能。刻板技能意味着机械的重复，而计算思维是一种创新的能力。

（5）计算思维是数学和工程思维的互补与融合。计算机科学在本质上源于数学思维，其形式化基础建立在数学之上。计算机科学又从本质上源自工程思维，因为人们建造的是能够与实际世界互动的系统。计算思维比数学思维更加具体、更加实际也更加受限，科学家必须从计算的角度思考，而不能只从数学的角度思考。

（6）计算思维应该是普适的。应该让计算思维成为人们的一种普遍认识和普适的能力，像运用读、写、算能力一样，在需要的时候自然地进行计算思维，使计算思维真正融入人类的一切活动。

1.4.4　计算思维的方法与应用

1. 计算思维方法

虽然计算机的出现极大地推动了计算思维的发展与应用，但计算思维却不是计算机科学的专属，它是人类自古就有的一种思维方式。计算思维的核心是计算思维方法。计算思维方法总体而言分为两大类：一类是数学和工程的方法，如教学中的迭代、递归或工程中的系统设计与评估；另一类是计算机科学独有的方法，如计算机操作系统当中死锁现象的处理。周以真教授重点阐述了如下几种方法。

（1）约简、嵌入、转化和仿真的方法，用来将看起来复杂的问题转换为已知解决方案的思维方法。

（2）抽象和分解方法，用来完成复杂任务的控制或巨型复杂系统的设计。

（3）按照预防、保护以及通过冗余、容错、纠错的方式，从最坏情况着手进行系统恢复的思维方法。

（4）利用海量数据加快计算，并在时空开销之间进行折中的思维方法。

2. 计算思维应用

计算思维与其他学科相结合，创造和形成了许多新的学科分支，如计算物理学、计算经济学、计算化学、计算生物学、计算机艺术、计算神经科学等。

计算物理学与理论物理学、实验物理学一起以不同的研究方式来探索自然规律，拓展人类认识自然界的新方法。有些复杂的自然现象是无法用纯物理理论来描述的，也不容易通过理论方程加以预见，但计算物理学可以采用数值模拟的方法来加以验证，如可以利用计算机来模拟核武器爆炸后的效果；再如，在人们发现天王星运行轨迹异常的情况下，基于引力的计算找到了海王星。当计算思维渗透到经济学领域时就产生了计算经济学。可以说，一切与经济研究有关的计算都属于计算经济学。例如，很多经济模型被定为动态规划问题;再如,经济增长模型的数理性研究被计算性替代;股票行情的预测与估计被看作是马尔可夫过程等。同样,计算思维运用到化学和生物学领域就出现了计算化学和计算生物学。

当前,计算思维已经渗透到了每个人的生活当中,我们都在自觉或不自觉地运用计算思维的方法,这都是计算机的快速发展带来的思维方式上的巨大改变。

1.5 计算机的影响与挑战

计算机的发明与使用极大地推进了社会生产生活方式的改变,人类社会变得更加便捷、高效,人类的能力也在不断拓展且变得愈发强大,尤其是互联网的发明,将人类带入了信息时代;与此同时,人类社会也面临着计算机、信息化所带来的新的问题和挑战。

1.5.1 计算机对社会的影响

信息化社会中,信息成为基本资源,计算机成为基本工具,以计算机技术为代表的信息技术成为推动社会发展的关键力量,也对社会发展产生了重大的影响。

1. 提升了生产力

生产力是社会不断进步和发展的基础动力。从工业革命开始,人们经历了 3 次技术革命,计算机、信息时代的来临是具有跨时代的意义,推动了人类的全面改革和发展,极大地解放和提升了生产力,在国民经济提升中发挥了重要的价值和作用,也进一步的推动了生产力的发展。将计算机技术、信息技术和劳动生产有效结合,实现农业、工业及其他社会生产的机械化、自动化和信息化,彻底摆脱了人力的限制,大幅提升了社会生产力。

2020 年,中国制造业在全球产业链中的占比接近30%,220多种工业产品的产量占居全球第一,是全球工业体系最完善的国家,也是排名世界第一的制造业大国,这一成绩的取得与我国计算机、信息技术的快速发展和广泛应用是密不可分的。2015 年,党中央国务院出台了全面推进实施制造强国的战略文件——《中国制造2025》,为中国制造业的发展进行了顶层规划和设计,推动中国到2025年基本实现工业化,迈入制造强国行列。

2. 改善了生活水平

计算机和信息技术不仅对社会生产产生了重大的影响,更是改变了我们的生活模式、提高了生活水平。当前,计算机、互联网已成为我们日常工作、学习、生活中的重要组成部分,方便快捷的电商平台改变了我们购物的习惯,快速无缝的通信连接改变了我们交流的习惯,丰富大量的网络课程改变了我们学习的习惯,简单便捷的支付系统改变了我们支付的习惯,快速安全的高铁客车改变了我们出行的习惯,一切都在变化,而且在变得更好。

到2021年底,我国高铁总里程将达到3.96万km,占世界高铁总里程70%以上,同时有着最快速的高铁列车;2021年上半年,我国已有5G用户近5亿,5G基站1000余万个,而美国5G用户仅千万级。可见,在计算机、信息技术的牵引和国家的大力推动下,我国已经在计算机、信息领域走在了世界前列,也对普通百姓产生了实实在在的回报。

3. 改变了生产方式

计算机、信息技术对生产方式的深刻影响,表现为信息化带来的产业技术路线革命性变化和商业模式突破性创新,进而形成信息技术驱动下的产业范式变迁、企业组织形态重构以及就业和消费方式变化。首先,生产方式将趋向智能化,网络化协同、个性化定制、服务化延伸、智能化生产正在成为当前"新制造"的共同特点。其次,产业形态更趋数字化,我们正在经历从管理数字化、业务数字化向产业数字化转变的阶段,数据将成为企业的战略性资产和价值创造的重要来源。最后,产业组织将平台化,当前平台企业正在成为一种新组织形态,为共享经济拓展了市场空间,大大提高了全社会的资源利用效率。

当前,我国正处在转变发展方式、优化经济结构、转换增长动力的攻关期,要实现"两个一百年"奋斗目标、实现中华民族伟大复兴的中国梦,必须敏锐抓住信息化发展的历史机遇,大力解放和发展社会生产力,加快建设创新型国家,主动顺应和引领新一轮信息革命浪潮,创造并不断完善有利于新一轮信息革命深入发展的制度环境,加快实现中华民族的伟大复兴。

1.5.2 计算机带来的问题与挑战

任何事物都有两面性,有好的一面就会有不好的一面。计算机和信息技术带给人们巨大便利的同时,也存在着一定的风险和挑战。这其中以信息安全、互联网犯罪表现得尤为突出。

1. 信息安全

信息安全是信息时代面临的严峻挑战。信息安全包括数据安全、信息系统安全等多个层面。在计算机和计算机网络环境中,存在诸多危害信息安全的隐患,导致信息安全非常脆弱,如黑客攻击、病毒木马攻击、失泄密等。信息安全防护措施包括技术上的、管理上的、制度上的和法律上的相关技术、机制、方法和制度。技术措施常见的有加解密技术、防火墙技术、病毒防治技术、安全认证技术、安全协议设计等。管理上的安全措施主要是指人员的管理、系统访问权限的管理、操作权限的管理和操作规程等。制度上的安全措施主要有资料密级的设定、人员涉密等级的确定、信息处理的流程规范等。法律上的安全措施主要是相关法律法规的制定。

无论是技术上的安全措施还是管理上的安全措施,都不可能做到尽善尽美,都会存在安全漏洞,因此保护信息安全的首要任务是提高人的安全意识,使人们能够自觉地遵守和维护信息安全方面的法律法规,运用信息年轻的技术和管理手段。

2. 隐私泄露

随着计算机、信息和网络技术的不断发展与普及,大量的个人隐私数据存在于网络空间。隐私泄露事件不断发生,泄露的内容五花八门,包括个人终端文件、个人身份信息、网络访问习惯、兴趣爱好乃至邮件内容等,隐私泄露问题已成为人们广泛关注的焦点。隐私数据泄露不仅会影响到个人利益,甚至已经威胁到国家的网络空间安全。个人隐私主要的获取手段除了通常的恶意软件、网络数据包截获外,还包括通过应用软件对用户行为信息的采集等。

近年来,国内外数据隐私泄露事件频发,令人触目惊心,这其中就包括美国等国家一直在采用各种手段监视和采集全球用户的隐私数据。2013年爆发的斯诺登事件,使人们对大规模数据采集后的数据价值与地位有了全新理解,对数据所涉及的个人隐私等问题也有了全新的认识与定位。没有规范的数据采集法律法规和有效的数据隐私泄露行为的分析技术,就难以保障用户隐私数据不被窃取和非法使用。

3. 计算机和网络犯罪

计算机和网络犯罪是信息化时代的一种新型犯罪,它是指利用计算机和网络技术实施犯罪的行为。计算机和网络犯罪常见的形式有利用计算机制作、传播非法信息,窃取机密信息、知识产权信息和隐私信息,盗窃钱财,利用黑客软件和计算机病毒程序攻击他人计算机系统等。由于计算机和网络犯罪是一种新的犯罪形式,其手段和性质具有不同的特征,现存的法律法规还不能完全适用,不能有效防止和惩处计算机和网络犯罪。

《中华人民共和国刑法》中就有关于计算机犯罪的相关条款;2021 年 6 月,第十三届全国人民代表大会常务委员会第二十九次会议通过了《中华人民共和国数据安全法》,该法律是为了规范数据处理活动,保障数据安全,促进数据开发利用,保护个人、组织的合法权益,维护国家主权、安全和发展利益。

信息与网络已无处不在,我们在使用计算机、上网和信息处理时应该遵守网络道德标准,要加强思想道德修养,做到依法律己,遵守网络文明公约,法律禁止的事坚决不做,法律提倡的事积极去做;主动净化网络,自觉远离不良信息,抵制危险行动和低俗行为,学会自我保护,积极构建良好的网络和社会生态。

习 题

1. 什么是计算? 什么可计算? 举一个不可计算的例子。
2. 说说图灵机的组成及工作方法。
3. 冯·诺依曼体系结构的主要创新是什么?
4. 说说计算机发展经历的阶段以及主要特征。
5. 计算机的发展趋势是什么?
6. 请描述摩尔定律。
7. 什么是计算思维? 计算思维的本质是什么?
8. 举例说明计算思维的应用。
9. 说说计算机对你个人有什么影响?
10. 查资料看看衡量超级计算机的性能指标有哪些?
11. 思考一下,还没有计算机介入的行业有哪些?
12. 你能说说什么是自主可控吗? 为什么超级计算机特别强调自主可控?

第2章
信息表示

　　信息以具有一定意义的符号为载体和表现形式，其形式包含数值、文字、声音、图形、图像、视频等。众所周知，计算机只能处理二进制形式的数据，因此进入计算机中的这些数据必须要转换成二进制，才能在计算机中进行运算和处理，同时，处理完成后要把二进制转换为用户可以理解的文字、图形、声音和视频进行输出，本章主要介绍这些不同形式的数据如何在计算机中进行表示以及它们之间的转换。

第2章电子教案

2.1 数制与转换

2.1.1 数制的概念

数制即计数体制,是指人们进行计数的方法和规则。在我们的日常生活和工作中,经常会用到一些不同的数制,例如,平常数学上计数和计算所使用的十进制,时间上分、秒计数的六十进制,小时计数的十二进制或二十四进制,每星期天数计数的七进制,计算机中常用的二进制等,其中使用最普遍的是十进制。

1. 十进制数

十进制数是人类最早使用的数制,它的运算规则是"逢 10 进 1,借 1 当 10",需要用到的数字符号有 10 个,分别是 0、1、2、3、4、5、6、7、8、9。用下标 10 或在数字尾部加字母 D 表示。

2. 二进制数

易经与二进制

二进制数是计算机中使用的编码方式,只有 0、1 两个数字符号,它的运算规则是"逢 2 进 1,借 1 当 2"。用下标 2 或在数字尾部加字母 B 表示。《易经》中的阴、阳就恰好与二进制的 0、1 项对应(拓展阅读 2-1:易经与二进制)。

3. 八进制数

八进制数也是经常使用的编码方式,它有 0、1、2、3、4、5、6、7 共 8 个数字符号,它的运算规则是"逢 8 进 1,借 1 当 8"。用下标 8 或在数字尾部加字母 O 表示。

4. 十六进制数

当用二进制表示一个大数时,位数太多,计算机专业工作人员辨认起来比较复杂,因此也采用十六进制数来表示。十六进制的数字符号有 0、1、2、3、4、5、6、7、8、9、A、B、C、D、E、F,运算规则是"逢 16 进 1,借 1 当 16"。用下标 16 或者在数字尾部加字母 H 表示。

如上所述,为了区别各种数制下的数字表示,一般在数字后面加写相应的英文字母标识或在括号外加数字下标,如表 2-1 所列。十进制数的后缀或下标可以省略。

表 2-1 不同进制下数的表示

数制	字母标识	字母标识示例	数字下标示例
二进制	B	101B 或(101)$_B$	(101)$_2$
八进制	O	267O 或(267)$_O$	(267)$_8$
十进制	D	123D 或(123)$_D$	(123)$_{10}$
十六进制	H	103H 或(103)$_H$	(103)$_{16}$

除了以上 4 种数制外,还有其他类型数制,无论使用何种数制,都能用有限的基本数字符号表示出所有的数。一般来说,如果数值只采用 R 个基本符号,则称为 R 进制,进位计数制的编码遵循"逢 R 进 1"原则,各位的权是以 R 为底的幂。对于任意一个具有 n 位整数和 m 位小数的 R 进制数 N,按各位的权展开

可表示为

$$(N)_R = a_{n-1}R^{n-1} + a_{n-2}R^{n-2} + \cdots + a_1R^1 + a_0R^0 + a_{-1}R^{-1} + \cdots + a_{-m}R^{-m}$$

式中:a 为任意进制数字符号;R 为基数;n 为整数位数;m 为小数位数。以十进制为例:

(1) 数码。十进制由 0 ~ 9 共 10 个数字符号组成,0 ~ 9 这些数字符号称为"数码"。

(2) 基数。全部数码的个数称为"基数",十进制的基数为 10。

(3) 计数原则。"逢 10 进 1",即用"逢基数进位"的原则计数,称为进位计数制。

(4) 位权。数码所处位置的计数单位为位权,位权的大小以基数为底。

例如,十进制的个位的位权是 10^0,十位上的位权为 10^1,百位上的位权为 10^2,以此类推。在小数点后第 1 位上的位权为 10^{-1}。由此可见,各位上的位权值是基数 10 的若干次幂。例如,十进制数 123.45 用位权表示为

$$123.45 = 1 \times 10^2 + 2 \times 10^1 + 3 \times 10^0 + 4 \times 10^{-1} + 5 \times 10^{-2}$$

常用数制的基数、位权和数码如表 2 - 2 所列。

表 2 - 2 基数、位权和数码

数制	十进制	二进制	八进制	十六进制
基数	10	2	8	16
位权	10^i	2^i	8^i	16^i
数码	0 ~ 9	0,1	0 ~ 7	0 ~ 9,A ~ F

2.1.2 进制转换

由于不同业务的需要,数据经常需要在各种不同数制间转换,下面介绍数制转换的方法。

1. R 进制转换为十进制

基数为 R 的数字,只要将各位数字与它的权相乘,然后按照逢十进位的算法求和,即可将其转换成十进制数。也就是按位权展开并求和,如下所示:

$$(a_n \cdots a_1 a_0 . a_{-1} \cdots a_{-m})_R = a_n \times R^n + \cdots + a_1 \times R^1 + a_0 \times R^0 + a_{-1} \times R^{-1} + \cdots + a_{-m} \times R^{-m}$$

例 2 - 1 ~ 例 2 - 3 分别给出了二进制、八进制、十六进制转换为十进制的具体实例。

例 2 - 1:将 $(1011.1011)_2$ 转换为十进制数。

$$(1011.1011)_2 = 1 \times 2^3 + 0 \times 2^2 + 1 \times 2^1 + 1 \times 2^0 + 1 \times 2^{-1} + 0 \times 2^{-2} + 1 \times 2^{-3} + 1 \times 2^{-4}$$
$$= 8 + 2 + 1 + 0.5 + 0.125 + 0.0625 = (11.6875)_{10}$$

例 2 - 2:将 $(576.5)_8$ 转换为十进制数。

$$(576.5)_8 = 5 \times 8^2 + 7 \times 8^1 + 6 \times 8^0 + 5 \times 8^{-1}$$
$$= 320 + 56 + 6 + 0.625 = (382.625)_{10}$$

例 2 - 3:将 $(1B2A.5)_{16}$ 转换为十进制数。

$$(1B2A.5)_{16} = 1 \times 16^3 + 11 \times 16^2 + 2 \times 16^1 + 10 \times 16^0 + 5 \times 16^{-1}$$
$$= 4096 + 2816 + 32 + 10 + 0.31 = (6954.31)_{10}$$

2. 十进制转换为 R 进制

将十进制数转换为 R 进制数,可将整数部分与小数部分分别转换,然后相加。转换时整数部分和小数部分采用不同的方法。整数部分采用整数除以 R,取余数,余数倒排序方法。具体做法如下:

(1)将 R 作为除数,用十进制整数除以 R,可以得到一个商和余数。

(2)保留余数,用商继续除以 R,又得到一个新的商和余数。

(3)仍然保留余数,用商继续除以 R,得到一个新的商和余数。

(4)如此反复进行,每次都保留余数,用商接着除以 R,直到商为 0 时为止。

(5)把先得到的余数作为 R 进制数的低位数字,后得到的余数作为 R 进制数的高位数字,依次排列起来,就得到了 R 进制数字。

例 2-4:将 $(100)_{10}$ 转换成二进制。

十进制的 100 转换为二进制数时,具体计算过程如图 2-1 所示,转换的结果是 $(100)_{10} = (1100100)_2$。

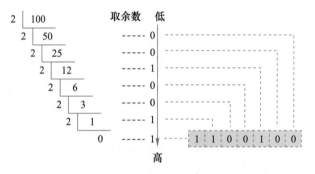

图 2-1　十进制整数转换为二进制

十进制小数转换成 R 进制小数采用"乘 R 取整,正序排列"法。具体做法如下:

(1)用 R 乘以十进制小数,可以得到一个积,这个积包含了整数部分和小数部分。

(2)将积的整数部分取出,再用 R 乘以余下的小数部分,又得到一个新的积。

(3)再将积的整数部分取出,继续用 R 乘以余下的小数部分。

(4)如此反复进行,每次都取出整数部分,用 R 接着乘以小数部分,直到积中的小数部分为 0,或者达到所要求的精度为止。

(5)把取出的整数部分按顺序排列起来,先取出的整数作为 R 进制小数的高位数字,后取出的整数作为低位数字,这样就得到了 R 进制小数。

例 2-5:将 $(0.345)_{10}$ 转换成二进制。

十进制的小数 0.345 转换为二进制数时,具体计算过程如图 2-2 所示,转换的结果是 $(0.345)_{10} \approx (0.01011)_2$。由于相乘过程中不一定最后能使小数部分清 0,因此就需要根据用户需要的精度进行取舍,本例中二进制小数点后精度为 5 位。

如果一个数字既包含了整数部分又包含了小数部分,那么首先将整数部分和小数部分分开,分别按照上面的方法完成转换,然后合并在一起即可,如 $(100.345)_{10} \approx (1100100.01011)_2$。

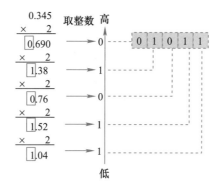

图 2 - 2　十进制小数转换为二进制

例 2 - 6：十进制数字（36926）$_{10}$ 转换成八进制。

十进制整数（36926）$_{10}$ 转换为八进制数的计算过程如图 2 - 3 所示，转换的结果是（36926）$_{10}$ =（110076）$_8$。同理，可以计算得出其转换为十六进制时结果是（36926）$_{10}$ =（903E）$_{16}$。

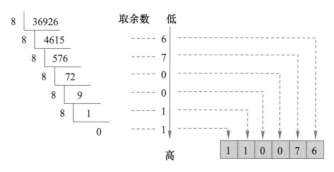

图 2 - 3　十进制整数转换为八进制

3. 二进制和八进制、十六进制的转换

任何进制之间的转换都可以使用上面讲到的方法，只不过有时比较麻烦，所以一般针对不同的进制采取不同的方法。下面介绍在二进制和八进制、十六进制相互转换时采用的较为简洁的方法。

（1）二进制整数和八进制整数之间的转换。由于 $8^1 = 2^3$，所以 1 位八进制数等于 3 位二进制数，因此二进制整数转换为八进制整数时，每 3 位二进制数字应该转换为 1 位八进制数字，运算的顺序是从低位向高位依次进行，高位不足 3 位用 0 补齐。相反，八进制整数转换为二进制整数时，每 1 位八进制数字转换为 3 位二进制数字，运算的顺序也是从低位向高位依次进行。

例 2 - 7：将二进制整数（001111110011）$_2$ 转换为八进制。

二进制整数（001111110011）$_2$ 转换为八进制数的计算过程如图 2 - 4 所示，转换的结果是（001111110011）$_2$ =（1763）$_8$。

（2）二进制整数和十六进制整数之间的转换。由于 $16^1 = 2^4$，所以 1 位十六进制数等

$$00111110011$$
$$1 \quad 7 \quad 6 \quad 3$$

图 2-4 二进制整数转换为八进制

于 4 位二进制数,因此二进制整数转换为十六进制整数时,每 4 位二进制数字转换为 1 位十六进制数字,运算的顺序是从低位向高位依次进行,高位不足 4 位用 0 补齐。

例 2-8：将二进制整数 $(10110101011100)_2$ 转换为十六进制。

二进制整数 $(10110101011100)_2$ 转换为十六进制数的计算过程如图 2-5 所示,转换的结果是 $(10110101011100)_2 = (2D5C)_{16}$。

$$0010\ 1101\ 0101\ 1100$$
$$2 \quad D \quad 5 \quad C$$

图 2-5 二进制整数转换为十六进制

同理,将十六进制整数转换为二进制整数时,每 1 位十六进制数字转换为 4 位二进制数字,运算的顺序也是从低位向高位依次进行。

2.2 编码与计算

2.2.1 计算机中的数值表示

上文提到,计算机中存储的任何形式的数据都采用二进制,这是因为采用二进制可以简化计算机的设计和制造工艺。我们知道物理上的电子元器件都具有两种稳定的状态,如电压的高和低、电流的开和关、晶体管的导通和截止,这两种状态正好用二进制的 0 和 1 表示。另外,二进制的 0、1 数码与逻辑变量的真、假相对应,便于后续进行逻辑运算,同时二进制的运算规则比较简单,基于以上几方面的考虑,在计算机内部采用二进制对数据进行存储、传输和运算。

二进制数表示正整数的方法很容易理解,假设一个整数占据 1 个字节,那么,正整数 10 转换为二进制就是 00001010,计算机中除了存储正整数还需要存储负整数和浮点数,这些数据在计算机中如何进行表示呢？这里就涉及对数值进行编码的问题。

二进制的码制有原码、反码和补码,其中原码和补码是计算机实际使用的编码,反码是从原码过渡到补码的中间形式,是一种辅助编码,在计算机中并不直接使用。

1. 原码

原码就是加了一位符号位的二进制数,最高位是符号位,最高位为"0"表示正数,为"1"时表示负数,数值部分用二进制的绝对值表示。下面用符号 X 表示十进制数值,$[X]_原$ 表示原码,假设数据用 8 位表示,若 $X = 9$,则 $[X]_原 = 0000\ 1001$；若 $X = -9$,则 $[X]_原 = 1000\ 1001$。

采用原码表示二进制数简单易懂,但也存在一些问题,如这种表示形式下数字 0 的原码有两种表示方法：$[+0]_原 = 0000\ 0000$ 和 $[-0]_原 = 1000\ 0000$,零的二义性给机器判断带来了麻烦。另外,在进行加减运算时,符号位会对运算结果产生影响,导致运算结果出错。

例如:1 - 1 = 1 + (-1) = 0,转换成原码则变为

$$[00000001]_原 + [10000001]_原 = [10000010]_原 = -2$$

显然这是个错误的结果。

为了避免这类问题,在进行四则运算时,需要对符号位单独处理。例如,在进行加法时,两数码如果符号位相同,则数值相加,符号不变;如果符号位不同,则需要比较两个数的绝对值,然后再根据比较结果确定结果的符号位,显然增加了运算规则的复杂性。

2. 反码

正数的反码与原码相同,负数的反码是对该数的原码除符号位外其他各位取反。

例如:$[+9]_反 = 0000\ 1001, [-9]_反 = 1111\ 0110$。

在反码中,数字 0 同样有两种表示形式:$[+0]_反 = 0000\ 0000$ 和 $[-0]_反 = 1111\ 1111$,两种表示形式给后续的运算增加了负担,在判断 0 时,需要分别判断 0000 和 1111;同时,反码减法的算法规则比较复杂,需要增加计算机内部逻辑组件额外判断溢位,影响计算效率。

3. 补码

补码运算的思想是把正数和负数都转换为补码形式,使减法变成加一个负数的形式,从而使加减法运算转换为单纯的加法运算。

二进制数中,正数的补码与原码相同,负数的补码是对该数的原码除符号位外各位取反,最末位再加 1。

例如:$[+9]_补 = 0000\ 1001, [-9]_补 = 1111\ 0111$。

在补码中,0 有唯一的编码,$[+0]_补 = 0000\ 0000, [-0]_补 = 0000\ 0000$。运用补码进行运算,既解决了减法运算的问题,也避免了 0 有两种表达形式的麻烦,因此现代计算机中数值都使用补码作为编码格式。

2.2.2　二进制运算与逻辑运算

1. 二进制数的算术运算

二进制数的算术运算非常简单,它的基本运算是加法。在计算机中,引入补码表示后,加上一些控制逻辑,利用加法就可以实现二进制的减法、乘法和除法运算。

(1)二进制的加法运算。二进制数的加法运算法则有 4 条:

$$0 + 0 = 0, 0 + 1 = 1, 1 + 0 = 1, 1 + 1 = 10(向高位进位)$$

例 2 - 9:计算 1101 + 1011 的和。

```
    1 1 0 1
    1 0 1 1
  ─────────
  1 0 0 0 0
```

图 2 - 6　加法计算

由图 2 - 6 算式可知,两个二进制数相加时,每一位最多有 3 个数:本位被加数、加数

和来自低位的进位数。按照加法运算法则可得到本位加法的和及向高位的进位。

（2）二进制数的减法运算。从补码的介绍可知，引入补码可以使减法变成加法来进行运算，进而减少逻辑电路的种类，降低硬件成本，提高计算机的稳定性。

例 2 – 10：已知 $X = 23$，$Y = 18$，计算 $X - Y$。

将 $X - Y$ 的运算化作 $X + (-Y)$，先求两个数的补码，然后求和，最后再转换为原码。假设字长为 8，则

$$[X]_{补} = 00010111$$
$$[Y]_{补} = 11101110$$

$X - Y = X + (-Y) = [23]_{补} + [-18]_{补} = 00010111 + 11101110 = 00000101$

（3）二进制乘法运算。移位操作是二进制乘除法的基本操作，移位操作有逻辑移位和算术移位。逻辑移位时，数码位置变化，数值不变。左移时低位补 0，右移时高位补 0。算术移位时，数码位置变化，数值变化，符号位不变。左移 1 位相当于带符号数乘以 2，右移 1 位相当于带符号数除以 2。

例 2 – 11：计算将 8 位二进制数 [0000 1100] 算术左移 1 位后的结果。

$[0000\ 1100]_2$ 转换为十进制数为 12，左移 1 位后变为 $[0001\ 1000]_2$，$[0001\ 1000]_2$ 转换为 10 进制数为 24，由此可得出左移 1 位相当于带符号数乘以 2。

在计算机内部，二进制加法是最基本的运算，减法是通过应用补码运算实现，乘法和除法则是通过加减法和移位操作来实现的。其实所有的复杂计算都可以转换为四则运算，四则运算理论上都可以转换为补码的加法运算。因此，在实际设计中，CPU 内部只有加法器，没有减法器，所有减法都采用补码加法实现。程序编译时，编译器将数值进行补码处理，并保存在计算机存储器中。补码运算完成后，计算机将运行结果转换为原码或十进制数据输出给用户。

2. 二进制数的逻辑运算

逻辑代数是一种用于描述客观事物逻辑关系的数学方法，由英国科学家乔治·布尔（George Boole）于 19 世纪中叶提出，因而又称为布尔代数（拓展阅读 2 – 2：布尔代数）。逻辑代数被广泛地应用于开关电路和数字逻辑电路的变换、分析、化简和设计上。随着数字技术的发展，逻辑代数已经成为分析和设计逻辑电路的基本工具和理论基础。

布尔代数

由于电子计算机数字电路设计的基础是布尔逻辑，并且在计算机信息处理中存在着大量需要逻辑运算实现的功能，因此逻辑运算和算术运算一样，在计算机指令系统中占有核心地位。

逻辑运算包括 3 种基本运算：逻辑加法（又称"或"运算）、逻辑乘法（又称"与"运算）和逻辑否定（又称"非"运算）。此外，还有异或运算和符合运算等，这里只介绍最基本的几种。

（1）逻辑加法（"或"运算）。逻辑加法通常用符号"＋"或"∨"来表示。逻

辑加法运算规则如下：

$$0+0=0，\quad 0+1=1，\quad 1+0=1，\quad 1+1=1$$

从上式可见,逻辑加法有"或"的意义。在给定的逻辑变量中,A 或 B 只要有一个为 1,其逻辑加的结果为 1;两者都为 1,则逻辑加为 1。

（2）逻辑乘法（"与"运算）。逻辑乘法通常用符号" × "或" $\wedge$ "或" · "来表示。逻辑乘法运算规则如下：

$$0\times 0=0，\quad 0\times 1=0，\quad 1\times 0=0，\quad 1\times 1=1$$

不难看出,逻辑乘法有"与"的意义。它表示只当参与运算的逻辑变量都同时取值为 1 时,其逻辑乘积才等于 1。

（3）逻辑否定（非运算）。逻辑非运算又称逻辑否运算,通常用符号" ¬ "表示。其运算规则为

$$¬0=1 \text{ 非 } 0 \text{ 等于 } 1，\quad ¬1=0 \text{ 非 } 1 \text{ 等于 } 0$$

2.3 字符与文字

计算机是以二进制形式进行数据的存储和运算的,因此,不管是字符还是文字都要按照特定的规则进行二进制编码才能进行计算机处理。

2.3.1 西文编码

表示字符的二进制编码称为字符编码,也称为西文编码,计算机中采用 ASCII 编码来表示西文字符。

ASCII 编码是由美国国家标准委员会制定的一种包括数字、字母、通用符号和控制符号在内的字符编码集,全称为美国国家信息交换标准码（American Standard Code for Information Interchange）。标准 ASCII 码是 7 位二进制编码,能表示 $2^7 = 128$ 种国际上最通用的西文字符,是目前计算机特别是微型计算机中使用最普遍的字符编码集。

从表 2 – 3 中可以看出,十进制码值 0 ~ 32 和 127 这 34 个字符为非图形字符,其余 94 个字符为图形字符。其中数字 0 ~ 9、大写字母 A – Z、小写字母 a ~ z 对应的 ASCII 值是顺序排列的,并且小写字母比大写字母码值大 32。

表 2 – 3   ASCII 编码表

	000	001	010	011	100	101	110	111
0000	NUL	DLE	SP	0	@	P	`	p
0001	SOH	DC1	!	1	A	Q	a	q
0010	STX	DC2	"	2	B	R	b	r
0011	ETX	DC3	#	3	C	S	c	s
0100	EOT	DC4	$	4	D	T	d	t
0101	ENQ	NAK	%	5	E	U	e	u
0110	ACK	SYN	&	6	F	V	f	v
0111	BEL	ETB	'	7	G	W	g	w

续表

	000	001	010	011	100	101	110	111
1000	BS	CAN	(	8	H	X	h	x
1001	HT	EM	)	9	I	Y	i	y
1010	LF	SUB	*	:	J	Z	j	z
1011	VT	ESC	+	;	K	[	k	{
1100	FF	FS	,	<	L	\	l	|
1101	CR	GS	−	=	M	]	m	}
1110	SO	RS	.	>	N	↑	n	~
1111	SI	US	/	?	O	↓	o	DEL

有了 ASCII 编码表之后,就可以利用编码表对任意字符或者字符组合进行相关编码。编码时首先确定需要编码的字符总数,然后将每一个字符按顺序确定编号,编号值仅作为识别与使用这些字符的依据,而无实际意义。

例 2 – 12: 利用 ASCII 标准对"Hello."进行编码。

参考表 2 – 3,可以看到"Hello."的编码如表 2 – 4 所列。

表 2 – 4 "Hello." 的 ASCII 编码

H	e	l	l	o	.
0100 1000	0110 0101	0110 1100	0110 1100	0110 1111	0010 1110

例 2 – 13: 利用 ASCII 标准对"1 + 2"进行编码。

参考表 2 – 3,可以看到"1 + 2"的编码如表 2 – 5 所列。

表 2 – 5 1 + 2 的 ASCII 编码

1	+	2
0011 0001	0010 1011	0011 0010

奇偶校验

虽然标准 ASCII 码是 7 位编码,但由于计算机基本处理单位为字节(1B = 8bit),所以一般仍以一个字节来存放一个 ASCII 字符。每一个字节中多出来的一位(最高位)在计算机内部通常保持为 0 (在数据传输时可用作奇偶校验位)(拓展阅读 2 – 3:奇偶校验)。

由于标准 ASCII 字符集字符数目有限,在实际应用中往往无法满足要求。为此,国际标准化组织又制定了 ISO2022 标准,它规定了在保持与 ISO646 兼容的前提下将 ASCII 字符集扩充为 8 位代码的统一方法。ISO 陆续制定了一批适用于不同地区的扩充 ASCII 字符集,每种扩充 ASCII 字符集分别可以扩充 128 个字符,这些扩充字符的编码均为高位为 1 的 8 位代码(即十进制数 128 ~ 255),称为扩展 ASCII 码。

西文字符除了常用的 ASCII 编码外,还有一种编码称为 EBCDIC 编码(Extended Binary Coded Decimal Interchange Code,扩展的二 – 十进制交换码),这种字符编码主要用在大型机器中。

2.3.2　汉字编码

由于汉字的特殊性,汉字的处理过程需要经过输入码、机内码、字形码等多种编码才能完成。汉字编码处理过程如图 2 - 7 所示。

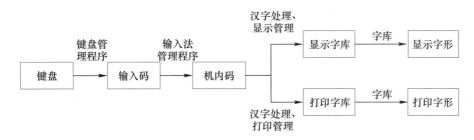

图 2 - 7　汉字编码处理过程

由于电子计算机现有的输入键盘与英文打字机键盘完全兼容,并没有专门设计的用于进行汉字输入的键盘,因此必须借助某种转换来使用英文字母进行汉字的输入,这种转换就是输入码。汉字输入码的作用是让用户能直接使用西文键盘输入汉字,一个好的输入编码需要做到编码短、重码少、好学好记。目前常用的输入码主要分为音码类和形码类。音码主要指以汉语拼音为基础的编码方案,比如智能 ABC、全拼等。形码类包括五笔字型法、表形码等。(拓展阅读 2 - 4:汉卡和倪光南)

汉卡和
倪光南

国标码是我国在 1980 年颁布的汉字编码国家标准,是目前国内所有汉字系统的统一标准,简称为 GB 码。其中 GB 是国标这两个汉字拼音的首字母,2312 是标准序号。国标码中每个汉字使用 2 个字节,每个字节的编码取值范围为 33 ~ 126,组成 94 ×94 矩阵,每一个行称为一个区,每一列称为一个位,可以表示 94 ×94 = 8836 个不同的字符。

GB 2312 包含的汉字数目大大少于现在使用的汉字,在实际使用中常常出现某些汉字不能输入从而不能被计算机处理的情况。为了解决这个问题,以及配合 Unicode 的实施,1995 年全国信息化技术委员会发布了"汉字内码扩展规范",将 GB 2312 扩展为 GBK。GBK 兼容 GB 2312,包含了 20902 个汉字。GBK2K 在 GBK 的基础上做了进一步扩充,增加了蒙、藏等少数民族文字。

汉字机内码又称机内码,是在设备和信息系统内部对汉字进行存储、处理、传输时所使用的代码。一个国标码占 2 个字节,每个字节最高位为 0;西文字符的机内码是 7 位 ASCII 码,最高位也为 0,为了区分汉字编码和 ASCII 编码,引入汉字机内码。汉字机内码在国标码的基础上将每个字节的最高位置为 1。

汉字字形码是汉字的输出码,用于汉字在显示屏或者打印机输出时使用。汉字字形码通常有点阵和矢量两种表示方式。点阵表示方式中无论汉字的笔画多少,每个汉字都可以写在同样大小的方块中,有点的用 1 表示,没点的用 0 表示,一位(1bit)可以存储一个点的信息。显示一个汉字需要多少个点,就需要多大的存储空间来存储。因此点阵的规模越大,字形越清晰。矢量表示方式存储描述汉字字形的轮廓特征,当输出汉字时,通过计算机的计算,由汉字字形描述生成所需大小和形状的汉字。

2.3.3 Unicode 编码

计算机在设计时采用 8 位作为 1 字节,所以一个字节最多能表示 256 个字符,早期对于使用英文的西方国家来说,使用一个字节来存储大小写英文字母、数字和一些符号已经可以满足使用,因此使用一个字节来制作码表(ASCII)。随着计算机技术在世界的推广,每个国家都有使用自己语言的需求,为了解决这个问题,每个国家制定自己的码表,如中国在 1980 年便制定了 GB2312 汉字编码字符集,因为汉字比英文多很多,一个字节明显不够用,所有就使用 2 个字节来编码。然而,不同国家所定义的字符编码虽然可以使用,但是在不同的国家间却经常出现不兼容的情况,造成了无法支持多语言环境的情况。

为了解决多语言环境的问题,统一所有文字的编码,产生了 Unicode。Unicode 的学名是"Universal Multiple – Octet Coded Character Set",简称为 UCS,它是一种国际标准编码,是多家计算机厂商组成 Unicode 协会进行开发的,它为每种语言中的每个字符设定了统一并且唯一的二进制编码,以满足跨语言、跨平台进行文本转换、处理的要求,也称为统一码、万国码、单一码。

习 题

1. 简述计算机二进制编码的优点。
2. 将下列十进制数值转换为二进制数:
   45.378   2003
3. 将下列二进制数转换为十进制数:
   11110.110B,10110101101011
4. 将下面的八进制或者十六进制数转换为二进制形式:
   $(670)_O$ $(10A)_H$
5. 分别求下列真值的原码、反码和补码(码的长度为 8 位二进制):
   +35   −26
6. ASCII 和 Unicode 都是文本字符的编码方式,这两种方式有什么区别? 在已经存在 ASCII 编码方式的情况下,为什么还需要引入 Unicode?
7. 简述汉字的处理过程。

第3章
程序设计基础

计算可以是对数值问题的计算，也可以是对非数值信息的处理。使用计算机进行问题求解目前已经成为计算机科学最基本的方法，在其他诸如生物、物理、化学、交通、金融等领域的研究、实验中也都发挥着越来越重要的作用。计算机问题求解是以计算思维为指导、以计算机为工具、以程序设计为主要手段开展的。因此，了解什么是程序、如何进行程序设计是计算机问题求解的重要内容。

第3章电子教案

3.1 语言与程序

3.1.1 计算机语言

无论是自然语言还是计算机语言,它们都是思想表达和交流的工具。自然语言和计算机语言的区别在于沟通交流的对象不同,自然语言沟通的对象是人与人,计算机语言沟通的对象是人和计算机。我们通过计算机语言让计算机理解人类的想法,往往只需要一些简短、明确的指令即可,而不必像自然语言那样丰富多彩,所以通常计算机语言的语法及规则相对于自然语言要简单得多。不过人们一直希望计算机能够理解人类的自然语言(拓展阅读 3 – 1:自然语言处理)。由于计算机只能理解 0 和 1,因此人类与计算机沟通的最基本的语言就是由 0、1 构成的指令集合,称为机器语言。

自然语言处理

1. 机器语言

机器语言是直接用二进制指令表达的计算机语言,指令是用 0 和 1 编写的一串代码,它们有一定的位数,并分成若干段,各段的编码表示不同的含义。

假设某台计算机用 16 个二进制数组成一条指令。16 个 0 和 1 有多种排列组合,这些代表 0 和 1 的电信号可以让计算机执行各种不同的操作。例如,某计算机的指令为 10110110 00000010,它可能表示让计算机进行一次加法操作;指令 10110101 00000010 则可能表示进行一次减法操作。它们的前 8 位表示操作码(代表指令要做什么),而后 8 位表示地址码(代表指令操作数据的位置)。由于操作码有 8bit,因此可包含 256 种不同的指令。

上面只是举例说明,大家可不必深究机器语言的实现细节。不难发现,用机器语言操作计算机,不但首先要熟记全部指令代码和代码的含义,还得了解数据的存储位置以及计算机运行的状态,这是一件十分复杂且繁琐的工作,编排指令所花费的时间往往是实际指令运行时间的几万倍或百万倍,且指令序列全是 0 和 1 二进制数据,可读性差、容易出错,因此,除了计算机生产人员和专业技术人员外,很少有人能懂机器语言。

2. 汇编语言

为了克服机器语言难读、难编、难记和易出错的缺点,人们就用与代码指令实际含义相近的英文缩写词、字母和数字等符号来取代指令代码,如用"ADD"表示加法运算,于是产生了汇编语言。汇编语言是一种用助记符表示的仍然面向机器的计算机语言。汇编语言亦称符号语言,由于是采用了助记符号来编写程序,比用机器语言的二进制代码要方便些,在一定程度上简化了编程过程。汇编语言的助记符与指令代码一一对应,从而使汇编语言能面向机器编程,较好地发挥机器的特性。

由于汇编语言中使用了助记符号,因此计算机不能像机器语言一样直接识别和执行,必须通过预先放入计算机的"汇编程序"的加工和翻译,才能变成能够被计算机识别和处理的二进制代码程序。用汇编语言等非机器语言书写好的符号程序称源程序,运行时"汇编程序"要将源程序翻译成目标程序,也就是机器语言程序,才能被计算机处理和执行。汇编语言是低级语言,使用起来还是比较繁琐费时,通用性较差,但汇编语言编写的软件却有着内存占用少、运行速度快的优点。

3. 高级语言

不论是机器语言,还是汇编语言,都需要对计算机硬件结构及其工作原理有着深刻的认识才行,这对非计算机专业人员是难以做到的,不利于计算机的推广应用。为此,人们便不断发明一些与人类自然语言相接近且能为计算机所接受的语意确定、规则明确、自然直观和通用易学的计算机语言。这种与自然语言相近并为计算机所接受和执行的计算机语言称为高级语言。高级语言是面向用户的语言,无论何种机型的计算机,只要配有高级语言的编译或解释程序,计算机就可以执行。

如今广泛使用的高级语言有 Python、C、C++、Java 等。计算机并不能直接地接受和执行用高级语言编写的源程序,源程序在输入计算机时,通过"翻译程序"翻译成机器语言形式的目标程序后计算机才能识别和执行。这种"翻译"通常有两种方式,即编译方式和解释方式。(拓展阅读 3-2:编译语言与解释语言)

编译语言与
解释语言

编译方式是事先编好一个称为编译程序的机器语言程序,作为系统软件存放在计算机内,当用户用高级语言编写的源程序输入计算机后,编译程序便把源程序整个地翻译成用机器语言表示的与之等价的目标程序,然后再执行该目标程序,以完成源程序要处理的运算并取得结果。

解释方式是源程序进入计算机时,解释程序边扫描边解释作逐句输入逐句翻译,计算机一句一句执行,并不产生目标程序。

C、C++等高级语言执行编译方式;Python、Java 等语言则以解释方式为主。每一种高级语言,都有专用符号、语法规则和语句结构。高级语言与自然语言更接近,而与硬件功能分离,便于用户掌握和使用,也更具有通用性。

3.1.2 计算机程序

1. 程序的"形"

什么是程序呢? 从不同角度理解得到的结果不尽相同。最直观的展现应该是图 3-1 和图 3-2 的样子。图 3-1 是 C 语言编写的程序片段,图 3-2 是 Python 语言编写的程序片段。这些程序是不同编程语言表现出来的不同形式。就像《红楼梦》可以翻译成不同语言一样,同样的问题也可以用不同的编程语言来实现。那么,抛开编程语言,程序到底是什么呢?

2. 程序的"神"

在军事训练中,士兵会根据教官下达的指令完成相应的动作,如"向左转""齐步走"等。这些指令具有共同的特征:简短、明确。每一条指令都非常简单,但每个士兵却能准确无误的执行,做到整齐划一,简短指令的组合便可变化多端形成震撼的阅兵方阵。

再观察一下图 3-1 和图 3-2 的程序片段,不难发现,不论用什么编程语言

```
1      #include <stdio.h>
2      int main()
3      {
4              int a,b,c;
5              printf("输入三个正整数：\n");
6              scanf("%d%d%d",&a,&b,&c);
7              if(a>=b)
8                      a=a;
9              else
10                     a=b;
11             if(a>=c)
12                     a=a;
13             else
14                     a=c;
15             printf("三个正整数中最大的是：%d",a);
16             return 0;
17     }
```

图 3-1　C 语言程序片段

```
1      def input_value(value):
2              while True:
3                      if(value.isdigit() ):
4                              return_value= int(value)
5                              break
6                      else:
7                              print("存在不包含的数字")
8                              value=input("输入一个数字")
9              return return_value
10     list1=[]
11
12     for i in range(3):
13             value= input("输入一个数字")
14             t=input_value(value)
15             list1.append(t)
16     list1.sort() #排序后获取最大的数据
17     print(list1[-1])
```

图 3-2　Python 语言程序片段

来展现,程序中每个小指令都非常简单,可是这些指令的科学编排,就能让计算机解决各种复杂问题。因此,为了完成某个特定任务的指令序列就是程序。这些指令和它们组合在一起的方式就是程序语言,它们是专门设计用于指导计算机工作的。

3. 程序的"魂"

计算机的指令集合通常由有限的词汇构成,计算机执行各种操作都依照指令集中相应的指令来完成。这些指令依照一定的规则组合使用,就算结果错误,计算机也只会按部就班地依照用户编写的程序执行各项指令。我们当然希望程序执行后能得到期望的正确结果,这就需要我们从另一个角度来研究程序、设计程序,从而使得指令执行完成得到想要的结果。

从这个角度来说,程序 = 算法 + 数据结构。

如何从一个现实问题得到最终的程序呢? 我们看下面的例子。

例 3 – 1：Zn likes collecting coins. What he likes most is the 'one yuan' coin which was made in 1996. Jesus, no one knows why he is so wild about it. These days he was not happy, because there was a fake coin among his coins. Zn wants to find it out, and what only he has is an old balance. Since Zn is a very lazy man, he wants to know how many times at most are needed to find the fake coin in the worst situation: The fake coin is lighter than others, and the rest have the same weight.

译文：Zn 非常热衷于收集硬币,尤其是喜欢收集 1996 年制造的一元硬币,不过最近 Zn 有些不开心,因此她发现收集的硬币中有一枚假币,于是他计划用天平找出这枚假币。那请问在最坏的情况下,他最多需要称多少次能把假币找出来,提示一下,假币比真币轻。

题目分析：找假币的基本思路是用天平称重,这是个随机的活动,可能第一次就称出假币,也可能在任何一次,在这道题目中假设不论用什么方法一定是在最后一次的分辨过程中分离出假币。在此前提之下,哪种方法次数最少则为最优,假设一共有 100 枚硬币。

方法一如图 3 – 3 所示。

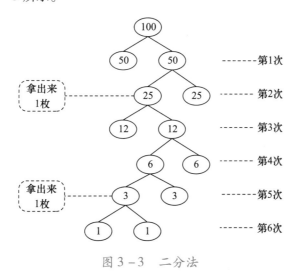

图 3 – 3 二分法

100 枚第一次随机均分成两堆,每堆各 50 枚,通过天平称重,轻的一堆里面含有假币;第二次将含有假币的 50 枚硬币继续平均分成两堆,每堆 25 枚硬币,通过天平称重,轻的一堆里面含有假币;第三次同样重复上述过程,但是 25 枚硬币是奇数,因而从中随机拿走一枚,将剩下 24 枚均分为两堆,每堆 12 枚硬币,通过天平称重,轻的一堆里面含有假币,如果两堆重量相同,则拿走的就是假币;由于要考虑最坏情况下找出假币,顾查找继续进行;按照上述方式重复进行,直到只剩两枚硬币便可揭晓最终的结果和找出的次数,这就是二分法。如图 3 – 3 所示,100 枚硬币最坏情况下需要 6 次便可找出假币。

方法二如图 3 – 4 所示。

方法二采用三分法,与二分法不同的是增加了排除的过程。假设有 3 枚硬币,取 2 枚放置在天平两边,如果天平两边重量相同,则没有称重的是假币,如果有一个是轻的,则这枚就是假币。也就是说,3 枚硬币通过天平一次称重也可以找出假币。根据这样的思路,参考图 3 – 4 所示的步骤,100 枚硬币在最坏情况下 5 次可以找到假币。

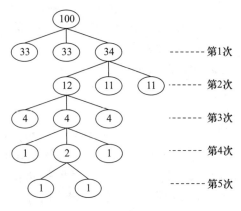

图 3-4 三分法

到此,我们找到了解决此问题的两种通用方法,也就是方法的规则包含了所有可能性的处理,只要按照方法的步骤就可以得到最终结果,这对编程非常重要。下面以方法二为例来展现计算思维问题求解的具体到抽象的过程。我们用 $f(n)$ 表示当硬币数为 n 时需要的查找次数。

当 $n=2$ 时,$f(n)=1$。

当 $n=3$ 时,$f(n)=1$。

当 $n>3$ 时,根据三分法可以分成以下两种情况:

情况一:n 能被 3 整除,$n\%3==0$。此时硬币可均分为 3 份,$f(n)=1+f(n//3)$。

情况二:n 不能被 3 整除,$n\%3!=0$。此时两份相等,另一份多一个或少一个,$f(n)=1+f((n//3)+1)$,根据最坏情况下的找出假币次数,每次选取 3 份中多的作为下一次继续分堆的基础。

分析到此,我们的程序呼之欲出:Python 语言撰写的程序如程序 3-1 所示。

程序 3-1 Python 语言程序代码

```
#如下 Python 语言程序代码主要完成输入硬币数目,在最坏情况下找出假币的最少次数
1    def main():
2        n = input("请输入硬币数目:")
3        n = int(n)
4        m = f(n)
5        print(m)
6    #f(n)可以用来记录次数
7    def f(n):
8        if n==2 : z=1
9        elif n==3 : z=1
10       elif n%3==0 : z = 1+f(n//3)
11       elif n%3!=0 : z = 1+f(n//3+1)
12       return z
13   main()
```

C 语言程序代码如程序 3-2 所示。

程序 3 - 2　C 语言程序代码

```
#如下 C 语言代码主要完成输入硬币数目,在最坏情况下找出假币的最少次数
1      #include < stdio. h >
2      int f( int n)
3      {
4              int z;
5              if( n ==2) z = 1;
6              else if ( n ==3) z = 1;
7              else if ( n%3 ==0)
8                              z = 1 + f( n/3) ;
9              else if ( n%3! =0)
10                     z = 1 + f(( n/3) +1) ;
11             return z;
12     }
13     void main( )
14     {
15             int n,m;
16             scanf("%d" ,&n) ;
17             m = f( n) ;
18             printf("%d" ,m) ;
19     }
```

　　通过这个例子不难发现,程序代码只是最终的结果,设计程序的核心是找到解决问题的通用方法,并将其步骤化,这就是我们所说的算法。在程序中很难看到处理的具体数据值,所有处理的这些数据都被抽象成各种符号,这些符号能代表所有处理的数据值、数据类型、数据个数、存储方式及逻辑关系,这就是我们说的数据结构。因此,要想使得程序的指令能够执行出我们希望的正确结果,关键在于问题的分析和算法的设计,这是程序的灵魂。

3.2 算法概述

3.2.1 算法的特点

　　通过对例 3 - 1 的分析,可以简单地理解算法就是解决问题的方法并把它步骤化。但是想要严格准确的定义算法并不这么简单。算法有着久远的历史。中国古代的筹算口诀与珠算口诀实际上就是算法的雏形,可以视为利用算筹和算盘解决算术运算这类问题的算法。古希腊数学家欧几里得在公元前 3 世纪就提出了寻求两个正整数的最大公约数的辗转相除算法。该算法被人们认为是史上第一个算法。19 世纪和 20 世纪早期的数学家、逻辑学家试图给出算法的定义,但遇到了困难。真正解决这个问题的英国数学家图灵,他提出了著名的图灵论题,并提出图灵机这一抽象模型。图灵机不仅仅反映了计算的本质也解决了算法定义的难题,对算法的发展也起到了重要作用。

　　图灵奖获得者高德纳在《计算机程序设计艺术》一书里明确了算法所具有五大特征:

（1）有穷性。有穷性是指算法必须能在执行有限个步骤之后终止。

（2）确切性。算法的每一步骤必须有确切的定义。

（3）输入项。一个算法有 0 个或多个输入，以刻画运算对象的初始情况，所谓 0 个输入是指算法本身定出了初始条件。

（4）输出项。一个算法有一个或多个输出，以反映对输入数据加工后的结果，没有输出的算法是毫无意义的。

（5）可行性。算法中执行的任何计算步骤都是可以被分解为基本的可执行的操作步骤，即每个计算步骤都可以在有限时间内完成（也称为有效性）。

算法的上述特征，使得计算不仅可以由人，还可以由计算机来完成。通过前面假币例题的分析，可以将计算机解决问题的过程分成 3 个阶段：分析问题、设计算法和实现算法。要让计算机解决问题，首先必须对问题进行分析和抽象，提出解决问题的办法，然后建立此问题的计算步骤，最后在计算机上实现。可见，算法设计是计算机问题求解的一个核心问题。

3.2.2 算法的描述

算法与计算机没有必然的关系，可以用多种方法来描述算法。主要有文字描述、图形描述、伪代码描述等描述方法。

1. 文字描述

文字描述即用自然语言（汉语、英语等）来描述算法，通常是使用受限的自然语言来描述，以提高描述的准确性。采取这种描述方法，可以使得算法容易阅读和理解。例如，求解两个整数的整商的算法的文字描述如下：

（1）输入两个整数，即被除数和除数。

（2）如果除数等于 0，则输出除数为 0 的错误信息。

（3）否则，计算被除数和除数的整商，并输出计算结果。

2. 图形描述

由于自然语言的二义性，所以用文字描述算法难免会出现不精确的问题。图形描述是一种更加准确的算法描述手段，主要包括流程图（也称为框图）、盒图（也称为 N – S 图）、PAD 图等。在这里主要介绍流程图这种描述方法。流程图是对算法逻辑顺序的图形描述，如用长方形表示计算公式、用菱形框表示条件判断等。图形描述作为一种算法描述方法，虽然也会受到自然语言的影响，但其画法简单，结构更加直观清晰，可以不涉及太多的机器细节或程序细节。其主要弱点是计算机难以直接识别。

流程图采用一些图形表示各种操作。美国国家标准化协会（ANSI）规定了一些常用的流程图符号，如表 3 – 1 所列。

表 3 – 1　主要流程图符号及作用

程序框	名称	功能
	起止框	表示一个算法的起始和结束，是任何算法程序框图不可缺少的
	输入、输出框	表示一个算法输入和输出的信息，可用在算法中任何需要输入、输出的位置

程序框	名称	功能
▭	处理框	赋值、计算。算法中处理数据需要的算式、公式等,它们分别写在不同的用以处理数据的处理框内
◇	判断框	判断某一条件是否成立:成立时在出口处表明"是"或"Y";不成立时在出口处标明则表明"否"或"N"
↗	流程线	算法进行的前进方向以及先后顺序
◯	连接点	连接另一页或另一部分的框图
┈┈▭	注释框	帮助编者或阅读者理解框图

流程图是描述算法较好的工具。图 3 - 5 就是求解两个整数整商算法的流程图描述。

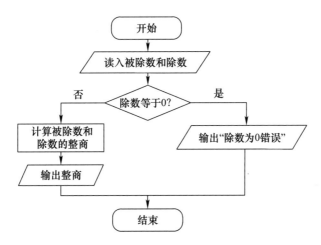

图 3 - 5 两个整数整商算法的流程图

3. 伪代码描述

伪代码也是一种算法描述方法。它的可读性和严谨性介于文字描述和程序描述之间,提供了一种结构化的算法描述工具。使用伪代码描述的算法可以方便地转化为程序设计语言实现。伪代码保留了程序设计语言的结构化特点,但是排除了程序设计的一些实现细节,使得设计者可以集中精力考虑算法的逻辑。程序 3 - 3 是用伪代码描述的求解两个整数的整商的算法。

程序 3 - 3 求整数整商的伪代码

```
1   input dividend,divisor
2   if divsor = 0 then
3   print "Error:the divisor cannot be 0."
4   else
5   quotient := dividend /divisor
6   print quotient
7   endif
```

3.2.3　算法的3种基本结构

算法描述了对数据进行加工处理的顺序和方法,可以将各种基本处理操作串联起来。按照顺序一步一步地执行,这是一种常用的简单结构顺序结构。但在现实世界中,很多问题的解决都难以严格按照顺序进行。不可避免地会遇到需要进行选择或不断循环反复的情况,这时算法步骤的执行顺序会发生变化,而非从前向后逐一执行。因此,除了顺序结构以外,算法还需要利用一些控制结构来组织算法的步骤。下面对3种常见的控制结构——顺序结构、选择结构和循环结构进行简要地介绍。有了这3种结构,可以实现更加强大的数据处理能力。甚至按照结构化程序设计的观点看,所有的算法和程序都可用这3种控制结构来实现。(拓展阅读3-3:语言的图灵完备性)

语言的图灵
完备性

1. 顺序结构

如图3-6所示,虚线框内是一个顺序结构,其中A和B两个框是顺序执行的,也就是说,在执行完A框所指定的操作后,必然接着执行B框所指定的操作。顺序结构是最简单的一种基本结构。

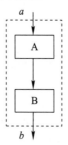

图3-6　顺序结构流程图

2. 选择结构

选择结构又称为选取结构或分支结构。如图3-7所示。虚线框内是一个选择结构,此结构中必包含一个判断框,根据给定的条件P是否成立,而选择执行A框或B框。例如,条件P可以是$x>0$或者$(a+b)<(c+d)$等。

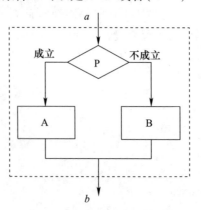

图3-7　选择结构流程图

注意:无论条件 P 是否成立,只能执行 A 框或 B 框之一,不可能既执行 A 框又执行 B 框。无论走到哪一条路径,在执行完 A 或 B 之后,都经过 b 点,然后脱离本选择结构。A 或 B 两个框中可以有一个是空的,即不执行任何操作,如图 3-8 所示。

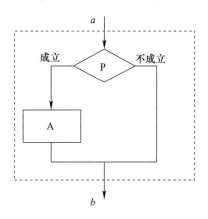

图 3-8 选择结构流程图

3. 循环结构

循环结构如图 3-9 所示。它的作用是当给定条件 P 成立时,执行 A 框操作,执行完 A 框后再判断条件 P 是否成立,如果仍然成立,再执行 A 框。如此反复执行 A 框,直到某一次条件 P 不成立为止。此时不执行 A 框,从 b 点脱离循环结构。

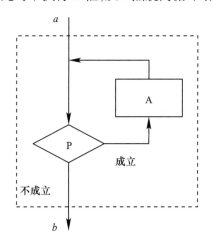

图 3-9 循环结构流程图

以上 3 种基本结构都有以下共同特点:

(1) 只有一个入口。图 3-6~图 3-9 中 a 点为入口点。

(2) 只有一个出口。图 3-6~图 3-9 中 b 点为出口点。

注意:一个判断框有两个出口,而一个选择结构只有一个出口。不要将判断框的出口和选择结构的出口混淆。结构内的每一部分都有机会被执行到。也就是说,对每一个框来说,都应当有一条从入口到出口的路径通过它。图 3-10 中没有一条从入口到出口的路径通过 A 框,所以这个流程图不正确。另外,结构内应不存在"死循环"(无终止的循环),图 3-11 就是无终止的死循环。

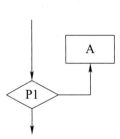
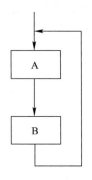

图 3-10　没有从 A 框出口的流程图　　　图 3-11　无终止的循环流程图

由以上 3 种基本结构组成的算法结构,可以解决任何复杂的问题。由基本结构所构成的算法,属于结构化的算法。结构化算法不存在无规律地执行,只在基本结构内才允许分支、向前或向后的跳转。其实,基本结构并不一定只限于上面 3 种,只要具有上述 4 个特点的,都可以作为基本结构。人们可以自己定义基本结构,并由这些基本结构组成结构化程序。

3.2.4　算法设计和程序编码

算法及其相关内容其实是非常复杂的,在此只需要了解其基本概念和算法的表达方法。但需要明白的是程序设计不是用某种程序设计语言编写代码。程序设计可以被看成是程序编码(Coding),它是在算法设计工作完成之后才开始的。以建筑设计为例,建筑设计这个过程不涉及砌砖垒瓦的具体工作,这些工作是在建筑施工阶段进行的。只有在完成了建筑设计,有了设计图纸之后,施工阶段才能开始。如果不做设计直接施工,很难保证房屋能按标准建造完成。同样,在程序或软件的设计中,一定要先分析问题,设计解决问题的算法,然后再使用程序设计语言进行具体的编码。设计阶段,主要完成求解问题的数据结构和算法的设计。设计的好坏直接影响着后面的编码质量。所以,训练有素的程序员一定要养成一种先设计后编码的习惯。

3.3 Python 语言概述

Python 语言的创始人为荷兰人吉多·范罗苏姆(Guido Van Rossum)。1989 年圣诞节期间,他为了打发圣诞节的无聊,决心开发一个新的脚本解释程序。之所以选择 Python(大蟒蛇的意思)作为该编程语言的名字,是取自英国 20 世纪 70 年代首播的电视喜剧《蒙提·派森的飞行马戏团》(*Monty Python's Flying Circus*)。就这样,Python 语言诞生了。Python 语言如今已经成为最受欢迎的程序设计语言之一。

由于 Python 语言的简洁性、易读性以及可扩展性,在国内外用 Python 语言做科学计算的研究机构日益增多,一些知名大学已经采用 Python 语言来教授程序设计课程。众多开源的科学计算软件包都提供了 Python 语言的调用接口,如著名的计算机视觉库 OpenCV、三维可视化库 VTK、医学图像处理库 ITK。Python 语言专用的科学计算扩展库就更多了,如 NumPy、SciPy 和 matplotlib,它们分别为 Python 语言提供了快速数组处理、数值运算以及绘图功能。因此,Python 语言及其众多的扩展库所构成的开发环境十分适合工程技术、科研人员处理实验数据、制作图表,甚至开发科学计算应用程序。Python 语言具有如下特点:

（1）Python 语言是一门跨平台、开源、免费的解释型、高级动态编程语言。

（2）Python 语言支持命令式编程、函数式编程,完全支持面向对象程序设计（拓展阅读 3 - 4:面向对象程序设计）。

面向对象程
序设计

（3）语法简洁清晰,拥有几乎支持所有领域应用开发的成熟扩展库。

（4）可以把多种不同语言编写的程序融合到一起,发挥彼此优势,满足不同需求。

（5）设计哲学是"优雅""明确""简洁""易学""易用"的,可读性好。

3.4 Python 编程环境

利用 Python 的 IDLE 开发环境进行程序设计,主要包括交互式程序设计和文件式程序设计两种。当我们安装好 Python 的开发环境（拓展阅读 3 - 5:Python 开发环境安装）后,就可以开始 Python 之旅了。在屏幕上输出"Hello,world!"的参考程序如程序 3 - 4 所示。

Python 开发
环境安装

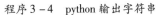

程序 3 - 4　python 输出字符串

```
1    mystring = "Hello,world!"
2    print(mystring)
```

1. Shell 交互模式

在 IDLE 中,如果使用交互式编程模式,那么直接在提示符" >>> "后面输入相应的命令并回车执行即可,如图 3 - 12 所示。可以看到 shell 是交互式的运行模式的解释器,输入一行命令解释器就解释运行出相应结果。如果执行顺利,马上就可以看到执行结果,否则会提示异常,如图 3 - 13 所示。

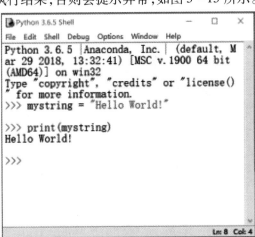

图 3 - 12　交互式编程界面

图 3 - 13 异常时界面

2. 文件模式

很显然,交互式编程运行程序非常方便,程序运行所见即所得,但是不能保存和重复运行。因此,对于代码量较大的程序需要文件模式。如图 3 - 14 所示,在 IDLE 界面中使用菜单"File" = >"New File"创建一个程序文件,输入代码并保存为 . py 文件。使用菜单"Run" = >"Run Module"运行程序,如图 3 - 15 所示,程序运行结果将直接显示在 IDLE 交互界面上。

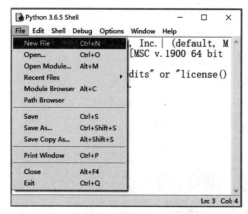

图 3 - 14 新建文件界面

图 3 - 15 运行程序界面

3.5 汇率兑换问题

3.5.1 汇率兑换 1.0

问题: 设计一个汇率换算器程序,其功能是将外币换算成人民币,或者相反。为了使程序简单,目前只考虑一种外币(如美元),并假设当前的汇率是 1 美元兑换 6.77 人民币。

案例分析:本案例的核心计算就在于美元和人民币汇率的换算:

$$美元(输出) = 人民币(输入)/汇率$$

算法流程:通过前面学习可知,算法中一定要设计数据的输入、处理、输出。本案例输入为人民币金额,处理过程为换算过程,输出为相应的美元金额,流程图如图 3－16 所示。

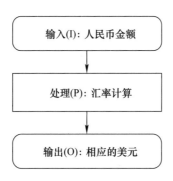

图 3－16　汇率兑换流程图

参考代码如程序 3－5 所示(拓展阅读 3－6:Python 程序设计规范)。

程序 3－5　汇率兑换 1.0 代码

Python 程序
设计规范

```
1    # 汇率兑换 1.0
2    USD_VS_RMB = 6.77
3    # 人民币的输入
4    rmb_str_value = input('请输入人民币(CNY)金额:')
5    # 将字符串转换为数字
6    rmb_value = eval(rmb_str_value)
7    # 汇率计算
8    usd_value = rmb_value / USD_VS_RMB
9    # 输出结果
10   print('美元(USD)金额是:',usd_value)
```

程序解析:在本案例中涉及 Python 语言中的基本语法有注释、常量与变量、命名、表达式、输入和输出、运算符等,具体如下。

(1)注释。程序开发者加入的说明信息,不会被计算机执行。单行注释以#开头,多行注释可以用三引号开始和结束。

(2)数据类型。Python 语言中标准的数据类型有整型、浮点型、字符串、列表等。必须有明确的数据类型,才能有效分配存储空间,才能进行精确、高效的运算。Python 语言主要数据类型如表 3－2 所列。

表 3－2　Python 语言主要数据类型

名称	类型	说明
整型	int	不带小数点的数,5、1010B、001AH、56O 等
浮点型	float	带小数点的数据,－3.14、9.8×10^3(9800.0)等
字符串	string	有序的字符序列,"小明""hello""3.14"等

续表

名称	类型	说明
布尔值	bool	用于逻辑运算,值只有 True 和 False,本质上存储的是 1,0 的整型
复数	complex	用于复数运算,2.4 +5.6j 等
列表	list	有序序列,如[11,"小明",12.5]
字典	dictionary	无序的键值对,{"小明":"66 分","小红":"67 分"}
元组	tuple	有序且不可变序列,如(11,"hello",12.5,100)
集合	set	无序且无重复元素,{"A","b",10,"hello"}

(3)常量与变量。程序执行过程中,值不发生变化的量是常量,程序中多次使用的值可作为常量,便于更改和维护。程序执行过程中,值发生改变或需要改变的量是变量。程序 3 – 5 中 6.77 就是常量,USD_VS_RMB、rmb_str_value、usd_value 都是变量。

(4)命名。为程序元素关联的名称,要保证唯一性。除了刚刚提到的变量是有命名的之外,像 eval、input、print 都是名称,表示的是函数名称。命名以大小写字母、数字、下划线构成,不能以数字开头,要区分大小写,不能和保留字或关键字相同。保留字就是已经被系统征用的名字。图 3 – 17 呈现的就是 IDLE 环境下获得关键字的方法及关键字。

```
>>> import keyword
>>> print(keyword.kwlist)
['False', 'None', 'True', 'and', 'as', 'assert', 'async', 'await', 'break',
'class', 'continue', 'def', 'del', 'elif', 'else', 'except', 'finally', 'for'
,'from', 'global', 'if', 'import', 'in', 'is', 'lambda', 'nonlocal', 'not'
, 'or', 'pass', 'raise', 'return', 'try', 'while', 'with', 'yield']
```

图 3 – 17　运行指令后获得所有的关键字

(5)input()函数。从键盘获得用户的输入并以字符串的形式保存。

(6)print()函数。在输出设备上显示结果信息。

(7)eval()函数。Python 内置函数之一,其功能是将从键盘获得的字符串数据转化成可以进行算术运算的浮点数。

(8)运算符。运算符是一种告诉编译器执行特定数学或逻辑操作的符号,运算符两端的常量或变量称为操作数。

按照运算符所对应的操作数的个数可将运算符分为两种:一种是单目运算符,"–"可看作负号,如"–5",此时只有常量"5"一个操作数,"–"就是单目运算符;另一种是双目运算符,如"a – b",此时"–"有两个操作数,这时"–"就是双目运算符,再如"a + b""a/b"中的"+""/"都是双目运算符。

运算符使用时要注意其功能、与操作数的关系、优先级别、结合方向等。Python 语言中含有丰富的运算符,如表 3 – 3 所列。

表 3 – 3　Python 语言中的运算符

运算符	功能说明
=	赋值运算符
+	算术加法,列表、元组、字符串合并与连接,正号
–	算术减法,集合差集,相反数

续表

运算符	功能说明
*	算术乘法,序列重复
/	真除法
//	求整商,但如果操作数中有实数的话,结果为实数形式的整数
%	求余数,字符串格式化
* *	幂运算
:、::	切片运算符
<、< =、>、> =、==、! =	(值)大小比较,集合的包含关系比较
or	逻辑或
and	逻辑与
not	逻辑非
in	成员测试
is	对象同一性测试,即测试是否为同一个对象或内存地址是否相同
|、∧、&、< <、> >、~	位或、位异或、位与、左移位、右移位、位求反
&、|、∧	集合交集、并集、对称差集

程序 3 – 5 中大家可重点关注 Python 语言中的算数运算符,包括表 3 – 3 中的"+"
"–""*""/""//""%"" * *"。不难发现,相同的符号在不同的场合功能可以不同。
例如,"%"可以用作求余数,也可以和字符串一起完成输出格式的设置。

(9) 表达式。由操作数和运算符构成的式子就是表达式,也可以看作程序中产生新
数值或执行操作的一行代码。通常表达式中包含各种运算符,程序 3 – 5 中,"="是赋值
运算符,它不代表判断等式两端是否相等,而是把赋值号右边的计算或者执行结果赋值
给左边的变量。

3.5.2 汇率兑换 2.0

问题:根据输入的货币判断是人民币还是美元,然后进行相应的转换。

根据输入判断是人民币还是美元,进行相应的转换计算,算法核心流程图如图 3 – 18
所示。

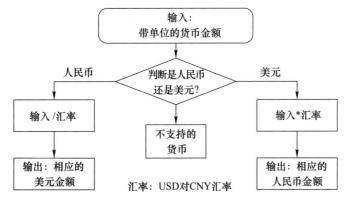

图 3 – 18 算法核心流程图

参考程序代码如程序 3-6 所示。

程序 3-6 汇率兑换 2.0 代码

```
1   """
2        功能:汇率兑换
3        版本:2.0
4        新增功能:根据输入判断是人民币还是美元,进行相应的转换计算
5   """
6   # 汇率
7   USD_VS_RMB = 6.77
8   # 带单位的货币输入
9   currency_str_value = input('请输入带单位的货币金额:')
10  # 获取货币单位
11  unit = currency_str_value[-3:]
12  if unit == 'CNY':
13      # 输入的是人民币
14      rmb_str_value = currency_str_value[:-3]
15      # 将字符串转换为数字
16      rmb_value = eval(rmb_str_value)
17      # 汇率计算
18      usd_value = rmb_value / USD_VS_RMB
19      # 输出结果
20      print('美元(USD)金额是:', usd_value)
21  elif unit == 'USD':
22      # 输入的是美元
23      usd_str_value = currency_str_value[:-3]
24      # 将字符串转换为数字
25      usd_value = eval(usd_str_value)
26      # 汇率计算
27      rmb_value = usd_value * USD_VS_RMB
28      # 输出结果
29      print('人民币(CNY)金额是:', rmb_value)
30  else:
31      # 其他情况
32      print('目前版本尚不支持该种货币!')
```

程序解析: 在本案例中涉及 Python 语言中的基本语法有缩进、字符串、关系运算符、if 语句判断分支结构等。

(1)缩进。按下 Tab 键(图 3-19)或 4 个空格,用来表示代码的层次关系。缩进是 Python 语言中表示程序框架的唯一手段。

(2)字符串。文本在程序中通过字符串(string)类型表示,用双引号或单引号括起来表示。例如,"abc"、'CNY'都是字符串,单引号、双引号表达的是没有区别的。字符串通

图 3 - 19　Tab 键在键盘位置示意图

过索引来访问其中的一个或多个字符。索引分为正向索引和反向索引,如图 3 - 20 所示。字符串"HELLO",其正向索引是从左向右,从 0 开始,0 是字符 H 的索引,1 是字符 E 的索引。反向索引是从右向左,从 -1 开始, -1 是字符 O 的索引, -2 是字符 L 的索引。字符 H 的正向索引是 0,反向索引是 -5。有了索引的概念我们可以通过索引对字符串中的单个字符或者多个字符进行访问。

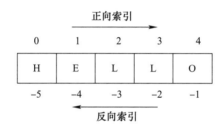

图 3 - 20　索引中的正向索引和反向索引示意图

　　单个字符访问通过运算符"[ ]"来完成,如图 3 - 21 所示。多个字符访问也称为区间索引访问,其访问形式为"[A:B]",表示从索引 A 位置的字符开始到索引 B 位置的字符结束,但不包含 B 索引位置的字符,如图 3 - 22 所示。如果 A 索引省略就表示从第一个字符开始,B 索引省略就表示到字符串结尾。都省略就表示访问整个字符串。类似于字符串这样的访问方式其实有个更加通用的操作名称——切片,在列表和元组的访问中也会使用。

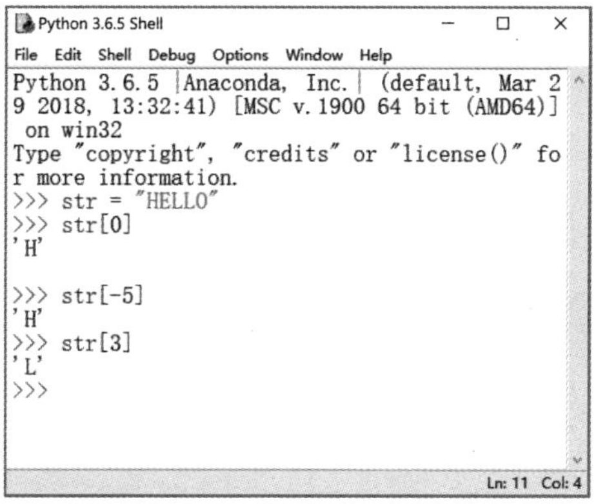

```
Python 3.6.5 Shell                          —    □    ×
File  Edit  Shell  Debug  Options  Window  Help
Python 3.6.5 |Anaconda, Inc.| (default, Mar 2
9 2018, 13:32:41) [MSC v.1900 64 bit (AMD64)]
 on win32
Type "copyright", "credits" or "license()" fo
r more information.
>>> str = "HELLO"
>>> str[0]
'H'

>>> str[-5]
'H'
>>> str[3]
'L'
>>>
                                    Ln: 11  Col: 4
```

图 3 - 21　单个字符访问

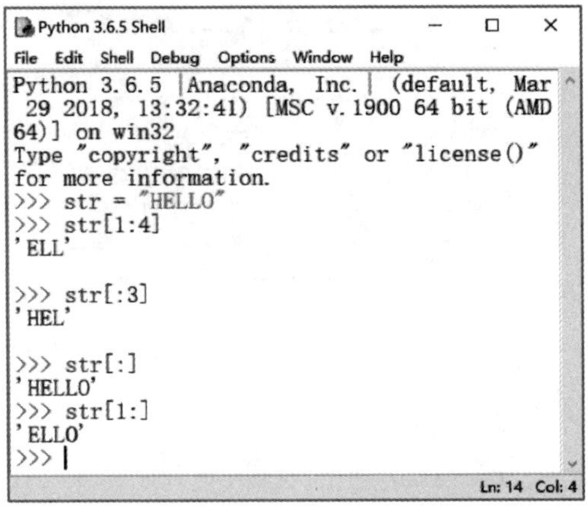

图 3 - 22　多个字符访问

（3）关系运算符及关系表达式。Python 语言中"＜、＜＝、＞、＞＝、＝＝、！＝"是关系运算符,分别代表小于、小于等于、大于、大于等于、是否相等和是否不相等。关系运算符及操作数构成的表达式其计算结果只有两种:逻辑真或者逻辑假。在 Python 语言中由专门的布尔类型"True""False"来代表结果的真假。示例如图 3 - 23 所示。

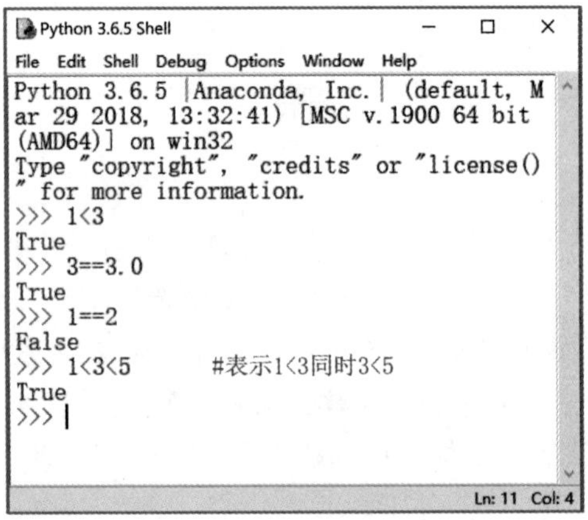

图 3 - 23　关系运算符及关系表达式

（4）分支语句:根据条件判断选择程序执行的路径。Python 的语法基本规则如下:

```
if 条件 1:
    ＜语句块 1＞
elif 条件 2:
    ＜语句块 2＞
…
else:
    ＜语句块 n＞
```

注意:条件 1、条件 2、…、条件 n 之间是互斥的,也就是说,条件 1 判断为真则执行语句块 1,剩下的判断都不再执行,只有条件 1 判断为假才会判断条件 2。也就是说,只有所有条件判断都为假时才会执行到 else 后面的语句块 n。在 Python 语言中,条件计算为 0 或者为空则认为是假,否则都视为真。条件判断为真后,所执行的语句块都是通过缩进来表达的。

3.5.3 汇率兑换 3.0

问题:能否使程序一直执行,直到用户选择退出?

程序是可以一直运行,直到用户选择退出,具体算法核心流程图如图 3 - 24 所示。

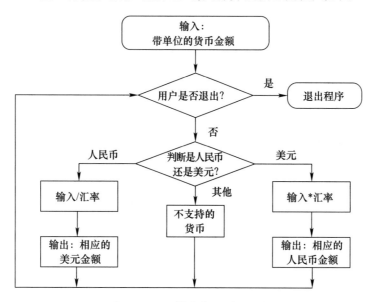

图 3 - 24　算法核心流程图

参考程序代码如程序 3 - 7 所示。

程序 3 - 7　汇率兑换 3.0 代码

```
1    """
2        功能:汇率兑换
3        版本:3.0
4        2.0 新增功能:根据输入判断是人民币还是美元,进行相应的转换计算
5        3.0 增加功能:程序可以一直运行,直到用户选择退出
6    """
7    # 汇率
8    USD_VS_RMB = 6.77
9    # 带单位的货币输入
10   currency_str_value = input('请输入带单位的货币金额(退出程序请输入 Q):')
11   i = 0
12   while currency_str_value != 'Q':
13       i = i + 1
14       # print('循环次数',i)
15       # 获取货币单位
```

```
16          unit = currency_str_value[ -3: ]
17          if unit == 'CNY':
18              # 输入的是人民币
19              rmb_str_value = currency_str_value[ : -3 ]
20              # 将字符串转换为数字
21              rmb_value = eval( rmb_str_value )
22              # 汇率计算
23              usd_value = rmb_value / USD_VS_RMB
24              # 输出结果
25              print( '美元(USD)金额是:', usd_value )
26          elif unit == 'USD':
27              # 输入的是美元
28              usd_str_value = currency_str_value[ : -3 ]
29              # 将字符串转换为数字
30              usd_value = eval( usd_str_value )
31              # 汇率计算
32              rmb_value = usd_value * USD_VS_RMB
33              # 输出结果
34              print( '人民币(CNY)金额是:', rmb_value )
35          else:
36              # 其他情况
37              print( '目前版本尚不支持该种货币!' )
38          print( '*********************************************' )
39          # 带单位的货币输入
40          currency_str_value = input( '请输入带单位的货币金额(退出程序请输入 Q):' )
41  print( '程序已退出!' )
```

程序解析:在本案例中涉及 Python 语言中的重点基本语法是循环语句 while。

while 语句是控制程序循环的语句,根据 while 后面的表达式计算结果作为判断条件,确定一段程序是否再次执行一次或者多次。我们可以将满足条件所反复执行的语句称为循环体。具体结构如下:

```
while 条件表达式:
    <语句块 1>
<语句块 2>
```

while 具体执行过程如图 3 - 25 所示。语句块 1 就是条件满足时,反复执行的循环体。当条件为真(True)时,执行语句块 1;为假(False)时,退出循环。while 语句后面表达式的判断与计算同 if 语句。语句块 2 是循环结束后顺序往下执行的语句块。

3.5.4 汇率兑换 4.0

问题:如果程序中多次用到兑换功能,代码量会增加,如何简化?

基于前面功能,将汇率兑换功能封装到函数中,算法核心流程图如图 3 - 26 所示。

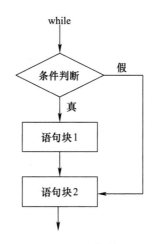

图 3 - 25　while 语句执行流程图

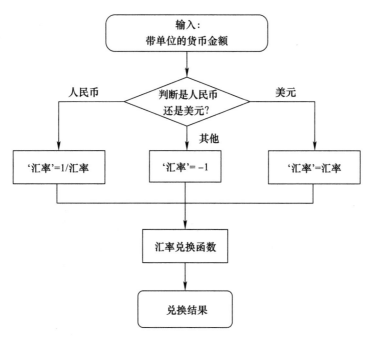

图 3 - 26　算法核心流程图

参考代码如程序 3 - 8 所示。

程序 3 - 8　汇率兑换 4.0 版本代码

```
1    """
2        功能:汇率兑换
3        版本:4.0
4        2.0 新增功能:根据输入判断是人民币还是美元,进行相应的转换计算
5        3.0 增加功能:程序可以一直运行,直到用户选择退出
6        4.0 增加功能:将汇率兑换功能封装到函数中
7    """
8    def convert_currency(im,er):
```

```
9        """
10            汇率兑换函数
11        """
12            out = im * er
13            return out
14   # 汇率
15   USD_VS_RMB = 6.77
16   # 带单位的货币输入
17   currency_str_value = input('请输入带单位的货币金额:')
18   unit = currency_str_value[-3:]
19   if unit == 'CNY':
20        exchange_rate = 1 / USD_VS_RMB
21   elif unit == 'USD':
22        exchange_rate = USD_VS_RMB
23   else:
24        exchange_rate = -1
25   if exchange_rate != -1:
26        in_money = eval(currency_str_value[:-3])
27        # 调用函数
28        out_money = convert_currency(in_money,exchange_rate)
29        print('转换后的金额:',out_money)
30   else:
31        print('不支持该种货币!')
```

程序解析:在本案例中涉及 Python 语言中的重点语法是函数、内置函数等。

1. 函数

对一组表达特定功能表达式的封装,可以使程序模块化。将特定功能代码封装在一个函数里,便于阅读和复用。

2. 内置函数

在 Python 语言中自带很多可以直接拿来使用的函数,称为内置函数或者内建函数。例如,input()、print()、eval()等,只要涉及数据的输入、输出、转化等功能,往往不需要重新编写代码,直接调用相关函数即可。调用方式非常简单,就是"函数名()"即可,小括号里面根据函数调用规则填入参数。Python 语言中常见内置函数如表 3-4 所列。可以通过 help()来查看各个内置函数的功能及基本使用方法,如图 3-27 所示。

表 3-4　Python 语言中常见内置函数

Built - in Functions				
abs()	dict()	help()	min()	setattr()
all()	dir()	hex()	next()	slice()
any()	divmod()	id()	object(0)	sorted()
ascii()	enumerate()	input()	oct()	staticmethod()
bin()	eval()	int()	open()	str()

续表

Built – in Functions				
bool( )	exec( )	isinstance( )	ord( )	sum( )
bytearray( )	filter( )	issubclass( )	pow( )	super( )
bytes( )	float( )	iter(0)	print( )	tuple( )
callable( )	format( )	len( )	porperty( )	type( )
chr( )	frozenset( )	list( )	range( )	vars( )
classmethod( )	getattr( )	locals( )	repr( )	zip( )
compile( )	globals( )	map( )	reversed( )	__import__( )
complex( )	hasattr( )	max( )	round( )	
delattr( )	hash( )	memoryview( )	set( )	

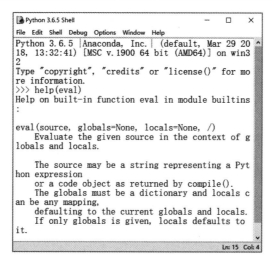

图 3 – 27 help( )查看内置函数 eval( )的用法

Python 语言之所以如此受欢迎,主要原因就在于 Python 语言在使用过程中有大量可以直接被调用的函数,程序员不用再重复开发,大大提高了效率。除了这些内置函数外,Python 语言还可以加载更为丰富的库来辅助任务开发,具体使用方法在后续案例中呈现。

3. 自定义函数

不难发现,调用函数的形式不仅简单,也使得我们编写程序的效率也大大提高。调用函数之前,这个函数必须是存在的,这就是函数的定义。

```
def    函数名(＜参数列表＞):          #定义函数的参数是形参,调用函数的参数是实参
       """

       函数说明文档/注释
       """

       ＜函数体语句块＞              #函数实现功能的语句封装
       return   返回值
```

函数的调用参考程序 3 – 8 的 28 行,调用和执行过程如下:

(1) 调用程序在调用函数处暂停执行。

（2）调用时将参数（实参）赋值给函数的参数（形参）。

（3）执行函数体。

（4）返回函数结果，回到调用处继续执行。

3.5.5 汇率兑换5.0

问题：如果函数的功能很简单，是否有更简洁的写法？

基于前面功能，将简单的函数改造成 lambda 函数，算法核心流程图如图3-28所示。

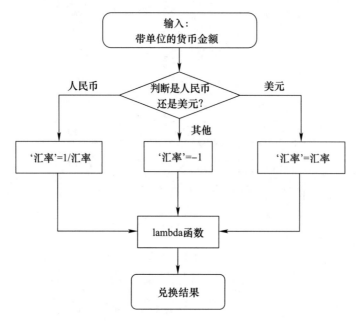

图3-28　算法核心流程图

参考代码如程序3-9所示。

程序3-9　汇率兑换5.0版本代码

```
1    """
2        功能:汇率兑换
3        版本:5.0
4        2.0 新增功能:根据输入判断是人民币还是美元,进行相应的转换计算
5        3.0 增加功能:程序可以一直运行,直到用户选择退出
6        4.0 增加功能:将汇率兑换功能封装到函数中
7        5.0 增加功能:(1)使程序结构化,(2)简单函数的定义 lambda
8    """
9    def main():
10       """
11           主函数
12       """
13       # 汇率
14       USD_VS_RMB = 6.77
```

```
15          # 带单位的货币输入
16          currency_str_value = input('请输入带单位的货币金额:')
17          unit = currency_str_value[-3:]
18          if unit == 'CNY':
19              exchange_rate = 1 / USD_VS_RMB
20          elif unit == 'USD':
21              exchange_rate = USD_VS_RMB
22          else:
23              exchange_rate = -1
24          if exchange_rate != -1:
25              in_money = eval(currency_str_value[:-3])
26              # 使用 lambda 定义函数
27              convert_currency2 = lambda x: x * exchange_rate
28              # 调用 lambda 函数
29              out_money = convert_currency2(in_money)
30              print('转换后的金额:', out_money)
31          else:
32              print('不支持该种货币!')
33  main()    # 调用主函数
```

程序解析:在本案例中涉及 Python 语言的重点基本语法有程序结构化、lambda 函数等。

1. 程序结构化

与汇率兑换 4.0 相比,5.0 所有的语句都被封装在相关函数中,整个程序的总体架构非常清晰。通常,我们会将程序的主干部分封装在一个称为 main 的主函数中,程序的执行就是从 main 函数调用开始。

2. lambda 函数

lambda 函数也称为匿名函数。定义方法如下:

```
lambda <参数列表>: <表达式>
```

调用的时候可以直接使用,或者采用" < 函数名 > = lambda < 参数列表 >: < 表达式 > "的形式将 lambda 整体赋值给一个函数名,这样既可通过函数名和正常函数一样来调用。lambda 函数用于简单的、能够在一行内表示的函数,计算结果就为其返回值,具体方法参考程序 3 - 9 的 26 ~ 29 行。

3.6 周存钱问题

3.6.1 周存钱问题 1.0

周存钱问题即 52 周阶梯式存钱法,是国际上非常流行的存钱方法。

问题:在一年内每周递增存 10 元。例如,第一周存 10 元,第二周存 20 元,一直到第 52 周存 520 元。这样一年会存多少钱呢?

显然是 $10+20+30+40+50+\cdots+520=13780$，其实就是累加求和的问题。算法流程图如图 3-29 所示。

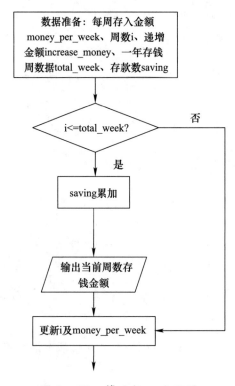

图 3-29　算法核心流程图

参考代码如程序 3-10 所示。

程序 3-10　52 周存钱问题 1.0

```
1    """
2        功能:52 周存钱挑战
3        版本:1.0
4        功能:输出每周存钱金额
5    """
6    def main():
7        """
8            主函数
9        """
10       money_per_week = 10      # 每周的存入的金额,初始为 10
11       i = 1                          # 记录周数
12       increase_money = 10      # 递增的金额
13       total_week = 52              # 总共的周数
14       saving = 0                   # 账户累计
15       while i <= total_week:
16           # 存钱操作
```

```
17          # saving = saving + money_per_week
18          saving += money_per_week
19          # 输出信息
20          print('第{}周,存入{}元,账户累计{}元'.format(i,money_per_week,saving))
21          # 更新下一周的存钱金额
22          money_per_week += increase_money
23          i += 1
24  main()
```

程序解析: 在本案例中涉及 Python 语言的重点基本语法有格式化输出、对象、库调用方式等。

1. 字符串格式化输出

使用"{}"占位,使用 str.format() 方式进行字符串格式化输出。具体用法如程序 3-10 第 20 行所示。这是一种新的格式化输出方式 str.format(),即 a.b() 的形式。这种形式和函数调用本质上是一样的。直观理解就是用函数 b() 对 a 进行处理,或者是调用 a 中的 b() 函数。其中 a 可以表示为对象或者是库。如图 3-30 所示,可以调用字符串的 split() 方法对字符串"a b c"进行分割处理,也可以通过 import 加载第三方库,然后使用库中的函数,如 math 库中的正弦函数 sin()。

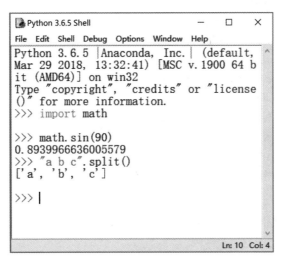

图 3-30 库加载及内置函数使用示例

2. pip 命令

如果需要加载的库是第三方库,在 import 加载前需要提前下载和安装库之后再使用。这里就需要用到 pip 命令。Python 语言用 pip 命令来管理第三方库,如下载、安装、更新、删除等。

3.6.2 周存钱问题 2.0

问题:能否记录每周的存款数?

记录每周的存款数,需要用到列表。参考代码如程序 3-11 所示。

程序 3 - 11   52 周存钱问题 2.0

```
1     """
2          功能:52 周存钱挑战
3          版本:2.0
4          2.0 增加功能:记录每周的存款数
5     """
6     import math
7     def main():
8          """
9               主函数
10         """
11         money_per_week = 10          # 每周的存入的金额,初始为 10
12         i = 1                        # 记录周数
13         increase_money = 10          # 递增的金额
14         total_week = 52              # 总周数
15         saving = 0                   # 账户累计
16         money_list = []              # 记录每周存款数的列表
17         while i <= total_week:
18              # 存钱操作
19              # saving = saving + money_per_week
20              # saving += money_per_week
21              money_list.append(money_per_week)
22              saving = math.fsum(money_list)
23              # 输出信息
24              print('第||周,存入||元,账户累计||元'.format(i,money_per_week,saving))
25              # 更新下一周的存钱金额
26              money_per_week += increase_money
27              i += 1
28    main()
```

程序解析:在本案例中涉及 Python 语言的重点基本语法有列表、math 库调用等。

1. 列表

列表(list)是通过"[ ]"符号描述的有序的元素集合,元素与元素用","分隔,元素类型可以不同也可以相同。例如,a = [1,'abc',3],a 就是一个有着三个元素的列表。可以通过索引访问单个元素,如 a[2]访问的就是 3,通过区间索引访问子列表内容,如 a[:2]访问的就是 1、'abc'等。常用的列表操作及方法如表 3 - 5 所列。

表 3 - 5   列表操作符及含义

列表操作符	含义
list1 + list2	合并(连接)两个列表
list1 * n	重复 n 次列表内容
len(list1)	返回列表长度(元素个数)

续表

列表操作符	含义
x in list1	检查元素是否在列表中
list1. append(x)	将x添加到列表末尾
list1. sort( )	对列表元素排序
list1. reverse( )	将列表元素逆序
list1. index( )	返回第一次出现x元素的索引值
list1. insert(i,x)	在位置i处插入新元素x
list1. count(x)	返回元素x在列表中的数量
list1. remove(x)	删除列表中第一次出现的元素x
list1. pop(i)	去除列表中i位置上的元素

2. math 库

math 库包含了数学当中常用的运算函数,通过"import math"加载并通过
"math. 方法( )"的形式使用库里面的函数。常用的函数如表3-6所列(拓展阅
读3-7:math 库函数简介)。

math 库函
数简介

表3-6　常用 math 库函数

数学函数	含义
math. pi	圆周率
math. ceil(x)	对x向上取整
math. floor(x)	对x向下取整
math. pow(x,y)	x的y次方
math. sqrt(x)	x的平方根
math. fsum(list1)	集合内元素求和
…	…

3.6.3　周存钱问题3.0

问题:用 while 进行循环,需要记录循环次数,是否有包含计数功能的循环?
使用 for 循环可以直接计数。参考代码如程序3-12所示。

程序3-12　52周存钱问题3.0

```
1    """
2        功能:52周存钱挑战
3        版本:3.0
4        2.0增加功能:记录每周的存款数
5        3.0增加功能:使用循环直接计数
6    """
7    import math
8    def main():
9        """
```

```
10              主函数
11          """
12          money_per_week = 10        # 每周的存入的金额
13          increase_money = 10        # 递增的金额
14          total_week = 52            # 总共的周数
15          saving = 0                 # 账户累计
16          money_list = []            # 记录每周存款数的列表
17          for i in range(total_week):    #total_week 代表结束数据
18              money_list. append(money_per_week)
19              saving = math. fsum(money_list)
20              # 输出信息
21              print('第{}周,存入{}元,账户累计{}元'. format(i + 1,money_per_week,saving))
22              # 更新下一周的存钱金额
23              money_per_week += increase_money
24      main()
```

程序解析:在本案例中涉及 Python 语言的重点语法有 for 循环、range 函数等。

1. for 循环

可遍历数据集内的成员,迭代对象可以是字符串、列表、元组、字典、文件等。for 循环的用法如下:

```
for i in iterable_object:
    <循环体 body>
```

循环变量 i 在每次循环时,被赋值成对应的元素内容。与 while 语句相比,for 循环的次数固定,即所遍历的序列长度,而 while 循环与循环控制因子的初值、终值和变化步长相关。

2. range() 函数

可产生一系列整数,返回一个 range 对象。range()语法格式为 range([start,] end [, step]),其中包含左闭右开区间[start,end)内以 step 为步长的整数。参数 start 默认为 0,step 默认为 1。程序 3-12 第 17 行中,start 默认为 0,end 为 52,step 默认为 1,也就是产生从 0~51 共 52 个整数。Python 语言中的 for 指令通常和 range()函数在一起构成循环,读者可以从图 3-31 中体会循环变量 i 的变化。

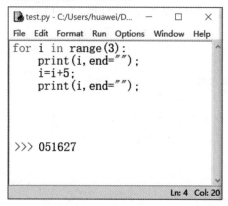

图 3-31 range() 函数和 for 循环用法

3.6.4 周存钱问题4.0

问题:程序能否更加灵活?例如,设置第一周的存钱数,增加的存钱数及存款周数、存款总数等。

可以通过设置局部、全局变量的形式来设置以上数据。参考代码如程序 3 – 13 所示。

程序 3 – 13 52 周存钱问题 4.0

```
1   """
2       功能:52 周存钱挑战
3       版本:4.0
4       2.0 增加功能:记录每周的存款数
5       3.0 增加功能:使用循环直接计数
6       4.0 增加功能:灵活设置每周的存款数,增加的存款数及存款周数,全局变量、局部变量实现
7   """
8   import math
9   #全局变量
10  saving_global = 0
11  def save_money_in_n_weeks(money_per_week,increase_money,total_week):
12      """
13      计算 n 周内的存款金额
14      """
15      global saving_global           #声明全局变量
16      saving_local = 0               #save_money_in_weeks()函数内的局部变量
17      money_list = []                # 记录每周存款数的列表
18      for i in range(total_week):
19          money_list.append(money_per_week)
20          saving_global = math.fsum(money_list)
21          # 更新下一周的存钱金额
22          money_per_week += increase_money
23      print('函数内的 saving_local:',saving_local)
24      return saving_global
25  def main():
26      """
27      主函数
28      """
29      money_per_week = float(input('请输入每周的存入的金额:'))    # 每周的存入的金额
30      increase_money = float(input('请输入每周的递增金额:'))      # 递增的金额
31      total_week = int(input('请输入总共的周数:'))              # 总周数
32      # 调用函数
33      saving_local = save_money_in_n_weeks(money_per_week,increase_money,total_week)
34      print('总存款金额',saving_global)      #输出全局变量 saving_global 的值
```

```
35          print('总存款金额',saving_local)      #输出 main 函数的局部变量 saving_local 的值
36    main( )
```

程序解析:在本案例中涉及 Python 语言的重点语法有函数通过参数与调用程序完成传递信息、局部变量、全局变量等。

1. 局部变量

在函数内部定义的普通变量,只在函数内部起作用。如本案例在 main( )函数中定义的 money_per_week、increase_money、saving_local 等都是局部变量。变量起作用的代码范围称为变量的作用域,不同作用域内变量名可以相同,互不影响。在本案例中 main( )函数有局部变量 saving_local,save_money_in_n_weeks( )函数中也有同名局部变量 saving_local,但是两个局部变量所在的函数不同,作用域不同,所以不会相互影响。

2. 全局变量

在程序中任何地方都可以使用的变量,全局变量可以通过关键字 global 来定义。使用时分为两种情况:第一,全局变量定义在函数体外部,如果想在函数内部调用,此时需要在函数内使用 global 来声明,如程序 3 - 13 的第 15 行,否则,在 main ( )函数中就不能使用共享值;第二,如果一个变量在函数外没有定义,在函数内部也可以直接将其定义为全局变量。

3. 参数传递

函数通过参数与调用程序传递信息。函数的形参只接收实参的值,给形参赋值并不影响实参。通过 return 将函数处理完的结果返回给主调函数。

3.7 日期判断问题

3.7.1 日期判断问题 1.0

问题:输入某年某月某日,判断这一天是这一年的第几天? 例如,输入的日期为 2022/03/05,判断是 2022 年的第几天?

解决这个问题,需要注意的是,首先每个月份的天数不同,其次闰年与平年的 2 月份天数不同,最后就是判断闰年(四年一闰,百年不闰,四百年再闰)。参考代码如程序 3 - 14 所示。

程序3 - 14   日期判断问题1.0

```
1    """
2         版本:1.0
3         功能:输入某年某月某日,输出这一天是这一年的第几天?
4    """
5    from datetime import datetime
6    def main( ):
7         """
8            主函数
9         """
```

```
10        input_date_str = input('请输入日期(yyyy/mm/dd):')      #假设输入"2022/03/20"
11        input_date = datetime. strptime(input_date_str,'% Y/% m/% d')
12        print(input_date)                              #输出为:2022-03-20  00:00:00
13        year = input_date. year                        #year:2022
14        month = input_date. month      #month:3
15        day = input_date. day                          #day: 20
16        # 计算之前月份天数的总和以及当前月份天数
17        days_in_month_tup = (31,28,31,30,31,30,31,31,30,31,30,31)   #用元组表示每个月的天数
18            #days_in_month_list = [31,28,31,30,31,30,31,31,30,31,30,31]
                                                                    #用列表表示每个月的天数
19        days = sum(days_in_month_tup[: month - 1]) + day
20
21        # 判断闰年
22        if (year % 400 == 0) or ((year % 4 == 0) and (year % 100 ! = 0)):
                                                                  #闰年的判断方法
23            if month > 2:
24                days + = 1
25        print('这是第{}天。'. format(days))
26    main()
```

程序解析: 在本案例中涉及 Python 语言中的重点内容有 datetime 库、元组概念等。

1. datetime 库

处理时间的标准函数库 datetime。以不同格式显示日期和时间是程序中常用到的功能。Python 语言提供了一个处理时间的标准函数库 datetime,它提供了一系列由简单到复杂的时间处理方法。datetime 库可以从系统中获得时间,并以用户选择的格式输出。datetime 库以类的方式提供多种日期和时间表达方式,最常见到的是"datetime. datetime",功能覆盖 date 和 time 类。

2. 元组

元组(Tuple)是一种特殊的序列类型,一旦创建不能修改,使得代码更加安全,使用逗号和圆括号来表示,如 ('red','blue',3.0)、(2,4,6.3)。元组的访问方式和列表类似,一般用于表达固定数据项、函数的返回值等情况。元组中的元素可以是不同类型的,元组中的元素存在先后关系,可通过索引访问元组中元素。

3. 列表与元组的区别

元组是不可变的,列表是可变的;元组通常由不同的数据组成,列表通常是由相同类型的数据组成;元组表示的是结构,列表表示的是顺序。

3.7.2 日期判断问题 2.0

问题: 能否根据不同的天数将月份划分成不同的集合,然后再操作?

利用 Python 语言中集合的概念可以将月份划分为不同的集合再进行操作,参考代码如程序 3-15 所示。

程序 3-15 日期判断问题 2.0

```
1    """
2        版本:2.0
3        功能:输入某年某月某日,判断这一天是这一年的第几天?
4        2.0 增加功能:将月份划分为不同的集合再操作
5    """
6    from datetime import datetime
7    def is_leap_year(year):
8        """
9            判断 year 是否为闰年
10            是,返回 True
11            否,返回 False
12        """
13        is_leap = False
14        if (year % 400 == 0) or ((year % 4 == 0) and (year % 100 ! = 0)):
15            is_leap = True
16        return is_leap
17   def main():
18        """
19            主函数
20        """
21        input_date_str = input('请输入日期(yyyy/mm/dd):')
22        input_date = datetime. strptime(input_date_str,'% Y/% m/% d')
23        year = input_date. year
24        month = input_date. month
25        day = input_date. day
26        # 包含30天月份集合
27        _30_days_month_set = {4,6,9,11}
28        _31_days_month_set = {1,3,5,7,8,10,12}
29        # 初始化值
30        days = 0
31        days += day
32        for i in range(1,month):     #i 代表月份
33            if i in _30_days_month_set:
34                days += 30
35            elif i in _31_days_month_set:
36                days += 31
37            else:
38                days += 28
39        if is_leap_year(year) and month > 2:
40            days += 1
41        print('这是{}年的第{}天。'. format(year,days))
42   main()
```

程序解析：在本案例中涉及 Python 语言中的重点内容：集合概念及操作。

1. 集合

Python 语言中的集合(Set)同数学中的集合概念一致，即包含 0 或多个数据项的无序组合。集合中的元素不能重复。由于集合是无序组合，没有索引和位置的概念。set()函数用于集合的生成，其返回结果是一个无重复且排序任意的集合。集合通常用于表示成员间的关系、元素去重等。

2. 集合操作

Python 语言中集合与数学集合很类似，有交、并、差等运算。具体操作如表 3 – 7 所列。

表 3 – 7　集合操作及含义

集合操作	含义
s – t 或 s. difference(t)	返回在集合 s 中但不在 t 中的元素
s&t 或 s. intersection(t)	返回同时在集合 s 和 t 中的元素
s｜t 或 s. union(t)	返回集合 s 和 t 中的所有元素
s^t 或 s. symmetric_difference(t)	返回集合 s 和 t 中的元素,但不包括同时在其中的元素

3.7.3　日期判断问题 3.0

问题：能否将月份和天数同时表示在一种数据类型中？

可以利用字典将月份及其对应天数表示在同一种数据类型中。参考代码如程序 3 – 16 所示：

程序 3 – 16　日期判断问题 3.0

```
1    """
2        版本:3.0
3        功能:输入某年某月某日,判断这一天是这一年的第几天?
4        2.0 增加功能:将月份划分为不同的集合再操作
5        3.0 增加功能:将月份及其对应天数通过字典表示
6    """
7    from datetime import datetime
8    def is_leap_year(year):
9        """
10           判断 year 是否为闰年
11           是,返回 True
12           否,返回 False
13       """
14       is_leap = False
15       if (year % 400 == 0) or ((year % 4 == 0) and (year % 100 ! = 0)):
16           is_leap = True
17       return is_leap
18
```

```
19  def main():
20      """
21          主函数
22      """
23      input_date_str = input('请输入日期(yyyy/mm/dd):')
24      input_date = datetime.strptime(input_date_str,'%Y/%m/%d')
25      year = input_date.year
26      month = input_date.month
27      day = input_date.day
28      # 包含30天\31天月份集合
29      # _30_days_month_set = {4,6,9,11}
30      # _31_days_month_set = {1,3,5,7,8,10,12}
31      # 月份-天数的字典
32      month_day_dict = {1:31,2:28,3:31,4:30,5:31,6:30,
33                        7:31,8:31,9:30,10:31,11:30,12:31}
34      day_month_dict = {30:{4,6,9,11},31:{1,3,5,7,8,10,12}}
35      # 初始化值
36      days = 0
37      days += day
38      for i in range(1,month):
39          days += month_day_dict[i]
40      if is_leap_year(year) and month > 2:
41          days += 1
42      print('这是{}年的第{}天。'.format(year,days))
43
44  main()
```

程序解析:在本案例中涉及 Python 语言中的重点内容有字典概念及操作。

1. 字典

字典(Dict)类型是"键-值"数据项的组合,每个元素是一个键值对,如月份(键)-天数(值)。字典类型数据通过映射查找数据项,具体来说就是通过任意键查找集合中的值。字典类型以键为索引,一个键对应一个值,如表3-8所列。字典类型的数据是无序的,但只要记得键,就可以方便地找到值。

表3-8 字典类型中的"键和值"举例

键	值
'Eggs'	2.59
'Milk'	3.19
'Cheese'	4.80
'Yogurt'	1.35
'Butter'	2.59
'More Cheese'	6.19

2. 字典操作

字典常见的操作主要有查找、增加、删除、遍历等,表 3 - 9 给出了部分操作方法。

表 3 - 9　字典常见操作

操作	说明
dic[key]	访问字典中键为 key 的元素
dic[key] = value	为字典中添加键为 key,值为 value 的元素
del dic[key]	删除字典中键为 key 的元素
key in dic	判断字典中是否有 key
for key in dic. keys( ):	遍历所有的 key
for value in dic. values( ):	遍历所有的 value
for item in dic. items( ):	遍历所有数据项

习　题

1. 简述 Python 语言的特点。
2. 什么是机器语言? 什么是汇编语言? 什么是高级语言?
3. 编写程序:根据身高(单位:m)、体重(单位:kg),计算 BMI。

　　　　公式:BMI = 体重/(身高 × 身高)

4. 编写程序输出如下图形:

```
                        @  学编程,你不是一个人在战斗~~
                     \__|
       ||=======00000[/ $007  |
                     \/-----
      /___0000000000000 ___|
      \000000000000000000/
       ~~~~~~~~~~~~~~~~~~
```

5. 用循环来编写程序,实现 1 + 2 + 3 + 4 + 5 + ⋯ + 100 求和。
6. 用循环来编写程序,完成 100 以内奇数求和与偶数求和的任务。
7. 编写程序,判断今天是今年的第几天。
8. 用 0 ~ 9 这 10 个数字可以组成多少无重复数字的 3 位数。最后统计输出个数,并 3 个 1 行输出这些 3 位数。
9. 斐波那契数列第一项是 1,第二项也是 1,以后各项都是前两项之和,求前 30 项斐波那契数。
10. 将习题 6 改成函数调用的方式完成。

第4章
计算机系统

计算机可以进行数值计算、逻辑运算，具有存储记忆功能，能够在程序的控制下自动、高速地处理数据信息，这些功能的实现依赖于完整的计算机系统。因此，我们有必要掌握计算机系统各部分的组成及其功能，了解程序在计算机系统中是如何工作的，以便更好地利用计算机去高效协同地解决各自行业中遇到的问题。

第4章电子教案

4.1 计算机系统

通常人们所说的计算机即计算机系统,由计算机硬件和软件两大部分组成。计算机硬件是指构成计算机的所有物理部件的集合,包括用于数据存储与处理的主机以及与之连接的外部设备(如键盘、鼠标、扫描仪、打印机、显示器等)。计算机系统要发挥作用,除了硬件系统的支撑外,还需要能够完成各项操作的程序及其运行平台(软件系统),计算机硬件系统和计算机软件系统相互依存、相互促进,构成一个有机的整体,完整的计算机系统构成如图 4 - 1 所示。

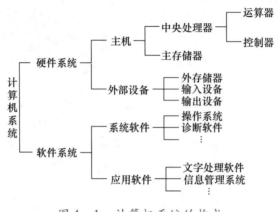

图 4 - 1　计算机系统的构成

4.2 计算机硬件系统

计算机硬件系统是组成计算机的物理实体,由主机和外部设备组成,在计算机中是看得见、摸得着的,提供了计算机工作的物质基础,人们通过硬件向计算机系统发布命令、输入数据,并得到计算机的响应,计算机内部也必须通过硬件来完成数据存储、计算及传输等各项任务。

4.2.1　计算机硬件组成

目前,占主流地位的计算机硬件系统结构是冯·诺依曼体系结构,即一个完整的计算机硬件系统从功能角度而言包括运算器、控制器、存储器、输入设备和输出设备五大部件,每个功能部件通过数据信号和控制信号相互联系,它们各尽其职、协调工作,其逻辑结构如图 4 - 2 所示。

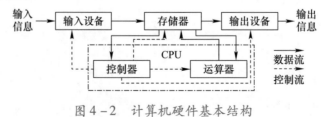

图 4 - 2　计算机硬件基本结构

1. 运算器

运算器是计算机的中心部件,主要进行数据加工,包括算术逻辑单元
(Arithmetic and Logic Unit,ALU)和各种寄存器,其中寄存器主要分为通用寄存
器和专用寄存器,如累加器(Accumulator,ACC)、程序状态字寄存器(Program
Status Word,PSW)等。运算器能够按程序要求完成算术运算和逻辑运算,并可
暂存运算结果。算术运算是指加、减、乘、除,而逻辑运算指与、或、非、移位等操
作。现在的运算器内部还集成了浮点运算部件(Floating Point Unit,FPU)(拓
展阅读4-1:定点数与浮点数),用来提高浮点运算速度。累加器是一个具有特
殊功能的寄存器,用来传输并临时存储待运算的操作数、ALU 运算的中间结果
和其他数据等。通用寄存器可以存储程序执行过程中所需要的数据或运算结
果,专用寄存器用于特定功能,如标志寄存器(Flags Register,FR)用于反映处理
器的状态和 ALU 运算结果的某些特征及控制指令的执行。

定点数与浮
点数

2. 控制器

控制器(Control Unit,CU)是计算机的神经中枢,由控制器指挥计算机各部
件按照指令的功能要求协调工作。它的基本功能就是从内存取指令、分析指令
和执行指令。控制器一般由程序计数器(Program Counter,PC)、指令寄存器(In-
struction Register,IR)、指令译码器(Instruction Decoder,ID)、时序控制电路和微
操作控制电路等组成。

(1)程序计数器。给出下一条将要执行指令的地址,具有自增的功能,在
控制器根据程序计数器的地址读取指令后,自动调整从而继续指向下一条待执
行的指令。

(2)指令寄存器。在指令执行期间暂时保存正在执行的指令。

(3)指令译码器。识别指令的功能,分析指令的操作要求。

(4)时序控制电路。生成时序控制信号,协调在指令执行周期各部件的
工作。

(5)微操作控制电路。产生各种控制操作命令。

控制器的工作过程是,首先按程序计数器所指出的指令地址从内存中取出
一条指令,并对指令进行分析,然后根据指令的功能向有关部件发出控制命令,
控制它们执行这条指令所规定的操作,这样逐一执行一系列指令,就使计算机
能够按照这一系列指令组成的程序的要求自动完成各项任务。

控制器与运算器共同组成了中央处理器(Central Processing Unit,CPU),是
计算机的核心部分。典型的 CPU 内部结构如图 4-3 所示。

目前,市面上的 CPU 主要是 Intel、AMD 等公司的产品,CPU 作为信息和通
信技术(ICT)产业的核心基础元器件,是国家发展的一大"命门"。在国际环境、
产业政策、市场需求的联合驱动下,在国家核高基等重大专项的支持下,一大批
国产 CPU 厂商奋楫前行,在工艺、性能、生态建设等多个方面不断取得突破,为
CPU 的自主可控、安全可信做出了贡献,并在"好用"的市场化道路上越走越远,
涌现出了诸如龙芯、申威、飞腾、鲲鹏、兆芯、海光等一大批国产自主可控处理器
的优秀代表(拓展阅读4-2:自主可控的意义)。其中鲲鹏、飞腾等处理器在设

自主可控的
意义

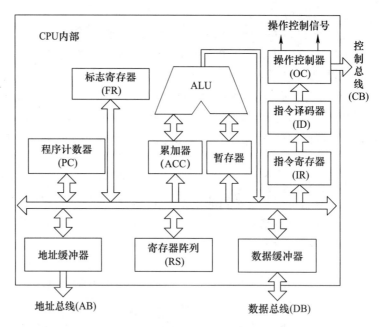

图 4-3 典型 CPU 内部结构

龙芯处理器

计环节已跻身世界一流水平,申威、龙芯等 CPU 依托指令集授权和自主研制指令集的技术路线得到长足发展,申威处理器已基本实现完全自主可控,形成申威高性能计算处理器、服务器/桌面处理器、嵌入式处理器等系列的国产处理器产品线。龙芯处理器 3A5000 是面向个人计算机、服务器等信息化领域的通用处理器,基于龙芯自主指令系统(LoongArch®)的 LA 464 微结构,并进一步提升频率,降低功耗,优化性能。(拓展阅读 4-3:龙芯处理器)

3. 存储器

存储器(Memory)是计算机用来存放程序和数据的记忆部件,是计算机各种信息存放和交流的中心。存储器的基本功能是在控制器的控制下按照指定的地址存入和取出信息。存储器可分为主存储器(也称为内存)与辅助储器(也称为外存)。内存是由中央处理器直接访问的存储器,它存放着正在运行的程序和数据,也可以存储计算的结果或中间结果。由于其直接和运算器、控制器交换信息,因此要求存取速度快,但存储容量较小,在系统断电后其保存的内容会丢失。外存是计算机的外围设备,用来存储大量的暂时不参加运算或处理的数据和程序,因而允许速度较慢,系统掉点后,其保存的信息不会丢失,存储容量可以做得较大,满足程序和数据稳定存储的需求。存放在外存中的程序必须调入内存才能运行。常用的外存有磁盘、磁带、光盘等。

无论是主存还是外存,其访问速度与高速的 CPU 相比,都有很大的差距,为降低 CPU 与存储器之间进行数据传输时造成计算机系统的速度瓶颈,通常在 CPU 和主存之间设置更快的存储设备,也就是高速缓冲存储器,现代计算机高速缓冲存储器已被设计到 CPU 内部。考虑到存储容量、存储速度和价格成本,现代计算机系统的存储器都被组织成层次结构,如图 4-4 所示。最上层是

CPU 中的寄存器和高速缓冲存储器,再往下是主存,然后是外存。在这种层次结构中,自上而下,存储器的容量越大、单位成本越低,存储速度越慢。

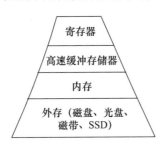

图 4-4　存储系统的层次结构

现代计算机中内存普遍采取半导体器件,按其工作方式不同,可分为动态随机存取器(Dynamic Random Access Memory,DRAM)、静态随机存储器(Static Random Access Memory,SRAM)、只读存储器(Read-Only Memory,ROM)。对存储器存入信息的操作称为写入(Write),从存储器取出信息的操作称为读出(Read)。执行读出操作后,原来存放的信息并不改变,只有执行了写入操作,写入的信息才会取代原先存入的内容。RAM 中存放的信息可随机地读出或写入,通常用来存入用户输入的程序和数据等。计算机断电后,RAM 中的内容随之丢失。DRAM 和 SRAM 两者都称为随机存储器,断电后信息会丢失,不同的是,DRAM 存储的信息要持续刷新,而 SRAM 存储的信息不需要刷新。ROM 中的信息只可读出而不能写入,通常用来存放一些固定不变的程序。计算机断电后,ROM 中的内容保持不变,当计算机重新接通电源后,ROM 中的内容仍可被读出。

为了便于对存储器内存放的信息实行管理,整个内存被划分成很多存储单元,每个存储单元都有一个编号,此编号称为地址(Address)。通常计算机按字节编址,即每个存储单元存储 8 位二进制信息。地址与存储单元为一对一的关系,是存储单元的唯一标志。存储单元的地址、存储单元和存储单元的内容是 3 个不同的概念。地址相当于图书馆书架的编号,存储单元相当于图书馆的书架,存储单元的内容相当于书架上的图书。在存储器中,CPU 对存储器的读写操作都是通过地址来实现的,即按地址找内容。

外存储器当前使用得最多的是固态硬盘(Solid State Disk,SSD)、磁表面存储器和光存储器。SSD 是用固态电子存储芯片(以闪存芯片为主)阵列制成的硬盘,具有快速读写、质量轻、能耗低以及体积小等特点,已广泛应用于计算机存储系统。磁表面存储器是将磁性材料沉积在盘片基体上形成记录介质,并在磁头与记录介质的相对运动中存取信息。用于计算机系统的光存储器主要是光盘,光盘用光学方式读写信息,存储的信息量比磁盘存储器存储的信息量大得多,所以受到广大用户的青睐。所有外存的存储介质都必须通过机电装置才能存取信息,这些机电装置称为驱动器,如常用的硬盘驱动器和光盘驱动器等。

CPU 和内存储器构成计算机主机。外存储器通过专门的输入/输出接口与主机相连。外存与其他的输入输出设备统称为外部设备,如硬盘驱动器、打印机、键盘等都属外部设备。

4. 输入设备

输入设备是将外界的各种信息(如程序、数据、命令等)转换成计算机可以识别的形式送入到计算机内部的设备。常用的输入设备有键盘、鼠标、扫描仪、摄像头、话筒、条形码读入器等。

5. 输出设备

输出设备是将计算机处理后的信息以人们能够识别的形式(如文字、图形、数值、声音等)输出的设备。常用的输出设备有显示器、打印机、绘图仪、音箱等。

输入和输出设备统称为计算机系统的 I/O 设备。因为 I/O 设备大多是机电装置,有机械传动或物理移位等动作过程,相对来说,I/O 设备是计算机系统中运转速度较慢的部件。因此,这些 I/O 设备一般都通过相应的接口与主机相连。

6. 总线

总线是连接计算机各部件的一组传输线路,用来实现各部件之间信息的传递。根据总线上传递信息的类型,一般分为数据总线(Data Bus)、地址总线(Address Bus)和控制总线(Control Bus)。数据总线用于传送数据信息,地址总线是专门用来传送地址信息,控制总线用来传送控制信息。

4.2.2　计算机工作原理

冯·诺依曼计算机的基本原理简单说来就是"存储程序控制"。"存储程序"即计算机利用内存储器来存放所要执行的程序,"程序控制"即 CPU 依次从存储器中取出程序中的每一条指令并加以分析和执行,计算机的所有操作都是在程序的控制下进行的,直到完成该程序的全部指令,实现程序的功能。

1. 指令系统

指令是 CPU 执行的基本单位,程序可以看成是一个有序指令集,即程序是由完成特定功能的一条条有序排列的指令组合而成。一台计算机所能执行全部指令的集合即该计算机的指令系统。

1) 指令格式

指令又称为机器指令,是能够被计算机直接识别并执行的二进制编码。它规定了计算机能够执行的操作以及计算机的操作对象。在计算机中,每条指令表示一个简单的功能,计算机可以通过执行若干条指令的组合实现一些复杂的功能。

一条指令由两部分组成,即操作码和地址码,如图 4-5 所示。

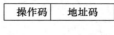

图 4-5　指令格式

(1) 操作码。表示指令要执行何种操作,如加法、减法、乘法、除法、取数、存数、逻辑判断、输入、输出、移位、转移、停机等操作。不同类型计算机的指令操作码的位数不尽相同,该位数决定了计算机所能支持的指令集中指令的条数。

(2) 地址码。指出操作码所明确要执行操作的数据从哪里获取,一般操作的数据可以存储在运算器中,也可以是内存储器的某个单元内容或者直接在指令中给出。因此,地址码可以是某个寄存器或者某个内存单元的地址或者是某个立即数。

例如,某条 16 位的指令如图 4-6 所示,假设其中前 6 位操作码"000010"表示该指令是从存储器读数的指令,而后 10 位"0001110000"则给出了将要读取的数据在存储器中的地址,即该指令是读取内存中地址为"0001110000"的那个单元的数据。

000010	0001110000

图 4 - 6　指令示例

不同类型的 CPU,它的指令长度、操作码所占的位数和所表示的操作类型、地址码中指令的格式等不尽相同。

2)指令类型

不同计算机的指令系统包含的指令种类和数目也不同,通常的指令类型有 3 种。

(1)数据传送指令。将数据在存储器之间、寄存器之间以及存储器和寄存器之间或寄存器与外设之间传送。

(2)操作指令。处理数据的指令,如对数据进行加、减、乘、除等的算术运算和与、或、非等逻辑运算。

(3)控制指令。控制程序中指令执行顺序的指令,如程序调用指令、条件转移指令、停机指令等。

根据处理器支持指令集的特点,目前的计算机可以分成复杂指令集计算机(Complex Instruction Set Computer,CISC)和精简指令集计算机(Reduced Instruction Set Computer,RISC)两类。在复杂指令集计算机中,计算机的指令系统比较丰富,有专用指令来完成特定的功能,因此,处理特殊任务效率较高。精简指令集计算机的指令系统相对简单,它只要求硬件执行很有限且最常用的那部分指令,大部分复杂的操作由简单指令合成。复杂指令集计算机如 Intel、AMD 等公司的 x86 系列处理器,精简指令计算机如 ARM、MIPS 系列的处理器等。

2. 程序的执行过程

计算机程序在运行时,先通过控制器按照程序计数器指示从内存中取出第一条指令,放入指令寄存器,再通过控制器中的指令译码器进行译码分析,并按指令要求从存储器中取出操作数进行指定处理操作,然后再输出结果,接着按照程序的逻辑结构有序地取出第二条指令,在控制器的控制下完成规定操作。依次循环,直到执行完程序的最后一条指令。

程序 4 - 1 以一个简单的程序在计算机中的执行过程为例,说明计算机的工作原理和程序的工作过程。该程序功能是判断两个数据 48H、3CH 之和是否有溢出,如无溢出则将和存在指定的内存 200AH 开始的地址单元,如图 4 - 7 所示。

程序 4 - 1　判断两数之和是否有溢出

	汇编源程序	注释	机器代码
第 1 条指令	MOV A,48H	;48H 送累加器 A	B0H
			48H
第 2 条指令	ADD A,3CH	;A +3CH 送累加器 A	04H
			3CH
第 3 条指令	JO L1	;溢出跳转至 L1 处	70H
			03H
第 4 条指令	MOV(200AH),A	;和存至 200AH 单元	B8H
			0AH
			20H
第 5 条指令	L1:HLT	;停机	F4H

地址	内存	
2000H	B0H	MOV A，48H
2001H	48H	
2002H	04H	ADD A，3CH
2003H	3CH	
2004H	70H	JO L1
2005H	03H	
2006H	B8H	MOV(200AH)，A
2007H	0AH	
2008H	20H	
2009H	F4H	HLT
200AH		
200BH		

图 4-7　程序在内存中的存储

计算机进行信息处理的过程分为两步：首先将数据和程序输入到计算机的存储器中保存起来；然后从"程序入口"开始执行该程序，得到所需要的结果，结束运行。该程序由5 条指令组成的指令序列构成，程序执行的过程就是不断地取指令、分析指令、执行指令和输出结果等周而复始的过程。CPU 中的程序计数器（Program Counter，PC）总是指向下一条将要执行的指令的地址，因此，在程序装载进内存执行时，将 PC 的内容置为该程序第一条指令所在内存单元的地址即程序的入口，然后开始执行程序。

下面按照图 4-3 的内部结构简述各条指令的执行过程。

1）第 1 条指令的执行过程

开始执行程序时，必先置程序计数器（PC）为第 1 条指令的首地址 2000H，然后 CPU就进入第 1 条指令的取指阶段，其具体操作过程如下。

（1）PC 的内容 2000H 送至地址缓冲器。

（2）PC 的内容自动加 1，(PC)=2001H 指向下一个存储单元，应注意此时地址缓冲器中的内容并没有变化。

（3）地址缓冲器中的内容经地址总线指向存储器，选中 2000H 单元。

（4）CPU 向存储器发出读命令。

（5）在读命令控制下，将选中的 2000H 单元中的内容 B0H（第 1 条指令的操作码）送至数据总线上。

（6）将数据总线上的信息（B0H）送入 CPU 内部的数据缓冲器。

（7）因为当前操作是取指令，读出的是指令操作码，应控制数据缓冲器将其内容送入指令寄存器 IR。

（8）指令译码器 ID 对指令进行译码，由操作控制器（Operation Controller，OC）发出与执行该指令时序相匹配的各种控制命令，从而完成第 1 条指令的取指阶段。

CPU 对指令译码后，知道该指令的功能是将该指令的下一个字节作为源操作数取出来，送入 CPU 内部的累加器 ACC。因此，下一步的操作将进入该指令的执行阶段，即取操作数执行阶段，需要进行以下步骤。

（9）将 PC 的内容 2001H 送至地址缓冲器。

（10）PC 内容自动加 1，变为 2002H，指向下一个存储单元。

（11）地址缓冲器的内容经地址总线指向存储器，选中 2001H 单元。

（12）CPU 发出读命令。

（13）将第 1 条指令的源操作数 48H 读出并送至数据总线。

（14）由于当前操作是取操作数阶段，所以地址总线上的源操作数 48H 将经过数据总线缓冲器和内部总线送至累加器 ACC，至此第 1 条指令全部执行完毕。随后 CPU 进入第 2 条指令的执行过程。

2）第 2 条指令执行过程

首先是取指阶段，其取指过程与第 1 条指令的取指过程完全相同，所不同的是指令地址不同。读出的是 ADD 加法指令的操作码字节 04H。

CPU 对指令译码后，知道该指令的功能是将该指令的下一个字节的操作数 3CH 取出来，在 CPU 内部和累加器 ACC 的内容相加，结果（84H）存在 ACC 中。然后进入该指令的执行阶段，即取操作数阶段和作加法运算阶段。显然，取操作数的过程也与第 1 条指令的取操作数过程相似。以下列出第 2 条指令执行过程的最后几步。

（1）从地址总线上获得的操作数 3CH 经过数据总线缓冲器和内部总线送至暂存器。

（2）ACC 的内容 48H 和暂存器的内容 3CH 送算术逻辑单元（Arithmetic and Logic Unit，ALU）进行加运算。

（3）加法运算所得的和 84H 经内部总线送 ACC，第 2 条指令执行完毕。

运算结果会影响标志寄存器 FR 的某些标志位。显然，这条指令的执行结果值为非零的负数，没有产生进位和溢出。

3）第 3 条指令的执行过程

取指（操作码 70H）阶段的操作和取操作数（03H）的过程不再赘述。

CPU 对该指令译码后，知道该指令的功能是判断标志寄存器（Flag Register，FR）当前的溢出标志，若溢出（溢出标志为 1），则将程序转到 L1 标号所指向的停机指令处，若无溢出（溢出标志为 0），则顺序执行该指令的后续指令。

其实这是条相对转移指令，若转移条件成立，则将程序转到相对于当前程序计数器（PC）的内容偏移值是 L2 的地方，由于 CPU 在执行当前指令时，PC 已经指向下条指令的指令地址（2006H）。停机指令所在的地址是 2009H，因此，偏移值 L2 为 03H，此时，CPU 内部完成 PC + 03H = 2009H 送入 PC 的操作；若转移条件不成立，则不改变 PC 的值（2006H）。

4）第 4 条指令的执行过程

在对第 4 条指令的操作码 B8H 译码后，CPU 知道该指令的功能是将 ACC 的内容存入内存中，存入的地址由指令的后续字节决定。由于本例中内存地址由两个字节（16 位地址码 200AH）组成，因此 CPU 首先要获取该内存地址，启动两次对内存的读操作，而后才能将结果 84H 存入 200AH 单元。

5）第 5 条指令的执行过程

在对第 5 条指令的操作码 F4H 译码后，CPU 知道该指令的功能是停机指令，停止一切操作，程序执行完毕。

4.3 计算机软件系统

软件是指程序、程序运行所需要的数据以及开发、使用和维护这些程序所需要的文档的集合。计算机软件系统是计算机中所有软件的集合。计算机软件是计算机的灵魂,是计算机控制系统的指挥中枢。软件按其功能分为系统软件和应用软件两大类。

4.3.1 系统软件

系统软件是指控制计算机的运行,管理计算机中的各种资源,并为应用软件提供支持和服务的一类软件。系统软件的目的是方便用户,提高计算机的使用效率,扩充计算机系统功能,在系统软件的支持下,用户才能运行各种应用软件。系统软件最靠近计算机硬件,其他软件要通过系统软件发挥作用。系统软件主要包括操作系统(Operating System,OS)、计算机语言与语言处理程序和各种服务程序。

1. 操作系统

为了使计算机系统的所有软、硬件资源协调一致、有条不紊地工作,就必须有一个软件来进行统一的管理和调度,这种软件就是操作系统。引入操作系统有两个目的:第一,从用户的角度来看,操作系统将裸机改造成一台功能更强、服务质量更高、用户使用起来更加灵活方便、更加可靠的虚拟机,使用户能够无须了解许多有关硬件和软件的细节就能够使用计算机,从而提高用户的工作效率;第二,为了合理地使用计算机系统的各种软、硬件资源,提高整个系统的使用效率。操作系统是最基本的系统软件,是现代计算机必配的软件。现代计算机系统绝对不能缺少操作系统,正如人不能没有大脑一样,而且操作系统的性能很大程度上直接决定了整个计算机系统的性能。

常用的操作系统有 DOS、Windows、UNIX、Linux 等,国产操作系统多以Linux 为基础进行二次开发,自主可控操作系统发展可谓筚路蓝缕,以倪光南院士为代表的一代代 IT 人为之付出大量心血,目前国产自主可控的中标麒麟、鸿蒙(拓展阅读4-4:筑牢国产软件之"根")、欧拉(拓展阅读4-5:欧拉操作系统)、银河麒麟(拓展阅读4-6:银河麒麟)等操作系统是其中的典型代表。如国产中标麒麟桌面操作系统是一款面向桌面应用的图形化桌面操作系统,针对x86 及龙芯、申威、众志、飞腾等国产 CPU 平台进行自主开发,实现了对 x86 及国产 CPU 平台的支持,提供高性能的操作系统产品。通过进一步对硬件外设的适配支持、对桌面应用的移植优化和对应用场景解决方案的构建,以满足项目支撑、应用开发和系统定制的需求。该系统除了具备基本功能外,还可以根据用户的具体要求,针对特定软硬件环境,提供定制化解决方案,实现性能优化和个性化功能定制。完成硬件适配、软件移植、功能定制和性能优化,可以运行在台式机、笔记本、一体机、车载机等不同产品形态之上,支撑着国防、政府、企业、电力和金融等各领域的应用。

筑牢国产软件之"根"

欧拉操作系统

银河麒麟

2. 计算机语言与语言处理程序

1）计算机语言

计算机语言是程序设计最重要的工具,它是指计算机能够接受和处理的、具有一定格式的语言。从计算机诞生至今,计算机语言已经经历了机器语言、汇编语言、高级语言等发展过程。

（1）机器语言。机器语言也称为计算机算法语言,是第一代计算机语言。用计算机机器指令编写程序,要把解决问题的算法描述逐步逐条转换成机器指令,表达成机器能够识别和执行的由 0 和 1 组成的代码,无需翻译就能被机器直接理解、执行的指令集合。这种语言编程质量高,所占空间少,执行速度快,是机器唯一能够执行的语言,但机器语言不易学习和修改,与计算机硬件密切相关,即不同类型计算机的机器语言不同,只适合专业人员使用。

（2）汇编语言。为了克服机器语言不易学习和修改的缺点,人们采用一定的助记符来代替机器语言中的指令和数据,这就是汇编语言,又称为符号语言。汇编语言在一定程度上克服了机器语言难读、难改的缺点,同时保持了其编程质量高、占用存储空间少、执行速度快的优点。在程序设计中,对实时性要求较高的地方,如工业控制等,仍经常采用汇编语言,该语言也依赖机器,不同的计算机有不同的指令系统,一般也有着不同的汇编语言。也就是说,汇编语言面向机器,通用性差,一般不具备可移植性,程序设计人员必须对计算机硬件有足够的了解,编程人员的专业性要求较高,编程效率也比较低,用汇编语言编写的程序必须翻译成计算机能识别的机器语言后才能被计算机所识别执行。

（3）高级语言。随着计算机语言向自然语言方向更加接近,便发展到了高级语言的阶段,程序设计语言摆脱具体机器的束缚,达到程序的可移植性目的。高级语言的出现标志着计算机软件开发真正走出了难以普及的困难局面。高级语言的发展经历了结构化面向过程和面向对象的语言两个阶段,用高级语言编写的程序易学、易读、易修改,通用性好,不依赖机器,但不能对其编写的程序直接运行,必须经过语言处理程序的翻译后才可以被机器接受。高级语言的种类繁多,如面向过程的 Fortran、Pascal 等,面向对象的 C++、Java、Python 等。

程序设计语言发展的终极目标是让计算机直接理解人类的自然语言,人类仅需要向计算机提出所要解决的问题,剩下的工作交给计算机就可以了,这个过程可能比较漫长,让我们翘首以盼。

2）语言处理程序

计算机语言中除了机器语言编写的程序能够由计算机直接识别和执行外,其他计算机语言编写的程序都需要翻译成机器语言程序,实现翻译功能的工具即语言处理程序。语言处理程序包括汇编程序与各种高级语言的解释程序和编译程序等,其任务是将使用汇编语言或高级语言编写的源程序翻译成能被计算机直接识别和执行的机器指令代码。没有语言处理系统的支持,用户编写的应用软件就无法被计算机接受,也不能被执行。

（1）汇编程序。汇编程序是将汇编语言编制的程序（源程序）翻译成以机器语言程序（也称目标程序）的程序,汇编语言源程序的执行过程如图 4-8 所示。

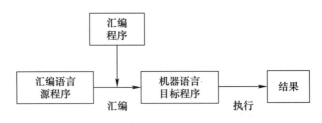

图 4-8 汇编语言源程序的执行过程

（2）编译程序。编译程序是将高级语言编写的源程序翻译成目标程序。从高级语言程序到获得运行结果的一般过程如图 4-9 所示。大部分高级语言都是采用编译程序进行翻译的,如 C、C++语言等。

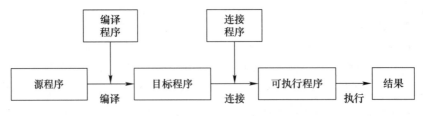

图 4-9 高级语言程序的编译执行

（3）解释程序。解释程序逐条翻译并执行高级语言编写的程序。由于解释程序是逐条翻译并执行,其不生成目标程序,这种边解释边执行的方式适合人机交互,但执行速度慢,特别地,如果程序较大,程序的错误发生在后面,则前面的运行无效。解释程序的工作过程如图 4-10 所示。BASIC 语言程序就是典型的解释程序。

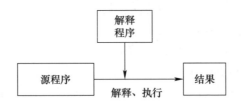

图 4-10 高级语言程序的解释执行

解释方式和编译方式各有优缺点。解释方式的优点是灵活,占用的内存少,但比编译方式要占用更多的机器时间,并且执行过程一步也离不开解释程序。编译方式的优点是执行速度快,但占用内存多,并且不灵活,若源程序有错误,必须修改后重新编译,从头执行。

3. 数据库管理软件

随着社会信息化的发展,信息的数量与日俱增,高效地存储、处理和利用各种信息已成为急需解决的重要问题。数据库技术正是为适应这个社会需求而迅速发展起来的一项重要技术。数据库就是为满足一个部门或单位的工作需要,在计算机系统中按一定方式组织和存储的相互关联数据所组成的集合。数据库被独立地维护,可以提供给不同的用户共享使用。数据库的用户不必了解数据的具体存储细节,它们逻辑、抽象地使用数据,将一切细节交给一个软件系统来完成,这个软件系统就是数据库管理系统(DBMS)。

数据库管理系统实现对数据的集中管理和操纵,具有定义数据库、操纵数据库、控制数据库和数据通信等功能。目前常用的数据库有达梦数据库、GBase 数据库、Oracle 数据库、SQL Server 数据库、Access 数据库等。(拓展阅读 4 – 7:国产数据库)

国产数据库

4. 实用程序

一个完善的计算机系统往往配置许多服务性程序,称为实用程序。实用程序完成一些与管理计算机系统资源及文件有关的任务。它们要么包含在操作系统之内,要么被操作系统调用。

实用程序是系统软件的一个重要组成部分。通常情况下,计算机能够正常运行,但有时也会发生各种类型的问题,如硬盘损坏、数据丢失、系统蓝屏、性能下降等。在这些问题严重或扩散之前,将其解决是一些实用程序的作用之一。例如,一般操作系统都包含的系统还原、磁盘清理、磁盘碎片整理程序,能够识别并改正计算机系统存在问题的诊断程序等。另外,有些实用程序是为了用户能更容易、更方便地使用计算机,如压缩磁盘文件的文件压缩程序、编辑程序等。

4.3.2 应用软件

应用软件是为了某种特定用途而开发的软件,应用软件直接服务于用户。它可以是一个特定的程序,如视频播放器;也可以是一组功能联系密切、互相协作的程序集合,如 Office 系统;还可以是一个由众多独立程序组成的庞大软件系统,如支付宝、微信等。随着计算机的广泛应用,各种应用软件层出不穷。常见的应用软件产品有以下几种。

1. 办公软件

办公软件是一个信息化办公平台,为办公自动化服务。主要涉及对文字、数字、表格、图表、图形、图像、语音等多种媒体信息的处理,需要用到不同类型的软件。为提供一体化办公平台,办公软件一般包含很多组件,如具备文字处理、电子表格、电子文档演示等功能的各组件组合成一个办公套件。

目前常用的办公软件有微软公司的 Microsoft Office、金山公司的 WPS Office 和中标软件公司的中标普华 Office 等。

2. 图形图像处理软件

图形图像处理软件是广泛应用于广告制作、平面设计、影视后期制作等领域的软件。例如,由 Adobe 公司开发的 Photoshop 以其强大的功能和友好的界面成为当前最流行的产品之一,广泛应用于美术设计、彩色印刷、排版、摄影和创建 Web 图片等。

(1)图像软件。图像软件主要用于创建和编辑位图文件。在位图文件中,图像由成千上万个像素点组成,就像计算机屏幕显示的图像一样。位图文件是非常通用的图像表示方式,它适合表示像照片那样的真实图片。Windows 自带的画图就是一个简单的图像软件。

(2)绘图软件。绘图软件主要用于创建和编辑矢量图文件。在矢量图文件中,图形由对象的集合组成,这些对象包括线、圆、椭圆、矩形等,还包括创建图形所必需的形状、颜色以及起始点和终止点。绘图软件主要用于创作杂志、书籍等出版物上的艺术线图以及用于工程和3D模型。常用的绘图软件有 Adobe Illustrator、AutoCAD、Corel-Draw、Macromedia FreeHand 等。由美国 Autodesk 公司开发的 AutoCAD 是一个通用的交互式绘图软件包,应用广泛,常用于绘制建筑图、机械图等。

(3)动画制作软件。图片比单纯文字更容易吸引人的目光,而动画又比静态图片引人入胜。一般动画制作软件都会提供各种动画编辑工具,只要依照自己的想法来排演动画,分镜的工作就交给软件处理。动画制作软件还提供场景变换、角色更替等功能。动画制作软件广泛用于游戏软件、电影制作、产品设计、建筑效果图等。常见的动画制作软件有 3D MAX、Flash 等。

3. 网络应用软件

近年来,互联网在全世界迅速发展,人们的生活、工作、学习已离不开互联网。互联网服务软件琳琅满目,常用的有网页浏览器、电子邮件系统、FTP 文件传输、博客和微信、即时通信等软件。

4.4 计算机操作系统

随着计算机的应用越来越普及,人们利用计算机解决问题的需求越来越旺盛。用户发出指令的处理、应用程序提出请求的实现、计算机资源的管理、用户与计算机的交互等工作均需要通过计算机系统中的一种重要系统软件即操作系统来实现。操作系统是计算机软件之首,没有操作系统,用户就难以和计算机进行交互,计算机本身也难以管理,操作系统的性能在很大程度上决定了计算机系统的优劣。因此,我们有必要了解操作系统的基础知识,掌握操作系统的基本功能,以更好地使用计算机解决现实问题。

4.4.1 操作系统概述

1. 操作系统的定义

操作系统(Operating System,OS)是计算机系统中的一组程序的集合,它管理和控制系统中的软件和硬件资源,合理组织计算机工作流程,有效利用系统资源,为用户提供一个功能强大、使用方便的工作环境,从而在计算机和用户之间起到接口的作用。操作系统是系统软件的核心,是其他系统软件和应用软件的基础。

操作系统是计算机硬件基础上的第一层软件,位于所有软件的最底层,负责所有硬件的配置和管理,使得硬件在操作系统的控制下能够正确、高效地运行。所有软件都需要在操作系统的支持下有条不紊地工作。操作系统是整个计算机系统的中枢神经和控制中心,是用户与计算机硬件之间的桥梁,为上层软件使用计算机硬件提供接口,是用户与计算机的交互接口,为用户提供一个方便、快捷、高效的使用环境。

2. 操作系统的分类

在计算机的发展过程中,为满足不同的需要而产生了不同的操作系统,各种操作系统功能各异,可以满足不同的硬件配置条件和应用需求。按操作环境、使用方式等的不同,操作系统可以进行不同的分类,以下介绍几种典型的操作系统。

1）单用户操作系统

计算机在某个时间内只为一个用户服务,此用户独占系统资源。它又可分为单用户单任务操作系统和单用户多任务操作系统。单用户单任务操作系统是指一台计算机同时只能有一个用户在使用,该用户一次只能提交一个作业,一个用户独自享用全部软硬件资源,如 DOS 操作系统。单用户多任务操作系统指一台计算机同时只能有一个用户在使用,该用户同时可以运行多个应用程序。

2）多道批处理操作系统

多道批处理操作系统（Batch Processing System）可将用户提交的作业成批地送入计算机,然后由作业调度选择适当的作业运行。在计算机系统中,多个作业同时存在,CPU 轮流地执行各个作业。如果调度得当、搭配合理,可以极大地提高系统的吞吐量和资源的利用率,其缺点是无交互性,用户一旦把作业提交给系统后,直至作业完成,用户都不能和自己提交的作业进行交互。

3）分时操作系统

分时操作系统（Time Sharing System）采用时间片轮转调度策略,CPU 将其每个处理数据的周期时间再分为若干个时间片,一台主机可挂接若干个终端。在一个周期内,每个终端用户每次可以使用一个时间片,CPU 轮流为各个终端用户服务,如果一个任务在一个周期的时间片内没有完成,则需再等到下一周期的时间片,从而可实现多个用户分时轮流使用一台主机系统,大大地提高了主机系统的效率。如何时间片划分合理、调度得当,各分片使用计算机的用户感觉不到别人也在使用,好像独占了这台计算机。

4）实时操作系统

实时操作系统（Real Time Operating System）能够对外部随机出现的信息进行及时响应和处理,并在确定的时间内做出反应或进行控制。实时操作系统可以控制系统中的所有设备协调一致地运行。实时操作系统包括实时控制系统和实时处理系统。实时控制系统一般用于过程控制,如用于控制宇宙飞船、弹道导弹、导航卫星等的自动控制系统。实时处理系统主要指能够对信息进行及时的处理,如票务系统、联机检索系统等。

5）嵌入式操作系统

嵌入式操作系统（Embedded Operating System）是指运行在嵌入式系统环境中,对各种部件装置等资源进行统一协调、调度、指挥和控制的操作系统。嵌入式操作系统是一种用途广泛的系统软件,能体现其所在系统的特征,能够通过装卸某些模块来达到系统所要求的功能。嵌入式操作系统在系统实时高效性、硬件的相关依赖性、软件固态化以及应用的专用性等方面具有较为突出的特点。过去它主要应用于工业控制和国防系统领域,随着物联网技术的发展、智能家电的普及应用及嵌入式操作系统的微型化和专业化,开始从单一的弱功能向专业化的强功能方向发展,在制造工业、过程控制、通信、仪表、汽车、船舶、航空、航天、军事装备等方面得到广泛应用。（拓展阅读 4 - 8:典型的嵌入式操作系统）

典型的嵌入
式操作系统

6）网络操作系统

网络操作系统（Network Operating System）是基于计算机网络的操作系统。它不仅为本机用户服务，还要为网络用户使用本机资源提供服务，使异地用户可以突破地理条件的限制，方便地使用远程计算机资源，实现网络环境下，计算机之间的通信和资源共享，并解决网络传输、仲裁冲突等。

7）分布式操作系统

分布式操作系统（Distributed Operating System）是指通过网络将大量计算机连接在一起，以获取极高的运算能力、广泛的数据共享以及实现分散资源管理等功能为目的的一种操作系统。分布式系统可以将一个任务分解为若干个可以并行执行的子任务，分布到网络中不同的计算机上并行执行，使系统中的各台计算机相互协作共同完成一个任务，以充分利用网上计算机的资源优势，并获取极高的运算能力。分布式操作系统则负责整个系统的资源管理、任务的划分、信息的传输，并为用户提供一个统一的界面和接口，它与网络操作系统最大的不同就是所管理的计算机系统中各结点的计算机并无主次之分。它的优点如下：

（1）分布性。它集各分散结点计算机资源为一体，以较低的成本获取较高的运算性能。

（2）可靠性。由于在整个系统中有多个CPU系统，因此，当某一个CPU系统发生故障时，整个系统仍旧能够工作。

3. 操作系统的主要任务

操作系统是计算机系统的资源管理者，由图4-1所示的计算机系统层次结构图可以看出，其任务如下：

（1）管理计算机系统中的全部软、硬件资源。

（2）为用户使用计算机提供友好和方便的接口。

（3）最大限度地发挥整个计算机系统的效率。

4. 操作系统的特征

现代操作系统的功能越来越强大，这与操作系统的基本特征有密切关系，操作系统的特征如下：

（1）并发性：是指在计算机中可以同时执行多个程序。

（2）共享性：是指多个并发执行的程序可以共享系统的资源，由于资源属性不同，资源共享的方式也有所不同。

（3）虚拟性：是指把逻辑部件和物理实体有机结合为一体的处理技术，通过虚拟技术把一个物理实体变为若干个逻辑上的对应物，如虚拟机、虚拟内存、虚拟外设等。

（4）不确定性：是指在多道程序系统中，由于系统共享资源有限，并发程序的执行受到一定的制约和影响，使程序运行顺序、运行结果和完成时间都具有不确定性。

4.4.2　操作系统主要功能

操作系统主要对计算机软硬件资源进行控制和管理，其功能主要分为处理机管理、存储管理、文件管理、设备管理等，并为用户使用计算机提供接口。

1. 处理机管理

在传统的多道程序系统中,处理机的分配和运行都以进程为基本单位,进程是一个可以独立运行的基本单位,也是资源独立分配的基本单位,同时还是处理机独立调度的基本单位。也正因为如此,在操作系统中,对处理机的管理可归结为对进程的管理,在引入了线程的操作系统中也包含对线程的管理。

进程,简单地说就是一个正在执行的程序。在进程的生命周期可能有 3 种基本状态,即就绪、执行和阻塞。

(1) 就绪状态。当进程已分配到除 CPU 以外的所有必要资源后,只要再获得 CPU,便可立即执行,进程这时的状态称为就绪状态。在一个系统中处于就绪状态的进程可能有多个,通常将它们排成一个队列,称为就绪队列。

(2) 执行状态。进程已获得 CPU,其程序正在执行。在单处理机系统中,只有一个进程处于执行状态;在多处理机系统中,则有多个进程处于执行状态。

(3) 阻塞状态。正在执行的进程由于发生某事件而暂时无法继续执行时,便放弃处理机而处于暂停状态,亦即进程的执行受到阻塞,把这种暂停状态称为阻塞状态,有时也称为等待状态。致使进程阻塞的典型事件有请求 I/O、申请缓冲空间等。通常将这种处于阻塞状态的进程也排成一个队列。有的系统则根据阻塞原因的不同,把处于阻塞状态的进程排成多个队列。

处于就绪状态的进程,在调度程序为之分配了处理机之后,该进程便可执行,相应地,它就由就绪状态转变为执行状态。正在执行的进程也称为当前进程,如果因分配给它的时间片已完而被暂停执行时,该进程便由执行状态又转到就绪状态。如果因发生某事件而使进程的执行受阻(例如,进程请求访问某临界资源,而该资源正被其他进程访问时),使之无法继续执行,该进程将由执行状态转变为阻塞状态。图 4 - 11 所示为进程的 3 种基本状态以及各状态之间的转换关系。

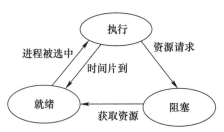

图 4 - 11　进程的 3 种状态及其转换

在操作系统中引入进程的目的,是为了使多个程序能并发执行,以提高资源利用率和系统吞吐量,由于进程是一个资源的拥有者,因而在创建、撤消和切换中,系统必须为之付出较大的时空开销。也因如此,在系统中所设置的进程数目不宜过多,进程切换的频率也不宜过高,这也就限制了并发程度的进一步提高。如何能使多个程序更好地并发执行,同时又尽量减少系统的开销,将进程作为拥有资源的独立单位同时又是一个可独立调度和分派的基本单位这两个属性分开,由操作系统分开处理,亦即对于作为调度和分派的基本单位,不同时作为拥有资源的单位,以做到轻装上阵,对于拥有资源的基本单位,不对之进行频繁的切换。正是在这种思想的指导下,形成了线程概念,将一个进程细分为若干个线程,以线程作为调度和分派的基本单位。线程的引入减少了程序在并发执行时所付出的时空开销,使操作系统具有更好的并发性。

处理机管理的主要功能是创建和撤消进程(线程),对诸进程(线程)的运行进行协调,实现进程(线程)之间的信息交换,以及按照一定的算法把处理机分配给进程(线程)。

(1) 进程控制。在传统的多道程序环境下,要使作业运行,必须先为它创建一个或几个进程,并为之分配必要的资源。当进程运行结束时,立即撤消该进程,以便能及时回收该进程所占用的各类资源。进程控制的主要功能是为作业创建进程、撤消已结束的进程,以及控制进程在运行过程中的状态转换。在现代操作系统中,进程控制还应具有为一个进程创建若干个线程和撤消已完成任务的线程的功能。

(2) 进程同步。进程是以异步方式运行的,并以人们不可预知的速度向前推进。为使多个进程能有条不紊地运行,系统中必须设置进程同步机制。进程同步的主要任务是为多个进程(含线程)的运行进行协调。有两种协调方式:①进程互斥方式,这是指诸进程(线程)在对临界资源进行访问时,应采用互斥方式;②进程同步方式,是指在相互合作去完成共同任务的诸进程(线程)间,由同步机构对它们的执行次序加以协调。

为了实现进程同步,系统中必须设置进程同步机制。最简单的用于实现进程互斥的机制,是为每一个临界资源配置一把锁,当锁打开时,进程(线程)可以对该临界资源进行访问;当锁关上时,则禁止进程(线程)访问该临界资源。

(3) 进程通信。在多道程序环境下,为了加速应用程序的运行,应在系统中建立多个进程,并且再为一个进程建立若干个线程,由这些进程(线程)相互合作去完成一个共同的任务。在这些进程(线程)之间,又往往需要交换信息。例如,有 3 个相互合作的进程,它们是输入进程、计算进程和打印进程。输入进程负责将所输入的数据传送给计算进程;计算进程利用输入数据进行计算,并把计算结果传送给打印进程;最后,由打印进程把计算结果打印出来。进程通信的任务就是用来实现在相互合作的进程之间的信息交换。

当相互合作的进程(线程)处于同一计算机系统时,通常在它们之间是采用直接通信方式,即由源进程利用发送命令直接将消息(Message)挂到目标进程的消息队列上,以后由目标进程利用接收命令从其消息队列中取出消息。

(4) 调度。在后备队列上等待的每个作业,通常都要经过调度才能执行。在传统的操作系统中,包括作业调度和进程调度两步。作业调度的基本任务,是从后备队列中按照一定的算法,选择出若干个作业,为它们分配其必需的资源。在将它们调入内存后,便分别为它们建立进程,使它们都成为可能获得处理机的就绪进程,并按照一定的算法将它们插入就绪队列。进程调度的任务,则是从进程的就绪队列中选出一新进程,把处理机分配给它,并为它设置运行现场,使进程投入执行。值得提出的是,在多线程操作系统中,通常是把线程作为独立运行和分配处理机的基本单位,为此,必须把就绪线程排成一个队列,每次调度时,是从就绪线程队列中选出一个线程,把处理机分配给它。

2. 存储管理

现代计算机系统中,存储器分为外存储器(外存)和内存储器(内存)。一般情况下,内存中存放正在执行的程序,外存中存放文件形式的程序,当外存上的程序被调入内存时,需要得到存储空间。存储管理要解决的问题是,在这个过程中,内存的分配与回收、如何将程序中的地址与内存中的地址进行变换、如何进行内存扩充、如何进行存储保护等问题。存储器管理的主要任务是提高存储器的利用率并能从逻辑上扩充内存。为此，存储器管理应具有内存分配、内存保护、地址映射和内存扩充等功能。

（1）内存分配。内存分配的主要任务，是为调入内存的程序分配空间，提高存储器的利用率，以减少不可用的内存空间；允许正在运行的程序申请附加的内存空间，以适应程序和数据动态增长的需要。

操作系统在实现内存分配时，可采取静态和动态两种方式。在静态分配方式中，每个作业的内存空间是在作业装入时确定的；在作业装入后的整个运行期间，不允许该作业再申请新的内存空间，也不允许作业在内存中移动；在动态分配方式中，每个作业所要求的基本内存空间也是在装入时确定的，但允许作业在运行过程中继续申请新的附加内存空间，以适应程序和数据的动态变化。

为了实现内存分配，在内存分配的机制中应具有这样的结构和功能：①内存分配数据结构，该结构用于记录内存空间的使用情况，作为内存分配的依据；②内存分配功能，系统按照一定的内存分配算法，为用户程序分配内存空间；③内存回收功能，系统对于用户不再需要的内存，通过用户的释放请求，去完成内存的回收功能。

（2）内存保护。内存保护的主要任务，是确保各用户程序都只在自己的内存空间内运行，彼此互不干扰。进一步说，绝不允许用户程序访问操作系统的程序和数据，也不允许转移到非共享的其他用户程序中去执行。为了确保每道程序都只在自己的内存区中运行，必须设置内存保护机制。一种比较简单的内存保护机制，是设置两个界限寄存器，分别用于存放正在执行程序的上界和下界。系统必须对每条指令所要访问的地址进行检查，如果发生越界，便发出越界中断请求，以停止该程序的执行。如果这种检查完全用软件实现，则每执行一条指令，便必须增加若干条指令去进行越界检查，这将显著降低程序的运行速度。因此，越界检查都由硬件实现，对发生越界后的处理，还必须与软件配合来完成。

（3）地址映射。一个应用程序（源程序）经编译后，通常会形成若干个目标程序，这些目标程序再经过链接便形成了可执行程序。这些程序的地址都是从"0"开始的，程序中的其他地址都是相对于起始地址计算的；由这些地址所形成的地址范围称为地址空间，其中的地址称为逻辑地址或相对地址，此外，由内存中的一系列单元所限定的地址范围称为内存空间，其中的地址称为物理地址。程序装入内存时不可能都从"0"地址开始装入，这就致使地址空间内的逻辑地址和内存空间中的物理地址不相一致。为使程序能正确运行，存储器管理必须提供地址映射功能，以将地址空间中的逻辑地址转换为内存空间中与之对应的物理地址。该功能一般应在硬件的支持下完成。

（4）内存扩充。存储器管理中的内存扩充任务，并非是去扩大物理内存的容量，而是借助虚拟存储技术，从逻辑上去扩充内存容量，使用户所感觉到的内存容量比实际内存容量大得多；或者是让更多的用户程序能并发运行。这样，既满足了用户的需要，改善了系统的性能，又基本上不增加硬件投资。为了能在逻辑上扩充内存，系统必须具有内存扩充机制，用于实现下述各功能。

请求调入功能：允许在装入一部分用户程序和数据的情况下，便能启动该程序的运行。在程序运行过程中，若发现要继续运行时所需的程序和数据尚未装入内存，可向操作系统发出请求,由操作系统从磁盘中将所需部分调入内存,以便继续运行。

置换功能:若发现在内存中已无足够的空间来装入需要调入的程序和数据时,系统应能将内存中的一部分暂时不用的程序和数据调出,以腾出内存空间,然后再将所需调入的部分装入内存。

3. 文件管理

文件是具有文件名的一组相关信息的集合。文件的三要素为文件名、存放位置、文件类型(扩展名)。文件系统是指操作系统中与文件管理有关的软件和数据的集合。计算机内存的特点是断电后信息即消失,要想永久保存程序及其运行结果,必须在未断电之前就将信息存储在外存上。这就存在存储、访问、备份、删除等一系列的问题,文件系统即负责解决这些问题。在文件系统管理下,用户可以实现"按名存取"访问文件,而不必考虑各种外存储器的差异,不必了解文件在外存储器上的具体物理位置及存放形式。文件系统为用户提供了一个简单、统一的文件访问方法。文件管理的主要任务,是对用户文件和系统文件进行管理,以方便用户使用,并保证文件的安全性。为此,文件管理应具有对文件存储空间的管理、目录管理、文件的读/写管理以及文件的共享与保护等功能。

(1)文件存储空间的管理。为了方便用户的使用,对于一些当前需要使用的系统文件和用户文件,都必须放在可随机存取的磁盘上。在多用户环境下,若由用户自己对文件的存储进行管理,不仅非常困难,而且也必然是十分低效的。因而,需要由文件系统对诸多文件及文件的存储空间实施统一管理。其主要任务是为每个文件分配必要的外存空间,提高外存的利用率,有助于提高文件系统的运行速度。

为此,系统应设置相应的数据结构,用于记录文件存储空间的使用情况,以供分配存储空间时参考;系统还应具有对存储空间进行分配和回收的功能。为了提高存储空间的利用率,对存储空间的分配通常是采用离散分配方式,以减少外存零头,并以盘块为基本分配单位。

(2)目录管理。为了使用户能方便地在外存上找到自己所需的文件,通常由系统为每个文件建立一个目录项。目录项包括文件名、文件属性、文件在磁盘上的物理位置等。若干个目录项又可构成一个目录文件。首先,目录管理的主要任务,是为每个文件建立其目录项,并对众多的目录项进行有效的组织,以实现按名存取。即用户只须提供文件名,即可对该文件进行存取。其次,目录管理还应能实现文件共享,这样,只需在外存上保留一份该共享文件的副本。此外,还应能提供快速的目录查询手段,以提高对文件的检索速度。

(3)文件的读/写管理和保护。文件的读/写管理是根据用户的请求,从外存中读取数据,或将数据写入外存。在进行文件读(写)时,系统先根据用户给出的文件名检索文件目录,从中获得文件在外存中的位置。然后,利用文件读(写)指针,对文件进行读(写)。一旦读(写)完成,便修改读(写)指针,为下一次读(写)做好准备。由于读和写操作不会同时进行,故可合用一个读/写指针。文件保护是为了防止系统中的文件被非法窃取和破坏,文件系统必须提供有效的存取控制功能来防止不正确使用文件。

4. 设备管理

现代计算机系统中,外部设备种类很多,但由于生产厂商各异,设备的性能和操作方式也千差万别。要想有效地使用各种外部设备,就必须解决用户的输入输出请求,并按照一定的算法把某个外部设备分配给对该设备请求的进程,还要保证充分有效的使用设备,保证系统有条不紊地工作,这就是设备管理的任务,包括设备的请求、启动、分配、运行、释放等操作。

(1)设备驱动。操作系统直接驱动的设备较少,大部分的设备需要驱动程序驱动,用户使用设备之前,必须安装该设备驱动程序,否则无法使用。设备驱动程序与设备紧密相关,不同类型的设备驱动程序不同,不同厂家生产的同一类型设备也是不尽相同的。

(2)设备分配。按照设备类型和相应的分配算法,把设备分配给请求该设备的进程,并把未分配到所请求设备的进程放入等待队列。

(3)设备处理。控制输入输出设备和 CPU 或内存之间交换数据。

(4)缓冲管理。设置缓冲区的目的是缓和 CPU 和 I/O 速度不匹配的矛盾。缓冲管理程序负责完成缓冲区的分配、释放及有关的管理工作。

5. 用户接口

为了方便用户使用操作系统,操作系统又向用户提供了用户与操作系统的接口,该接口通常是以命令或系统调用的形式呈现在用户面前的,前者供用户在键盘终端上使用;后者供用户在编程时使用。在现代操作系统中,普遍向用户提供了图形接口。

1)命令接口

为了便于用户直接或间接地控制自己的作业,操作系统向用户提供了命令接口。用户可通过该接口向作业发出命令以控制作业的运行。该接口又进一步分为联机用户接口和脱机用户接口。

(1)联机用户接口。这是为联机用户提供的,它由一组键盘操作命令及命令解释程序所组成。当用户在终端或控制台上每键入一条命令后,系统便立即转入命令解释程序,对该命令加以解释并执行该命令。在完成指定功能后,控制又返回到终端或控制台上,等待用户键入下一条命令。这样,用户可通过先后键入不同命令的方式,来实现对作业的控制,直至作业完成。

(2)脱机用户接口。该接口是为批处理作业的用户提供的,故也称为批处理用户接口。该接口由一组作业控制语言组成。批处理作业的用户不能直接与自己的作业交互作用,只能委托系统代替用户对作业进行控制和干预。这里的作业控制语言便是提供给批处理作业用户的、为实现所需功能而委托系统代为控制的一种语言。用户用作业控制语言把需要对作业进行的控制和干预事先写在作业说明书上,然后将作业连同作业说明书一起提供给系统。当系统调度到该作业运行时,又调用命令解释程序,对作业说明书上的命令逐条地解释执行。如果作业在执行过程中出现异常现象,系统也将根据作业说明书上的指示进行干预。这样,作业一直在作业说明书的控制下运行,直至遇到作业结束语句时,系统才停止该作业的运行。

2)程序接口

该接口是为用户程序在执行中访问系统资源而设置的,是用户程序取得操作系统服务的唯一途径。它是由一组系统调用组成,每一个系统调用都是一个能完成特定功能的子程序,每当应用程序要求操作系统提供某种服务(功能)时,便调用具有相应功能的系统调用。早期的系统调用都是用汇编语言提供的,只有在用汇编语言书写的程序中,才能直接使用系统调用。但在高级语言中,往往提供了与各系统调用一一对应的库函数,应用程序可通过调用对应的库函数来使用系统调用。

3)图形接口

用户虽然可以通过联机用户接口来取得操作系统的服务,但这要求用户能熟记各种命令的名字和格式,并严格按照规定的格式输入命令,这既不方便又花时间,于是,图形用户接口便应运而生。图形用户接口采用了图形化的操作界面,用非常容易识别的图标来将系统的各项功能、各种应用程序和文件直观表示出来。用户可用鼠标或通过菜单和对话框,来完成对应用程序和文件的操作。此时用户已完全不必像使用命令接口那样去记住命令名及格式,从而把用户从繁琐且单调的操作中解脱出来。

图形用户接口可以方便地将文字、图形和图像集成在一个文件中,可以在文字型文件中加入一幅或多幅彩色图画,也可以在图画中写入必要的文字,而且还可进一步将图画、文字和声音集成在一起。目前的主流操作系统,都提供了图形用户接口。随着技术的发展,一些语音接口、感知接口等也逐步得到应用,用户和计算机之间的交互更为便捷,使得人们能够更好地操作使用计算机解决各种业务问题。(拓展阅读4-9:脑机接口)

脑机接口

4.5 计算机配置实例

随着计算机系统成本的下降,计算机早已进入千家万户。下面以构建一个典型的计算机系统为例,阐述计算机系统的组成及其性能指标。选配计算机硬件,不能片面追求高配置、高性能,应根据实际用途考虑合理的性价比。例如,一般的办公应用,选用主流标准配置即可;进行音乐编辑创作,则要考虑选择高性能的音频处理部件;进行图像影视编辑制作,则要考虑选择高速处理器、大容量存储器、高端显示器和高性能显示卡等部件。一般情况下,人们会根据不同的应用需求配备合适的计算机硬件设备,在此基础上安装操作系统和相应的应用软件。

4.5.1 计算机硬件配置

计算机硬件包括主机和外设,其选配涉及主机箱中的主板、CPU、内存、硬盘、显卡、电源以及显示器、键盘鼠标等外设,还可以根据需要选配扫描仪、打印机和音频、视频设备等。

1. CPU

CPU 是计算机的核心部件。CPU 质量的高低直接决定了整个计算机系统的性能和档次,CPU 的主要技术指标包括 CPU 的字长、主频、超线程、高速缓存、核心数以及制作工艺等。

CPU 的字长即其能够同时处理二进制数据的位数,是 CPU 的一个最重要的性能标志。人们通常所说的 8 位机、16 位机、32 位机和 64 位机,即指 CPU 能够同时处理 8 位、16 位、32 位和 64 位的二进制数据。

主频即 CPU 内核工作的时钟频率,也就是人们通常所说的某款 CPU 是多少吉赫。相同架构下频率越高的 CPU 运行程序的效率也就越高,目前主流 CPU 的主频都在 3GHz 左右。

为缓解相对高速的 CPU 和内存之间数据传输的"瓶颈"问题,根据程序访问的局部性原理(拓展阅读 4 - 10:程序的局部性原理),在 CPU 与内存之间设计增加了高速缓存,它的容量比内存小但交换速度快,使得 CPU 需要访问的程序或数据直接在高速缓存中就可以获取,大大提高了访存效率。高速缓存可分为多级,如一级缓存(L1 Cache)、二级缓存(L2 Cache)、三级缓存(L3 Cache)等,目前很多处理器将多级缓存集成在 CPU 内部。

程序的局部
性原理

超线程(Hyper Threading,HT)是利用特殊的硬件指令,在逻辑上将处理器内核模拟成两个物理芯片,使得单个处理器能同时执行两个线程并行计算,进而支持多线程操作系统和应用软件,减少了 CPU 的闲置时间,提高了处理器的资源利用率,增加 CPU 的吞吐量。

多核心是基于同一个集成电路芯片上制作相互关联的多个功能一样的处理器核心,即多个物理处理器核心整合在一个内核中,从而可以将原来由单一处理器执行的任务分给多个处理器来完成。

目前,市面上 Intel 和 AMD 两大公司的系列产品占据了 CPU 的大部分市场。面向通用计算的国产自主可控 CPU 主要是龙芯系列芯片,申威处理器早期主要面向超算应用,现已推出服务器、终端等系列产品,如图 4 - 12 所示。

图 4 - 12　CPU

2. 内存

内存是程序运行的场所,通过主板的内存插槽接入系统,主要从其容量和频率等方面衡量其性能。内存容量是内存条的存储容量,可以根据实际需要进行选配,目前单条 8GB 容量内存已成为标配;存储速度方面,主要采用双倍数据速率同步 DRAM(Dual Data Rate Synchronous DRAM,DDR SDRAM)芯片制作。双倍数据速率是指在时钟脉冲的上升沿和下降沿都进行读写操作,同步是指和系统总线时钟同步。图 4 - 13 所示为某品牌 8GB DDR4 2666 内存,即该内存容量为 8GB,内存类型为 DDR4,主频为 2666MHz。

图 4 - 13　内存

3. 硬盘

硬盘是计算机重要的外部存储设备。计算机的操作系统、应用软件、文档和数据等都可以存放在硬盘上。传统的硬盘由硬盘片、硬盘驱动器和接口等组成;硬盘片密封在硬盘驱动器中,不能随便取出,硬盘工作时,驱动电机带动硬盘片做高速圆周旋转,硬盘驱动器中的磁头在传动臂的带动下做径向往复运动,从而可以访问到硬盘片的每一个存储单元。硬盘的主要技术指标是存储容量、转速、缓存大小和接口等。随着闪存技术的发展,固态硬盘得到广泛应用(图4-14)。

图4-14 硬盘和固态盘

(1)容量与转速。目前标配磁盘可达 TB 容量,转速一般为 7200r/min,笔记本电脑磁盘一般为 5400r/min,固态硬盘的容量也可达 TB 级,相比于磁盘,单位容量的成本要高,但其具有存储速度快的显著优点。

(2)接口。目前主流的硬盘接口为 SATA。SATA 接口硬盘的电源接口是 L 型与传统 IDE 接口的四针 D 型接口电源有很大的不同。安装时需要将数据线根据正确的 L 型方向接到硬盘上,同时把电源的 SATA 电源输出端也接到硬盘上。

4. 主板

主板又称为主机板、系统板,是计算机中最基本的也是最重要的部件之一,主板通常作为 CPU、内存、独立显卡等各种接口卡的载体,以及各种数据线的连接枢纽,把计算机所有电子器件连接在一起。主板发展趋势是小型化、集成化,集成化指主板将许多原来独立插卡完成的工作都集成到主板的芯片组中,如声卡、网卡、显卡都集成在主板上,这样可以使主板越来越小,系统的功耗也随之降低(图4-15)。

图4-15 主板

主板上 CPU 接口与接入 CPU 的管脚规格必须一致,一般有 PGA 和 LGA 等封装形式的主流接口类型。主板上的内存插槽是 DIMM(Double in Line Memory Module,双列直插存储器模块)插槽可以插入 DDR 系列内存。另外,主板还提供丰富的 I/O 扩展槽、端口,如 PCI－E、SATA、USB、音频输入/输出、网络接口、状态指示灯等接口。

5. 显示器与显示卡

1)显示器

显示器是标准计算机系统中的重要输出设备。显示器性能的优劣直接影响计算机信息显示的效果。目前主流显示器是液晶显示器(Liquid Crystal Display,LCD)。LCD 显示器的技术参数主要有以下几个:

(1)分辨率。一般是指屏幕可容纳的像素个数。屏幕越大,点距越小,分辨率就越高。

(2)响应时间。LCD 显示器各像素点对输入信号反应的速度,即像素由暗转亮或由亮转暗所需要的时间。响应时间越短,则显示动态面时越不会有尾影拖曳现象。

(3)可视角度。用户可以从不同的方向清晰地观察 LCD 显示器屏幕上所有内容的角度。支持 LCD 显示器显示的光源经折射和反射后输出时已有一定的方向性,在超出这一范围观看就会产生色彩失真现象,可视视角越大,视觉效果越好。

2)显示适配卡

显示适配卡简称显卡,是计算机与显示器之间的一种接口卡。显卡主要用于图形数据处理、传输数据并控制显示器的数据组织方式。显卡的性能主要取决于显卡上的图形处理芯片,显卡的性能直接决定显示器的成像速度和效果。

目前主流的显卡是具有图形处理功能的 PCI－E 接口的显卡,一般由图形加速芯片图形处理器 GPU(Graphics Processing Unit,GPU)、随机存取存储器(显存)、数模转换器、时钟合成器及基本输入/输出系统等部分组成。GPU 负责将图形数据处理为可还原的显示视频信号。显存作为待处理的图形数据和处理后的图形信号的暂存空间(图 4－16)。

图 4－16　LCD 显示器和显卡

6. 其他部件

(1)电源。电源是给计算机主机提供电力供应的重要组成部分,很多计算机的故障就是由于电源的质量不过关造成供应电流的不稳定,引起主板、显卡、硬盘等部件的故障,所以一个好的电源是非常重要的,电源在选配时一定不要过分地追求价格最低。此外,电源的功率是根据要组装的计算机的总功率相匹配的,过低的功率可能会引起诸如启动不了、运行不稳定、显示花屏等问题(图 4－17)。

图 4-17   主机电源、键盘、鼠标和光驱

（2）键盘、鼠标。键盘和鼠标是计算机中最主要的输入设备。键盘是最常用的也是最基本的输入设备，通过键盘可以把英文字母、数字、中文文字和标点符号等输入计算机，从而可以对计算机发出指令、输入数据。现在常用的标准键盘是 104 键，还有许多种添加了特定功能键的多媒体键盘。

常用的光电式鼠标，利用光的反射来启动鼠标内部的红外线发射和接收装置，具有定位精度高的特点。在鼠标的左右两键中间设置了一个滚轮，滑动滚轮为快速浏览屏幕窗口信息提供了方便。

（3）光驱。光盘驱动器即光驱，是用来驱动光盘、完成主机与光盘信息交换的设备。光盘驱动器分为只读型光驱和刻录机（可擦写型光驱）。只读型光驱只能读取光盘数据，刻录机能读写光盘数据。

光驱利用激光的投射与反射原理来实现数据存储与读取。光驱的主要技术指标是"倍速"，DVD 光驱信息读取的速率标准是 1350KB/s，DVD 光驱的读写速率 = 速率标准 × 倍速系数，如 8 倍速光驱，是指光驱的读取速度为 1350KB/s×8 = 10800KB/s。

4.5.2   计算机软件配置

计算机软件系统为适应不同的需要或更好地解决某些问题，软件版本不断更新，功能不断完善，交互界面更加友好，同时新的软件系统也层出不穷。一台计算机应该配备哪些软件，应根据实际需求来安装，对于一般用户来讲，可以考虑如下软件。

1. 操作系统

操作系统是计算机必须配置的软件。目前用户采用微软公司 Windows 7、Windows 10 等操作系统的比较普遍。对于国产自主可控平台可配置中标麒麟、统信等操作系统。建议配备最新的操作系统，有利于整机性能的充分发挥。

2. 工具软件

配置必要的工具软件有利于系统管理、保障系统安全、方便信息交互。工具软件包括各种安全防护软件、压缩工具和网络应用工具等。

（1）安全防护软件用以尽量减少计算机病毒、木马等恶意软件对计算机资源的破坏，保障系统正常运行。

（2）压缩工具软件用以对大容量的数据资源压缩存储或备份，便于交换传输，缓解资源空间危机。

（3）网络应用软件用于网络信息浏览、资源交流和实时通信等。

3. 办公软件

相对而言，办公软件是应用最广泛的应用软件，可提供文字编辑、数据管理、多媒体编辑演示、工程制图等多项功能。常用的有微软 Office 系列、WPS Office 系列、中标普华 Office 等。

4. 程序开发软件

程序开发软件主要指计算机程序设计语言集成开发环境,用于开发各种程序。目前较常用的有 C/C++、Visual Studio 系列、Python、Java 等。

5. 多媒体编辑软件

常用的有音频处理软件、图像处理软件、动画处理软件、视频处理软件和多媒体软件制作工具等。

6. 教育与娱乐软件

教育软件主要是指用于各方面教学的多媒体应用软件。娱乐软件主要是指用于图片、音频、视频的播放软件,以及计算机游戏等。

在具体配置计算机软件系统时,操作系统是必须安装的,工具软件、办公软件一般也应该安装。对于其他软件应根据需要选择安装,也可以先准备好可能需要的安装软件在使用时即用即装。不建议将尽可能全的软件都安装到同一台计算机中,一方面影响整机的运行速度,另一方面软件间可能发生冲突。一些不常用程序安装在计算机中,还将对宝贵的存储空间造成不必要的浪费。

习 题

1. 简述计算机系统的组成。
2. 计算机硬件系统由哪几部分构成? 各部分之间关系如何?
3. 计算机的基本工作原理是什么?
4. 什么是计算机指令和指令系统?
5. 举例说明指令在计算机中是如何执行的。
6. 计算机存储系统是如何组织的? 各种类型的存储器有什么区别?
7. 计算机内部总线按照其传输信息的类型都可以分成哪几类? 每种总线完成什么功能?
8. 举例说明典型的外部设备有哪些。
9. 什么是系统软件? 什么是应用软件? 二者有何区别?
10. 操作系统的主要功能有哪些?
11. 举例说明国产自主可控操作系统及其特点。
12. 如何评价一台计算机系统的性能,其主要技术指标都有哪些?

第5章
数据库技术

　　数据是21世纪最有价值的资产，是各个部门的重要财富和资源。数据库是数据管理的有效技术，是计算机科学的重要分支。随着计算机技术的不断发展，各种类型的信息系统层出不穷。作为信息系统核心和基础的数据库技术得到越来越广泛的应用。因此，我们有必要掌握存储和管理数据的计算机软件系统，熟悉数据库的设计过程，以便更好地利用数据库对数据进行组织、存储和管理，进而发现数据的价值。

第5章电子教案

5.1 数据库系统概述

SQL 与 NoSQL
数据库

数据库能有效地对数据进行管理和控制,提高工作效率,广泛应用于金融、交通、医疗、电子商务等领域。本章主要介绍数据库系统相关的基本概念、传统数据管理的发展及特点、数据管理新技术,项目开发中典型的数据库管理系统软件、国产数据库管理系统软件、新一代 NoSQL(Not Only SQL)(拓展阅读 5 - 1:SQL 与 NoSQL 数据库),以及数据库的应用场景,使读者初步了解数据库系统的基本概念、数据管理技术、相关软件产品、数据库典型应用场景。

5.1.1 数据库基本概念

数据、数据库、数据库管理系统和数据库系统是与数据库技术密切相关的 4 个基本概念。

1. 数据

数据(Data)是描述事物的符号记录。数据的表现形式有很多种类,既可以是数字,也可以是文本、图形、图像、音频、视频、学生的档案记录、货物的运输情况等。

数据是数据库中存储的基本对象,与其语义是不可分的。例如,数据库中的一条记录(李明,男,2002,江苏,计算机系,2020),数据的表现形式不能完全表达其内容,需要通过属性对每一个数据项进行语义说明,假如该条记录的属性定义为(姓名,性别,出生年,籍贯,所在系别,入学时间),则该条记录就可以清楚地表达为"李明,男,2002 年出生,江苏人,2020 年考入计算机系",如图 5 -1所示。

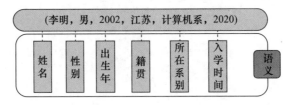

图 5 - 1 数据语义

2. 数据库

数据库(Database,DB)是"按照数据结构来组织、存储和管理数据的仓库"。数据库是一个长期存储在计算机内的、有组织的、可共享的、统一管理的大量数据的集合。

数据库是存放数据的仓库。它的存储空间很大,可以存放百万条、千万条、上亿条数据。但是数据库并不是随意地将数据进行存放,是有一定的规则的,否则查询的效率会很低。互联网充斥着大量的数据,除文本数据外,图像、音乐、声音也都是数据,这些数据都可以存放在数据库中。

数据库是一个按数据结构来存储和管理数据的计算机软件系统。数据库的概念实际包括以下两层意思：

（1）数据库是一个实体，它是能够合理保管数据的"仓库"，用户在该"仓库"中存放要管理的事务数据，"数据"和"库"两个概念结合成为数据库。

（2）数据库是数据管理的新方法和技术，它能更合适地组织数据、更方便地维护数据、更严密地控制数据和更有效地利用数据。

在数据库的发展历史上，数据库先后经历了层次数据库、网状数据库和关系数据库等多个发展阶段。数据库技术在各个方面快速发展，特别是关系型数据库已经成为目前数据库产品中最重要的一员，20 世纪 80 年代以来，几乎所有的数据库厂商新出的数据库产品都支持关系型数据库，即使一些非关系数据库产品也几乎都有支持关系数据库的接口。这主要是传统的关系型数据库可以比较好地解决管理和存储关系型数据的问题。随着云计算的发展和大数据时代的到来，关系型数据库越来越无法满足需要，这主要是由于越来越多的半关系型和非关系型数据需要用数据库进行存储管理，与此同时，分布式技术等新技术的出现也对数据库技术提出了新的要求，于是越来越多的非关系型数据库开始出现，这类数据库与传统的关系型数据库在设计和数据结构方面有很大不同，它们更强调数据库数据的高并发读写和存储大数据，这类数据库一般称为 NoSQL 数据库。传统的关系型数据库在一些传统领域依然保持了强大的生命力。

3. 数据库管理系统

数据库管理系统（Database Management System，DBMS）是位于用户与操作系统之间的一层数据管理软件。

数据库管理系统具有以下主要功能：

（1）数据定义功能。

（2）数据组织、存储和管理。

（3）数据操纵功能。

（4）数据库的事务管理和运行管理。

（5）数据库的建立和维护功能。

（6）其他功能。

数据定义功能提供数据定义语言（Database Definition Language，DDL），定义数据库中的数据对象，如定义表、属性；数据组织和存储的基本目标是提高存储空间利用率与方便存取，提供多种存取方法来提高存取效率；数据操纵功能提供数据操纵语言（Database Manipulation Language，DML），实现对数据库的基本操作，如查询 SELECT、插入 INSERT、删除 DELETE 和修改 UPDATE 等；数据库管理系统统一管理和控制，以保证事务的正确运行，保证数据的安全性、完整性、多用户对数据的并发使用及发生故障后的系统恢复；建立和维护功能提供数据库数据批量装载、数据库转储（备份）、介质故障恢复、数据库的重组织、性能监视等；其他功能主要有 DBMS 与网络中其他软件系统的通信、两个 DBMS 系统的数据转换、异构数据库之间的互访和互操作。

4. 数据库系统

数据库系统是由数据库、数据库管理系统（及其应用开发工具）、应用系统和数据库管理员（Database Administrator，DBA）组成的存储、管理、处理和维护数据的系统，如图 5-2所示。

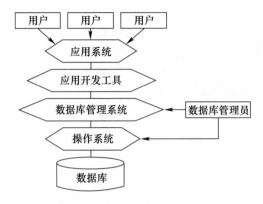

图 5 - 2 数据库系统构成

5.1.2 数据管理发展及特点

随着计算机技术的发展,数据管理日趋成熟,在传统的数据管理系统基础上,涌现出大量大数据管理的 NoSQL 数据管理系统。

1. 传统数据管理

数据管理是对数据进行分类、组织、编码、存储、检索和维护,它是数据处理的中心问题。数据处理是对各种数据进行收集、存储、加工、传播的一系列活动的总和。

在应用需求的推动下,在计算机硬件、计算机软件的发展的基础上,传统的数据管理经历了人工管理、文件系统管理、数据库系统管理 3 个阶段,如表 5 - 1 所列。

表 5 - 1 数据库发展及特点

阶段	时期	产生背景	特点
人工管理	20 世纪 40 年代中至 50 年代中	1. 科学计算; 2. 无直接存取存储设备; 3. 没有操作系统; 4. 批处理	1. 应用程序,数据不保存; 2. 某一应用程序; 3. 无共享,冗余度极大; 4. 不独立,完全依赖于程序; 5. 无结构; 6. 应用程序自己控制
文件系统管理	20 世纪 50 年代末至 60 年代中	1. 科学计算、管理; 2. 磁盘、磁鼓; 3. 有文件系统; 4. 联机实时处理、批处理	1. 文件系统,数据可长期保存; 2. 某一应用程序; 3. 共享性差,冗余度大; 4. 独立性差,数据的逻辑结构改变必须修改应用程序; 5. 记录内有结构,整体无结构; 6. 应用程序自己控制
数据库系统管理	20 世纪 60 年代末以来	1. 大规模管理; 2. 大容量磁盘; 3. 有数据库管理系统; 4. 联机实时处理、分布处理、批处理	1. 数据库管理系统; 2. 现实世界; 3. 共享性高,冗余度小; 4. 具有较高的物理独立性和一定的逻辑独立性; 5. 用数据模型描述; 6. 由 DBMS 统一管理和控制

其中,产生背景中的 1 为应用需求、2 为硬件水平、3 为软件水平、4 为处理方式,特点中的 1 为数据的管理者、2 为数据面向的对象、3 为数据的共享程度、4 为数据的独立性、5 为数据的结构化、6 为数据控制能力。

人工管理阶段、文件系统管理阶段应用程序与数据的对应关系如图 5 – 3、图 5 – 4 所示。

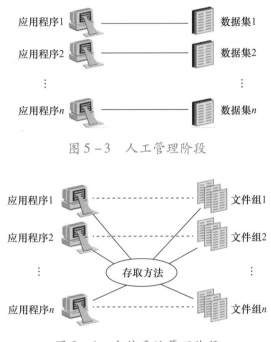

图 5 – 3　人工管理阶段

图 5 – 4　文件系统管理阶段

与人工管理和文件系统管理相比,数据库系统管理阶段的特点主要有以下几个方面。

(1) 数据结构化。数据统一设计并用复杂的数据模型表示,数据模型不仅描述数据本身,还描述数据的语义和数据间的联系;数据结构化是数据库的主要特征之一,也是与文件系统的本质区别;数据面向全组织,存取方式灵活、统一。

整体数据的结构化是数据库的主要特征之一。数据库中实现的是数据的真正结构化:数据的结构用数据模型描述,无需程序定义和解释;数据可以变长;数据的最小存取单位是数据项。

(2) 数据共享性高,冗余度低,易扩充。从整体角度看待和描述数据,面向整个系统,可被多个用户、多个应用共享使用;大大减少数据冗余,不仅节约存储空间,还可避免数据的不一致性;数据系统弹性大,容易增加新的应用和数据,可以抽取数据的不同子集用于不同应用。

数据高共享性的好处:降低数据的冗余度,节省存储空间;避免数据间的不一致性;使系统易于扩充。

(3) 数据独立性高。数据独立性指数据与程序相互独立,不因一者的改变而影响对方,数据独立性包括数据的物理独立性和数据的逻辑独立性。物理独立性指用户程序不需了解数据的物理存储结构,只需处理逻辑结构,数据的物理结构改变时,逻辑结构可以不变;逻辑独立性指数据的整体逻辑结构改变了,用户程序也可以不修改。数据与程序的独立,将数据的定义从程序中分理出去,由 DBMS 负责,简化了应用程序的编制和维护。

（4）数据由 DBMS 统一管理和控制。DBMS 提供对数据如下的统一保护机制:数据的安全性控制,防止未授权用户有意或无意地存取数据,避免数据被泄露、更改或破坏;数据的完整性控制,保证数据库中数据及语义的正确性和有效性(符合实际),防止错误数据进入数据库。

数据库系统管理阶段应用程序与数据的对应关系如图 5-5 所示。

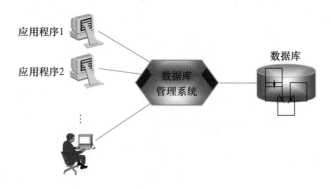

图 5-5 数据库系统管理阶段

2. 数据管理新技术

随着大数据技术的发展,涌现出大量大数据管理的 NoSQL 数据管理系统。NoSQL 是对不同于传统的关系型数据库的数据库管理系统的统称,其管理技术不仅仅是 SQL。NoSQL用于超大规模数据的存储,如谷歌或 Facebook 每天收集万亿比特的数据,这些类型的数据存储不需要固定的模式,无需多余操作就可以横向扩展。NoSQL 数据库管理系统普遍采用了以下 3 种技术。

（1）简单数据模型。大多数 NoSQL 数据库管理系统采用的是一种更加简单的数据模型。这与分布式数据库不同,在这种更加简单的数据模型中,每个记录都有唯一的键,并且外键和跨记录的关系并不被系统支持,只支持单记录级别的原子性。这种一次操作获取单个记录的约束使数据操作可以在单台机器中执行,由于没有分布式事务的开销,极大地增强了系统的可扩展性。

（2）弱一致性。NoSQL 数据库管理系统的一致性是通过复制应用数据来实现的。由于 NoSQL 数据库管理系统广泛应用弱一致模型,如最终一致性和时间轴一致性,减少了更新数据时副本要同步的开销。

（3）元数据和应用数据的分离。NoSQL 数据库管理系统需要对元数据和应用数据这两类数据进行维护。但是这两类数据的一致性要求并不一样,只有元数据一致且为实时的情况下,系统才能正常运行;对应用数据而言,场合不同,对一致性的需求也不同。因此,NoSQL 数据库管理系统将这两类数据分开管理,就能达到可扩展性目的。在一些NoSQL 数据库管理系统中甚至并没有元数据,解决数据和节点的映射问题需要借助于其他方式。

NoSQL 数据库管理系统借助于上述技术,能够很好地解决海量数据带来的挑战。

与关系型数据库相比,NoSQL 数据库管理系统主要有以下 4 个优势。

(1)更简单。NoSQL 数据库管理系统提供的功能较少,避免了不必要的复杂性,从而提高了性能。相比较而言,关系型数据库提供了强一致性和各种各样的特性,但许多特性的使用仅发生在某些特定的应用中,大部分得不到使用的特性使得系统更复杂。

(2)高吞吐量。与传统关系型数据库系统相比,一些 NoSQL 数据库管理系统的吞吐量要高得多。

(3)低端硬件集群和高水平扩展能力。与关系型数据库集群方法不同的是,NoSQL 数据库管理系统是以使用低端硬件为设计理念的,能够不需付出很大代价就可进行水平扩展,因此可以采用 NoSQL 数据库管理系统节省硬件方面的开销。

(4)避免了对象 - 关系映射。许多 NoSQL 数据库管理系统能够存储数据对象,如此就规避了数据库中关系模型和程序中对象模型相互转化的昂贵代价。

NoSQL 数据库管理系统向人们提供了高效、便捷的数据管理方案。许多公司开始建立自己的海量数据存储管理系统,目前市场上主流的 NoSQL 数据库管理系统通常分为面向文档的数据库管理系统、面向列的数据库管理系统、键/值存储数据库管理系统、图数据库管理系统,将在 5.1.3 节中详细介绍。

5.1.3　数据库管理系统软件

本小节针对数据库管理系统软件,不仅介绍了项目开发中典型的数据库管理系统软件,还介绍了国产的数据库管理系统软件,以及新一代 NoSQL 产品。

典型的数据库管理系统软件

1. 典型软件

项目开发中典型的数据库管理系统软件有 Oracle、MySQL、SQL Server、Access 等(拓展阅读 5 - 2:典型的数据库管理系统软件),如表 5 - 2 所列。

表 5 - 2　典型数据库

名称	数量级	应用
Oracle	大型	金融、通信、能源、运输、零售、制造
MySQL	轻量级	应用于互联网方向
SQL Server	中型	自建 ERP 系统、商业智能、垂直领域零售商、餐饮、事业单位
Access	小型	小型网站、个人网站

2. 国产软件

国产的关系数据库管理系统软件有达梦的 DM、南大通用的 Gbase、人大金仓的 Kingbase ES、神舟通用的 OSCAR 等(拓展阅读 5 - 3:国产的关系数据库管理系统软件),如表 5 - 3 所列。

国产的关系数据库管理系统软件

表 5-3　国 产 数 据 库

名称	特点	应用
DM	灵活性、易用性、可靠性、高安全性	电子政务、电力、消防、制造业信息化、财务、公安、税务、教育
Gbase	涉及新型分析型数据库、分布式并行数据库集群、高端事务型数据库、高速内存数据库、可视化商业智能、大型目录服务体系、硬加密安全数据库系列产品	政府、党委、安全敏感部门、国防、统计、审计、银监、证监、电信、金融、电力
Kingbase ES	可横向弹性伸缩、高可用、可跨域分布部署、应用透明度高	企事业单位管理信息系统、业务及生产系统、决策支持系统
OSCAR	涉及标准版、企业版、安全版系列产品	航天、政府、金融、电信

3. 新一代 NoSQL

常见 NoSQL
数据库

新一代最常见的 NoSQL 数据库主要有面向文档的数据库、面向列的数据库、键值存储数据库、图数据库等,比较有代表性的数据库分别是 MongoDB、Cassandra、Redis、Neo4j 等(拓展阅读 5-4:常见 NoSQL 数据库),如表 5-4 所列。

表 5-4　新 一 代 数 据 库

名称	特点	应用
MongoDB	文档型数据库	适用于动态查询、索引、对大数据库有性能要求的应用
Cassandra	列存储数据库	银行业、金融业等写数据比读数据多的应用
Redis	键值数据库	股票价格、数据分析、实时数据搜集、实时通信
Neo4j	图数据库	社会关系、公共交通网络、地图及网络拓扑

5.1.4　数据库的应用

数据库是数据管理的有效技术,是计算机领域中发展最为迅速的重要分支。作为信息系统核心和基础,数据库技术得到越来越广泛的应用,从小型单项事务处理系统到大型信息系统,从联机事务处理到联机分析处理,从企业管理到计算机辅助设计与制造、计算机集成制造系统、电子政务、电子商务、地理信息系统等,越来越多的应用领域采用数据库技术来存储和处理信息资源。特别是随着互联网的发展,广大用户可以直接访问并使用数据库,如通过网上订购火车票、机票、图书、日用品,通过网上银行转账、存款、取款,检索和管理账户等。数据库已经成为每个人生活中不可缺少的部分。以下是一些数据库应用的经典案例。

案例1:购买火车票、飞机票——访问全国铁路、航空数据库系统

案例2:上网浏览、网上购物——访问购物网站的后台数据库系统

案例3:银行取款——访问银行的数据库系统

案例4:网上填报高考志愿——访问教育考试的数据库系统

案例5:图书馆借书——访问图书馆的数据库系统

在实际应用中,网站需要保存大量数据,用户只要能够连接到 Internet,并且安装了 Web 浏览器,就能够操作数据库,其过程如下:用户向 Web 服务器发出

数据操作请求;Web 服务器收到请求以后,按着特定的方式将请求转发给数据库服务器;数据库服务器执行这些请求并将结果数据返回给 Web 服务器;Web 服务器则以页面的形式将结果数据返回用户的 Web 浏览器;用户通过 Web 浏览器查看请求结果,如图 5 – 6所示。

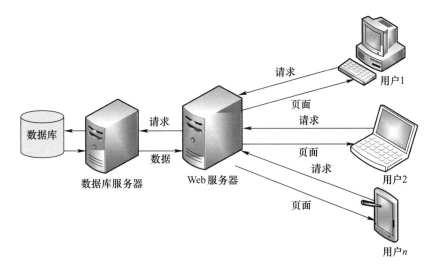

图 5 – 6　Web 环境下的数据库访问

随着互联网的不断发展,各种类型的应用层出不穷,在这个云计算的时代,对技术提出了更多的需求。虽然关系型数据库已经在业界的数据存储方面占据了不可动摇的地位,但是由于其天生的几个限制,使其很难克服下面这几个弱点:扩展困难,读写慢,成本高,支撑容量有限。业界为了解决这几个需求,推出了新型的 NoSQL 数据库。总体来说,在设计上,它们非常关注对数据高并发的读写和对海量数据的存储等,与关系型数据库相比,它们在架构和数据模型方面做了"减法",而在扩展和并发等方面做了"加法"。

现今的计算机体系结构在数据存储方面要求具备庞大的水平扩展性,而 NoSQL 致力于达到这一目的。目前,Google、Yahoo、Facebook、Twitter、Amazon 都在大量应用 NoSQL 型数据库。以下是一些国内知名互联网公司的应用案例。

案例 1:淘宝数据平台——淘宝 Oceanbase 以一种很简单的方式满足了未来一段时间的在线存储需求,并且高效支持跨行跨表事务;淘宝 Tair 是由淘宝自主开发的键/值结构数据存储系统,在淘宝网有着大规模的应用,用户在登录淘宝、查看商品详情页面或者在淘江湖和好友互动时,都在直接或间接地和 Tair 交互。

案例 2:新浪微博——在新浪有 200 多台物理机在运行着 Redis,有大量的数据跑在Redis 上来为微博用户提供服务。

案例 3:视觉中国网站——选用 MongoDB 作为系统的支撑数据库,数据量达到千万级别,根据国外的案例来看,数据量已经达到十亿、百亿的级别。

案例 4:优酷运营数据分析——目前优酷的在线评论业务已部分迁移到 MongoDB,在键/值产品方面也在寻找更优的替代品,如 Redis。

数据是 21 世纪最有价值的资产,它比黄金和石油更有价值。随着大数据时代的来临,NoSQL 数据库将被广泛应用,更好地促进社会生产力的发展。

5.2 数据模型

在数据库设计的过程中,为了便于数据库设计人员、开发人员、用户等沟通交流,需要构建数据模型,类似于建筑沙盘模型、作战沙盘模型。数据库设计的一般过程如下:概念模型设计,它是按用户的观点来对数据和信息建模,将现实世界的认知抽象到信息世界,主要用于数据库设计;逻辑模型设计,它是按计算机系统的观点对数据建模,将信息世界的概念模型转换为机器世界 DBMS 能够支持的数据模型,主要用于 DBMS 的实现。以下主要讨论关系数据库管理系统的关系数据库设计,相应地,逻辑模型设计建立的数据模型就是关系模型。

5.2.1 概念模型

概念模型用于信息世界的建模,是现实世界到信息世界的第一层抽象。为了把现实世界中的具体事物抽象、组织为某一数据库管理系统支持的数据模型,常常先将现实世界抽象为信息世界,然后将信息世界转换为机器世界。也即,把现实世界中的客观对象抽象为某一种信息结构,这种信息结构并不依赖于具体的计算机系统,不是某一个 DBMS 支持的数据模型,而是概念级的模型,称为概念模型。

概念模型是各种数据模型的共同基础,它比数据模型更独立于机器、更抽象,从而更加稳定。概念模型的主要特点如下:

(1)能真实充分地反映现实世界,包括事物和事物之间的联系,能满足用户对数据处理要求,是现实世界的一个真实模型。

(2)易于理解,可以用它和不熟悉计算机的用户交换意见,用户的积极参与是数据库设计成功的关键。

(3)易于更改,当应用环境和应用要求改变时容易对概念模型修改和扩充。

(4)易于向关系、网状、层次等各种数据模型转换。

概念模型的表示方法有很多,目前较常用的是用 E - R 图(Entity Relationship Diagram)。E - R 图的 3 个基本要素是实体、属性和联系。

1. 实体之间的联系

在现实世界中,事物之间以及事物内部是有联系的。实体之间的联系通常是指不同实体型的实体集之间的联系,实体内部的联系通常是指组成实体的各属性之间的联系。

两个实体型之间的联系可分为 3 种:一对一联系、一对多联系、多对多联系。

(1)一对一联系(1:1)。如果对于实体集 A 中的每一个实体,实体集 B 中至多有一个(也可以没有)实体与之联系,反之亦然,则称实体集 A 与实体集 B 具有一对一联系。

(2)一对多联系(1:n)。如果对于实体集 A 中的每一个实体,实体集 B 中有 n 个实体($n \geq 0$)与之联系,反之,对于实体集 B 中的每一个实体,实体集 A 中至多只有一个实体与之联系,则称实体集 A 与实体集 B 有一对多联系。

(3)多对多联系($m:n$)。如果对于实体集 A 中的每一个实体,实体集 B 中有 n 个实体($n \geq 0$)与之联系,反之,对于实体集 B 中的每一个实体,实体集 A 中也有 m 个实体

（$m \geqslant 0$）与之联系,则称实体集 A 与实体集 B 具有多对多联系。

一般地,两个以上的实体型之间也存在着一对一、一对多、多对多的联系,同一个实体集内的各实体之间(单个实体型内)也存在一对一、一对多、多对多的联系。

2. E-R 图

在概念模型设计阶段,为了清晰地展现现实世界的实体及实体之间的关系,常用 E-R 图进行描绘。

E-R 图是描述概念模型的有效方法,提供了表示实体、属性、联系的方法。

（1）用"矩形框"表示实体,在矩形框内写明实体名称(图 5-7)。

图 5-7　实体

（2）用"椭圆框"表示实体的属性,并用"实线"将其与相应实体连接起来(图 5-8)。

图 5-8　属性

（3）用"菱形框"表示实体之间的联系,在菱形框内写明联系名,并用"实线"分别与有关实体连接起来,同时在实线旁标上联系的类型（$1:1,1:n,m:n$）;联系也可以有属性,同样利用"实线"将这些属性与相关联系连接起来(图 5-9)。

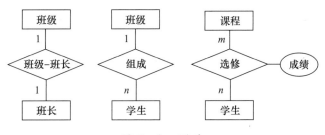

图 5-9　联系

E-R 图的设计过程分为以下两个步骤:

（1）确定实体及属性。针对特定的用户应用系统,确定系统哪些是实体,有多少个实体,每个实体有什么属性。

（2）确定实体间的联系。确定实体之间存在什么联系及联系的属性。

例:学生选课管理系统:

① 一个学生可选修多门课程,一门课程可为多个学生选修,学生修完一门课程获得成绩;

② 一个教师可讲授多门课程,一门课程可为多个教师讲授;

③ 有些单位可有多个教师,有些单位可有多个学生,但一个教师或学生只能属于一个单位,关心教师或学生加入单位的时间。

分析:对上述需求进行分析,可以确定"学生"、"课程"、"教师"、"单位"等 4 个实体,

"选修"、"讲授"、单位有教师"组成1"、单位有学生"组成2"等4个联系,其E-R图如图5-10所示。

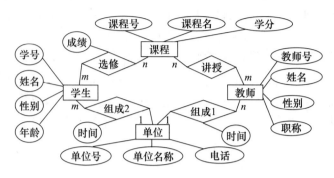

图5-10 学生选课管理系统E-R图

E-R图表示的概念模型,清晰明了地展示了实体、属性、联系、联系的属性、联系的类型,使得用户能够从整体上统筹数据库全局从而进行顺畅的沟通交流。

5.2.2 逻辑模型

逻辑模型是用户从数据库的角度所看到的模型,是具体的DBMS所支持的数据模型。逻辑模型既要面向用户,又要面向系统,主要用于DBMS的实现。

最常用的逻辑模型有层次模型、网状模型和关系模型。这3种逻辑模型的根本区别在于数据结构不同,即数据之间联系的表达方式不同。层次模型用"树结构"来表示数据之间的联系,网状模型是用"图结构"来表示数据之间的联系,关系模型是用"二维表"来表示数据之间的联系。

逻辑模型是严格定义的一组概念的集合,主要由数据结构、数据操作和完整性约束3部分组成,通常称为数据三要素。

(1)数据结构。数据结构是计算机数据组织方式和数据之间联系的框架描述,而数据文件的数据就按照这种框架描述进行组织。数据结构描述数据库的组成对象以及对象之间的联系,是对系统静态特性的描述。

(2)数据操作。数据操作是指对数据库中各种对象的实例或取值所允许执行操作的集合(插入、删除、修改、查询),其中包括操作方法及有关规则,它是对数据库动态特性的描述。

(3)完整性约束。完整性约束是指对数据的一组完整性规则(约束条件)的集合,规定本数据模型必须遵守的基本的、通用的完整性约束条件。例如,在关系数据库支持的关系模型中,任何关系都必须满足实体完整性(主键/主码)和参照完整性(外键)两个条件。此外,逻辑模型还应该提供用户定义完整性约束条件的机制,以反映具体应用所涉及的数据必须遵守的特定语义约束条件。

① 实体完整性。规定表的每一行在表中是唯一的实体。

用于定义关系表的主键,起唯一标识作用,其值不能为空(null),也不能重复,以此来保证实体的完整性。

② 参照完整性。两个表的主键和外键的数据应一致,保证了表之间的数据的一致

性,防止了数据丢失或无意义的数据在数据库中扩散。

定义一个表中数据与另一个表中数据的联系。外键约束指定某一个列或一组列作为外部键,其中包含外部键的表称为子表,包含外部键所引用的主键的表称为父表。表在外部键上的取值要么是父表中某一主键,要么取空值,以此保证两个表之间的连接,确保了实体的参照完整性。

③ 用户定义的完整性。不同的关系数据库系统根据其应用环境的不同,往往还需要一些特殊的约束条件,它反映某一具体应用必须满足的语义要求。

用户自定义完整性主要包括字段有效性约束和记录有效性,如字段约束为非空(not null)、唯一(unique)、值域范围、小数位数等。

5.2.3　E－R图向关系模型转换

依据 E－R 图的组成要素,E－R 图向关系模型的转换主要涉及实体、属性、联系 3 个要素的转换方法。

(1) 实体:直接用关系(表)表示。

(2) 属性:用属性名表示。

(3) 联系:

① 一对一联系:隐含在实体对应的关系中。

② 一对多联系:隐含在实体对应的关系中。

③ 多对多联系:直接用关系(表)表示。

依据上述转换方法,在关系数据库逻辑结构设计阶段,图 5－10 中 E－R 图将被转化为如下的模式:

学生(学号,姓名,性别,年龄,单位号,时间)
课程(课程号,课程名,学分)
教师(教师号,姓名,性别,职称,单位号,时间)
单位(单位号,单位名称,电话)
选修(学号,课程号,成绩)
讲授(教师号,课程号)

其中,"学生""课程""教师""单位"4 个实体直接转换为关系(表),"选修""讲授"2 个多对多联系直接转换为关系(表),单位有教师"组成 1"、单位有学生"组成 2"2 个一对多联系分别隐含在实体对应的关系(表)"教师""学生"中。

可见,将 E－R 图转换为 DBMS 能够支持的关系模型时,实体、联系将转换为规范化的关系表,属性、联系的属性作为关系表的列或字段,并且这些字段会受到实体完整性约束、参照完整性约束、用户自定义完整性约束的制约,以保证数据的正确、有效、相容。

从用户观点看,关系模型由一组关系组成。每个关系的数据结构是一张规范化的二维表,它由行和列组成。表中的一行即为一个元组。表中的一列即为一个属性,给每一个属性起一个名称即属性名。主键是表中的某个属性组,它可以唯一确定一个元组。

经过概念模型设计、逻辑模型设计,数据库的结构已经建立,但该数据库还是空的数据库,需要录入数据并对数据进行操作处理,5.3 节的 SQL 语句将重点介绍数据操作。

5.3 SQL 语句

DBMS 提供数据定义语言(Data Definition Language,DDL)来实现数据库、表的操作,提供数据操纵语言(Data Manipulation Language,DML)来实现表中数据的操作,提供数据控制语言(Data Control Language,DCL)来实现用户权限的授权、撤销,相关的 SQL 命令如下:

数据定义:CREATE、DROP、ALTER。
数据操纵:INSERT、DELETE、UPDATE、SELECT。
数据控制:GRANT、REVOKE。

5.3.1 数据定义

1. 创建数据库

数据库的定义一般有两种方法:利用 SQL 语句进行定义,利用可视化客户端进行定义。例如,建立一个名字为"xk"的数据库,前者定义的 SQL 语句如下:

CREATE DATABASE xk;

后者利用 Navicat 客户端的定义方法如图 5-11 所示。

图 5-11　数据库创建

2. 创建表

表的定义同样也有两种方法:利用 SQL 语句进行定义,利用可视化客户端进行定义。定义表的 SQL 语句格式如下:

```
CREATE TABLE   <表名>
        (<列名><数据类型>[列级完整性约束条件]
        [,<列名><数据类型>[列级完整性约束条件]
        …
        [,<表级完整性约束条件>]);
```

其中,<列级完整性约束条件>涉及相应属性列的完整性约束,<表级完整性约束条件>涉及一个或多个属性列的完整性约束条件。

建立一个名字为“Student”的表,相应的SQL语句如下:

```
CREATE TABLE Student(
        学号 char(20) NOT NULL PRIMARY KEY,
        姓名 char(8) NOT NULL,
        性别 char(2) NOT NULL,
        年龄 SMALLINT,
        专业 char(20)
);
```

利用Navicat客户端的定义方法如图5-12所示。

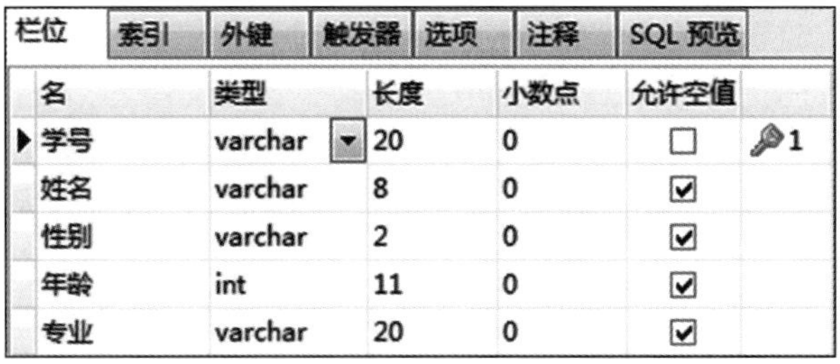

名	类型	长度	小数点	允许空值	
学号	varchar	20	0	☐	1
姓名	varchar	8	0	☑	
性别	varchar	2	0	☑	
年龄	int	11	0	☑	
专业	varchar	20	0	☑	

图5-12 数据表创建

5.3.2 数据更新

1. 插入

向表中插入数据的SQL语句格式如下:

```
INSERT INTO <表名> [(<属性列1>[,<属性列2>]…)] VALUES(<常量1>[,<常量2>]…);
```

注意:指定要插入数据的表名及属性列时,属性列的顺序可与表定义中的顺序不一致;没有指定属性列时,新插入的元组必须在每个属性列上均有值,且与表定义中的顺序一致;指定部分属性列时,新插入的元组在没出现的属性列上取空值。

在选课表“SC”中插入学号“0605”学生选修4号课程的记录,相应的SQL语句如下:

```
INSERT  INTO  SC VALUES('0605','4',NULL);
```

或

```
INSERT INTO SC(课程号,学号) VALUES('4','0605');
```

2. 删除

删除表中数据的SQL语句格式如下:

```
DELETE
FROM  <表名>
[ WHERE <条件> ];
```

注意:省略 WHERE 子句表示删除表中全部元组,但表的定义仍存在。

删除不及格的学生记录,相应的 SQL 语句如下:

```
DELETE   FROM SC WHERE   成绩 < 60;
```

3. 更新

更新表中已有数据的 SQL 语句格式如下:

```
UPDATE   <表名>
SET   <列名> = <表达式>[,<列名> = <表达式>]…
[ WHERE <条件> ];
```

其中,表达式的值用于取代相应的属性列值。

注意:省略 WHERE 子句表示要修改表中的所有元组。

例 5 - 1: 将 2 号课程的所有成绩向上浮动 10%。

相应的 SQL 语句为

```
UPDATE   SC   SET   成绩 = 成绩 * (1 + 0.1) WHERE 课程号 = '2';
```

例 5 - 2: 将所有学生的年龄增加 1 岁。

相应的 SQL 语句为

```
UPDATE   Student   SET   年龄 = 年龄 + 1;
```

5.3.3   数据查询

对表或视图中的数据进行查询的 SQL 语句格式如下:

```
SELECT [ALL | DISTINCT]   * | 目标列
FROM   表名(或视图名)…
[ WHERE   条件表达式 ]
[ GROUP   BY   列名1   [ HAVING 内部函数表达式 ] ]
[ ORDER   BY   列名2   ASC | DESC];
```

其中,ASC 是由小到大进行升序排序,DESC 是降序排序。

学生表 Student、课程表 Course、选课表 SC 如图 5 - 13 所示,以下单表查询、多表查询、聚集函数的实例都是基于这 3 个表的。

Student

学号	姓名	性别	年龄	专业
0601	汪洋	男	21	IS
0602	大海	女	20	MA
0603	蓝天	女	20	CS
0605	白云	男	19	IS

Course

课程号	课程名	学分
1	数据库	6
2	C语言	4
3	数据结构	5
4	操作系统	6

SC

学号	课程号	成绩
0601	1	88
0601	2	93
0602	2	86
0602	3	80
0603	3	56

图 5 - 13   学生、课程、选课表

1. 单表查询

例 5 - 3：查询全部课程信息。

```
SELECT * FROM Course;
```

查询结果如图 5 - 14 所示。

课程号	课程名	学分
1	数据库	6
2	C语言	4
3	数据结构	5
4	操作系统	6

图 5 - 14　单表查询 1

例 5 - 4：查询信息专业全部学生的学号和姓名。

```
SELECT 学号,姓名 FROM Student WHERE 专业 = 'IS';
```

查询结果如图 5 - 15 所示。

学号	姓名
0601	汪洋
0605	白云

图 5 - 15　单表查询 2

例 5 - 5：查询选修课程的学生学号。

```
SELECT 学号 FROM SC;
```

查询结果如图 5 - 16(a) 所示。

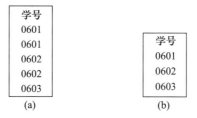

图 5 - 16　单表查询 3
(a) 重复；(b) 去重。

需要使用 DISTINCT 从结果中去掉重复的行。

```
SELECT DISTINCT 学号 FROM SC;
```

查询结果如图 5 - 16(b) 所示。

例 5 - 6：查询选修了 2 号课程成绩在 80 分以上、或选修了 3 号课程的学生的学号和成绩。

```
SELECT 学号,成绩 FROM SC
WHERE (课程号 = '2' AND 成绩 > = 80) OR 课程号 = '3';
```

例 5 - 7：查询 20 ~ 22 岁学生的学号和年龄。

SELECT 学号，年龄 FROM Student WHERE 年龄 BETWEEN 20 AND 22；

例 5 - 8：查询数学、计算机、信息专业学生的全部信息。

SELECT * FROM Student WHERE 专业 IN（'MA'，'CS'，'IS'）；

2. 多表查询

例 5 - 9：查询学生及选课情况的全部信息。

SELECT Student. *，SC. * FROM Student，SC WHERE Student. 学号 = SC. 学号；

查询结果如图 5 - 17 所示。

S.学号	姓名	性别	年龄	专业	SC.学号	课程号	成绩
0601	汪洋	男	21	IS	0601	1	88
0601	汪洋	男	21	IS	0601	2	93
0602	大海	女	20	MA	0602	2	86
0602	大海	女	20	MA	0602	3	80
0603	蓝天	女	20	CS	0603	3	56

图 5 - 17　多表查询 1

例 5 - 10：查询选修 2 号课程的女同学的学号、姓名和成绩。

SELECT Student. 学号，姓名，成绩 FROM Student，SC
WHERE Student. 学号 = SC. 学号 AND 课程号 = '2' AND 性别 = '女'；

查询结果如图 5 - 18 所示。

学号	姓名	成绩
0602	大海	86

图 5 - 18　多表查询 2

3. 聚集函数
常用的聚集函数如下：

COUNT（[DISTINCT | ALL] * ）：　统计元组个数
COUNT（[DISTINCT | ALL] 列名）：统计一列中值的个数
SUM（[DISTINCT | ALL] 列名）：　对一列求和
AVG（[DISTINCT | ALL] 列名）：　对一列求平均值
MAX（[DISTINCT | ALL] 列名）：　对一列求最大值
MIN（[DISTINCT | ALL] 列名）：　对一列求最小值

注意：DISTINCT 对重复的列值或元组只统计 1 次；ALL 对所有元组或列值都统计，为默认值；除第一种形式外，其他只处理非空值。

例 5 – 11：查询选修了课程的学生人数。

SELECT   COUNT(DISTINCT 学号) FROM   SC;

例 5 – 12：查询数据结构课程的平均成绩。

SELECT   AVG(成绩) FROM   SC,Course WHERE SC. 课程号 = Course. 课程号   AND 课程名 =
'数据结构';

例 5 – 13：查询计算机系学生的最小年龄。

SELECT   MIN(年龄)   FROM   Student   WHERE 专业 = 'CS';

5.3.4   数据控制

1. 授权

对用户进行授权的 SQL 语句格式如下：

GRANT privileges ON databasename. tablename TO 'username'@'host';

其中,privileges 是用户的操作权限,如 SELECT、INSERT、UPDATE 等。

例 5 – 14：授予用户 student1 查询选课成绩的权限。

GRANT SELECT ON xk. SC TO 'student1'@'%';

2. 撤销

撤销用户权限的 SQL 语句格式如下：

REVOKE privileges ON databasename. tablename FROM 'username'@'host';

例 5 – 15：撤销用户 student1 查询选课成绩的权限。

REVOKE SELECT ON xk. SC FROM 'student1'@'%';

5.4 数据查询实例

数据查询是数据库操作中使用最多、最重要的内容。下述实例以 Python 操作 MySQL
数据库为例,介绍查询学生选课管理系统中的课程信息。

5.4.1   应用原理

Python 操作 MySQL 数据库的步骤如下(图 5 – 19)：

(1) 连接数据库；

(2) 选择数据库；

(3) 生成游标对象；

(4) 执行 SQL 语句；

(5) 显示结果；

（6）关闭游标；

（7）关闭连接。

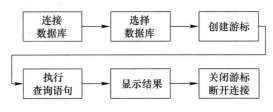

图 5 - 19　Python 操作数据库原理

5.4.2　查询实例

依据上述操作步骤，先根据客户端连接 MySQL 服务器的配置信息创建一个连接 conn，其中，数据库服务器为本机 localhost，用户名和密码为安装数据库服务器时创建的，数据库名称为 xk。然后，通过生成的游标对象执行 SQL 语句，查询该数据库中的课程信息 Course，并显示查询结果。最后，关闭游标并断开连接。Python 源码如程序 5 - 1 所示。

程序 5 - 1　Python 操作 MySQL 数据库

```
1    #导入 pymysql 库
2    import pymysql
3
4    #格式化打印
5    def display_str( cursor) :
6        records = cursor. fetchall( )
7        for rec in records :
8            s = ''
9            for value in rec :
10               s = s + str( value) + '\t'
11           print( s)
12
13   #连接数据库
14   conn = pymysql. connect( host = 'localhost', user = 'root', passwd = '*****', charset = 'gbk')
15
16   #选择数据库
17   conn. select_db( 'xk')
18
19   #生成游标对象
20   cs = conn. cursor( )
21
22   #执行 SQL 语句
23   cs. execute( 'SELECT * FROM Course;')
24
25   #显示结果
```

```
26    display_str(cs)
27
28    #关闭游标
29    cs. close( )
30    #断开连接
31    conn. close( )
```

执行结果如图 5 - 20 所示。

1	数据库	6
2	C语言	4
3	数据结构	5
4	操作系统	6
5	大学计算机基础	3

图 5 - 20　Python 操作数据库执行结果

习　题

1. 数据库管理系统有哪些主要功能?

2. 数据库系统由哪些部分组成?

3. 列举国产数据库管理系统软件。

4. 阐述数据库的典型应用。

5. 关系数据库有哪些数据模型?

6. E - R 图有哪些基本要素?

7. 阐述 E - R 图的设计步骤。

8. 完整性约束有哪些?

9. 阐述 E - R 图向关系模型转换的方法。

10. 关系数据库有哪些典型数据操作?

11. 中共中央、国务院印发了《中国教育现代化 2035》和《加快推进教育现代化
    实施方案(2018—2022 年)》,提出未来将加强与"一带一路"沿线国家教育
    合作,优化孔子学院区域布局,加强孔子学院能力建设。请设计一个数据
    库,信息主要有"一带一路"沿线国家名称、"一带一路"沿线国家编号、孔子
    学院名称、孔子学院编号、孔子学院所在国家(一个国家可以建立多所孔子
    学院)。

    (1) 画出 E - R 图。

    (2) 将 E - R 图转化为关系模型。

    (3) 查询在俄罗斯建立的孔子学院名称。

    (4) 插入一所新建立的孔子学院。

第6章
计算机网络

计算机网络自20世纪60年代产生以来，一直在持续不断地发展，它的发展水平已成为衡量一个国家技术水平和社会信息化程度的标志之一。目前，计算机网络已经被应用到科学、经济、军事、教育及日常生活等各个领域，给人们的生产生活带来极大的便利。

第6章电子教案

6.1 计算机网络概述

计算机网络是计算机技术与通信技术相结合的产物,它是指将处于不同位置的具有独立功能的多台计算机及其外部设备,通过通信线路连接起来,在网络操作系统、网络管理软件及网络通信协议的管理和协调下,实现资源共享和信息传递的计算机系统。

计算机网络的功能主要包括数据通信和资源共享。计算机网络由通信子网和资源子网组成,如图 6 − 1 所示。通信子网位于网络内层,负责全网的数据传输加工和变换等通信工作,资源子网位于网络外围,负责全网数据处理和向网络用户提供资源及网络服务。

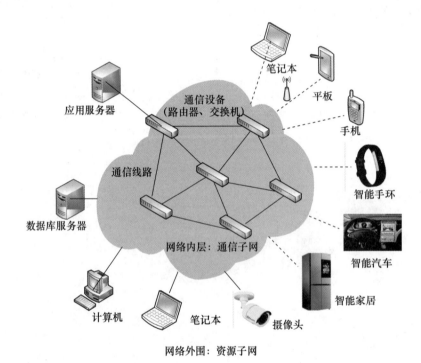

图 6 − 1　计算机网络示意图

6.1.1　计算机网络及历史

20 世纪 40 年代至 50 年代,是没有网络的时代,当时的计算机体积庞大,拥有数据中心,但没有终端,用户需要到数据中心提交作业,作业的载体是打孔纸带或打孔卡。作业被成批地处理。由于计算机使用的数据格式不同,所以不能互连(图 6 − 2)。

在 20 世纪 50 年代中期,人们开始将彼此独立发展的计算机技术与通信技术结合在一起,美国的半自动地面防空系统(简称 SAGE)把远程距离的雷达和其他测控设备的信息经由线路汇集至一台 IBM 计算机上,首次实现了计算机和通信设备的结合使用。人们对数据通信与计算机通信网络的研究,为计算机网络的出现做好了技术准备,奠定了计

图 6 - 2　计算机孤岛

算机网络的理论基础。计算机经过几十年的发展,实现了从无到有、从简单到复杂的飞速发展,纵观计算机网络的发展,其经历了以下几个阶段。

1. 第一阶段——面向终端的计算机网络

在 20 世纪 60 年代中期之前出现了第一代计算机网络,它是以单个计算机为中心的远程联机系统,构成面向终端的计算机网络,如图 6 - 3 所示。其典型的应用是由一台计算机和全美国范围内 2000 多个终端组成的飞机订票系统。终端是一台包括显示器和键盘、无 CPU 和内存的计算机外部设备。当时人们把计算机网络定义为"以传输信息为目的而连接起来,实现远程信息处理或进一步达到资源共享的系统",这种面向终端的计算机网络是网络的雏形,标志着计算机网络的诞生。

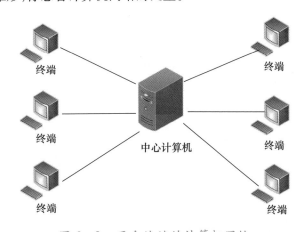

图 6 - 3　面向终端的计算机网络

该阶段的特点是主机为网络的中心和控制者,分布在各处的终端(键盘和显示器)与主机相连,用户通过本地的终端使用远程的主机。随着终端设备的增加,主机负荷不断加重,处理数据效率明显下降,数据传输率较低,线路的利用率也低。

2. 第二阶段——以共享资源为目的的多机系统

20 世纪 60 年代中期到 70 年代计算机制造业有了进一步发展,并且应用范围逐渐增大,而且在地理位置分散的各个部门间的信息交换需求也越来越大,使得多个计算机系统之间直接进行通信变得迫切,于是出现了第二代计算机网络,它是用通信线路将多个主机实现互相接通,以便为用户提供服务,如图 6 - 4 所示。

主机间的通信任务,构成了通信子网,通信子网互连的主机负责运行程序,提供资源

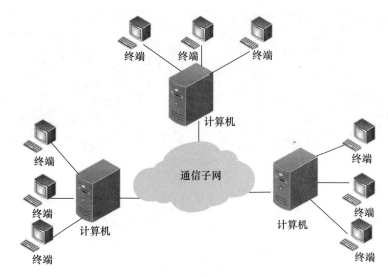

图 6 - 4　计算机之间联网

阿帕网

共享,组成了资源子网。在这个阶段形成的典型代表是阿帕网(ARPANET)(拓展阅读 6 - 1:阿帕网)。ARPANET 是 1969 年美国国防部创建的第一个分组交换网。连接在 ARPANET 上的主机都直接与就近的节点交换机相连。到了 20世纪 70 年代,ARPA 开始研究多种网络互连技术,这就导致后来互联网的出现。ARPANET 中采用的许多网络技术,如分组交换、路由选择等,至今仍在使用。它是 Internet 的前身,标志着计算机网络的兴起。在这个时期,人们将网络的概念定义为"以能够相互共享资源为目的互连起来的、具有独立功能的计算机之集合体",这也就是计算机网络的基本概念。

该阶段的特点是网络由多个主机互连,每个主机都具有独立处理数据的能力,并且不存在主从关系,主要用于传输和交换信息,由于没有成熟的网络操作系统的支持,因此资源共享程度不高。

3. 第三阶段——标准化的计算机网络

20 世纪 70 年代末到 90 年代初出现了第三代计算机网络,它具有统一的网络体系结构并且是遵循国际标准的开放式和标准化的网络。在 ARPANET 兴起之后,计算机网络得到迅速的发展。由于计算机网络没有统一的标准和规则,导致不同的公司厂商生产的产品很难实现互连,例如,IBM 公司采用的是 SNA 网络体系结构,而 DEC 公司采用的是 DNA 数字网络体系结构,这两种网络体系结构存在着较大差异,无法实现互连。人们迫切需要一种开放性的标准化实用网络环境,国际标准化组织 ISO(International Organization for Standardization)成立了计算机与信息处理标准化委员会下的开放系统互连分技术委员会,并于1981 年制定了"开发系统互连参考模型(OSI/RM)"计算机网络的一系列国际标准。计算机网络进入了互连互通的全新时期(图 6 - 5)。

4. 第四阶段——Internet 时代

在 20 世纪 90 年代末至今出现了第四代计算机网络。在这段时间,由于局域网技术的成熟与发展,出现了光纤及高速网络技术、多媒体网络、智能网络

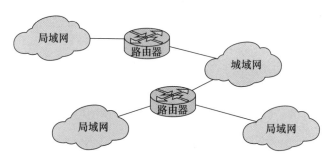

图 6-5　标准化计算机网络

等,整个网络就像一个对用户透明的、大的计算机系统,随着时间的推移,零零散散的网络最终发展为以因特网(Internet)为代表的互联网。Internet 把多个地理位置分散的骨干网通过多种互联网服务提供商(Internet Service Provider,ISP)互连起来形成一个庞大的网络(图 6-6)。

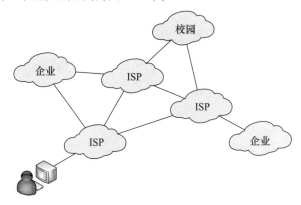

图 6-6　多 ISP 互连的网络

随着人工智能、大数据技术的发展,在今后计算机网络的发展中,Internet 将从一个单纯的大型数据中心发展成为一个更加聪明的高智商网络,也就是说,计算机网络将成为人与信息之间的高层调节者。例如,计算机网络可以预测人们对于信息的需求和喜好,用户将通过网站复制功能筛选网站,过滤掉与自己无关的信息网站并将所需信息以最佳格式展现出来。另外,相信在未来还有很多人性化、智能化的服务会结合计算机网络技术向人们展现出来。(拓展阅读 6-2:物联网)

物联网

6.1.2　计算机网络分类

计算机网络分类方法有很多种,常用的分类方法如图 6-7 所示。

1. 按网络覆盖范围

(1) 局域网(Local Area Network,LAN)。局域网是我们最常见、应用最广的一种网络。局域网就是在局部地区范围内的网络,覆盖的地区范围较小,一般在几千米到十几千米,位于一个建筑物或一个单位内,通常一个单位、学校甚至家庭都有自己的局域网,这种网络主要针对单位内部快速共享资源和交换信息,一般不对外提供公共服务(图 6-8)。

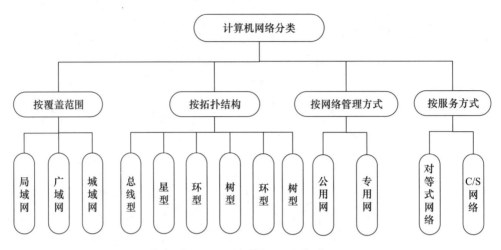

图 6-7 计算机网络分类

局域网的特点是连接范围窄、用户数少、配置容易、传输速率高、传输可靠性高、结构简单、容易实现、使用灵活。目前,局域网最快的速率要算现今的 10Gb/s 以太网了。IEEE 的 802 标准委员会定义了多种主要的 LAN 网:以太网(Ethernet)、令牌环网(Token Ring)、光纤分布式接口网络(FDDI)、异步传输模式网(ATM)以及最新的无线局域网(WLAN)。

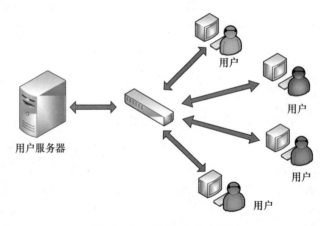

图 6-8 局域网示意图

(2) 城域网(Metropolitan Area Network,MAN)。城域网是一个城市范围内的计算机互联网络,覆盖范围介于局域网和广域网之间,一般在十几千米到上百千米,采用的 IEEE802.6 标准。MAN 与 LAN 相比扩展的距离更远,连接的计算机数量更多,在地理范围上可以说是 LAN 网络的延伸。在一个大型城市或都市地区,一个 MAN 网络通常连接着多个 LAN 网,如连接政府机构的 LAN、医院的 LAN、电信的 LAN、公司企业的 LAN 等。由于光纤的引入,可提供 10/100/1000Mb/s 的高速连接,使 MAN 中高速的 LAN 互连成为可能。城域网通常采用与局域网相似的技术(图 6-9)。

(3) 广域网(Wide Area Network,WAN)。广域网也称为远程网,覆盖的范围比城域网更广,一般在数百千米到数千千米,甚至数万千米,它一般将不同城市之间的 LAN 或者 MAN 网络互连,也可以跨越国界、洲界,甚至全球范围。目前,Internet 是现今世界上最大

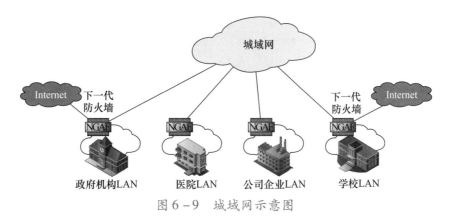

图 6-9　城域网示意图

的计算机网络,它是一个横跨全球、供公共商用的广域网络,如图 6-10 所示。广域网利用共用分组交换网、卫星通信网和无线分组交换网,将分布在不同地区的局域网或计算机系统互连起来,从而达到资源共享。

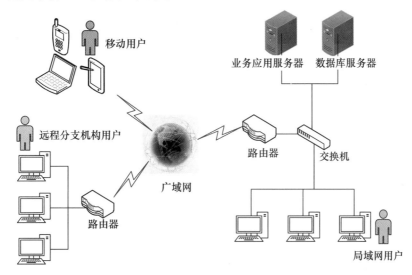

图 6-10　广域网示意图

广域网的特点是覆盖范围广、传输速率较慢、传输误码率高、投资大、安全保密性能差。随着新的光纤标准和全球光纤通信网络的引入,广域网的速度和可靠性大大提高。

（4）个域网（Personal Area Network,PAN）。个域网是在较小空间将个人使用的电子设备连接起来的网络,即允许设备围绕个人工作区域进行通信。例如,个人计算机通过蓝牙和手机、耳机、手环等相连就构成一个个域网,如图 6-11 所示,通常有一个设备作为主设备,其他从设备可以与主设备通信,也可以互相通信。通常采用无线传输技术搭建,也可采用其他短程通信技术搭建。个域网覆盖范围一般是数米之内。个域网特点是覆盖范围小、联网费用低、节点移动性较小等。

2. 按拓扑结构划分

网络拓扑（Topology）把网络中的计算机等设备抽象为点,把网络中的通信介质抽象为线,描述网络设备之间的连接方式。计算机网络按照拓扑结构可分总线型、星型、环型、树型、网状型、混合型等。

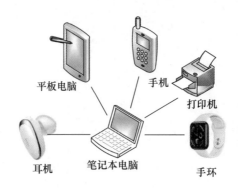

图 6-11 个域网示意图

（1）总线型结构。总线型结构是指网络上的所有节点通过一个硬件接口连接到一条总线上，各节点地位平等，无中心控制节点，其传递方向总是从发送消息的节点开始向两端扩散，因此又称为广播式网络（图 6-12）。

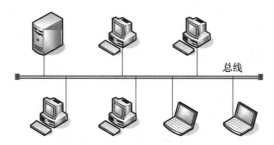

图 6-12 总线型结构

总线型结构的优点是结构简单，组网灵活，可扩展性好。当需要增加节点时，只需要在总线上增加一个分支便可与该节点相连，当总线负载不允许时还可以扩充总线；使用的电缆少，并且安装容易；使用的设备相对简单，可靠性高。缺点是传输能力低、安全性低、链路故障对网络影响大、维护难、分支节点故障查找难。

（2）星型结构。星型结构以中央节点为中心，其他节点通过链路与中央节点连接，节点之间的通信必须通过中央节点，因此称为集中式网络。中央节点通常为集线器或交换机（图 6-13）。

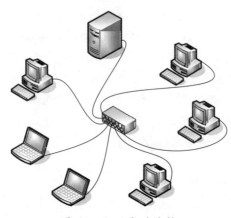

图 6-13 星型结构

星型结构的优点是结构简单,便于管理,增加新节点方便,网络延迟时间较小,传输误差低。星型结构的缺点是对中央节点要求高,如果中央节点发生故障,会造成整个网络瘫痪。但随着近年来设备的可靠性提高、价格下降,星型结构网络目前在小型网络中占据较大的比例。

(3)环型结构。环型结构是将节点通过链路连接形成一个首尾连接的闭合环。信息在环路中沿着一个方向在各个节点间传输,直到到达目的地,网络中的每个节点共享通信线路(图6-14)。

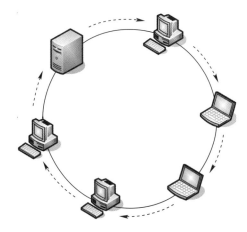

图6-14　环型结构

环型结构的优点是信息流单向流动,两个节点仅有一条道路,简化了控制机制,控制软件简单。缺点是信息在环路中是串行地穿过各个节点,当环中节点过多时,势必影响信息传输速率,使网络的响应时间延长;环路是封闭的,不便于扩充;可靠性低,一个节点故障,将会造成全网瘫痪;维护难,分支节点故障定位较难。

(4)树型结构。树型结构是分级的集中控制式网络,与星型结构相比,它的通信线路总长度短,成本较低,节点易于扩充,寻找路径比较方便,但除了叶节点及其相连的线路外,任一个节点或其相连的线路故障都或使得系统受到影响(图6-15)。

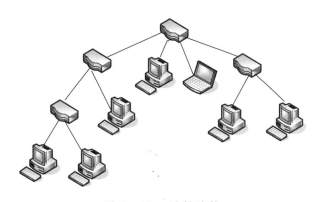

图6-15　树型结构

(5)网状结构。网状结构是网络中每个节点至少与其他两个节点之间有点到点的链路连接,网状结构可靠性高,容错能力强,但结构复杂,费用较高,不易管理和维护。只有每个站点都要频繁地互相发送信息时才使用这种方法(图6-16)。

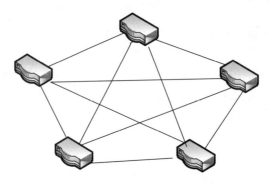

图6-16 网状结构

(6)混合型结构。在计算机网络中还会使用混合型的拓扑结构,如总线型与星型混合、总线型与环型混合连接的网络。在局域网中,使用最多的是总线型和星型结构。

3. 按网络管理性质划分

(1)公用网。网络运营商出资建造的大型网络,供公众使用,如我国的电信网、广电网、联通网等。

(2)专用网。专用网是由用户部门组建经营的专门供特殊范围内的网络,不允许其他用户和部门使用。专用网常为局域网或者是通过租借电信部门的线路而组建的广域网络,如军队组建的军用网络、学校组建的校园网、企业组建的企业网等(图6-17)。

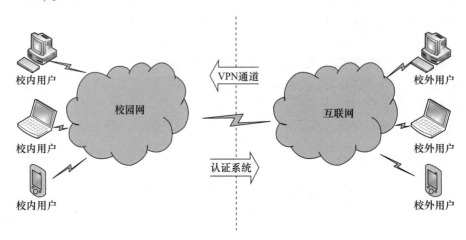

图6-17 校园网示意图

4. 按服务方式划分

(1)对等式网络。网络中的每台计算机都可以为其他计算机提供资源,也可以请求其他计算机提供的资源,所有计算机的地位是平等的(图6-18)。

(2)主从式(C/S)网络。主从式网络是一种非平等的主从结构,服务器(Server)为"主",客户机(Client)为"从"。服务器是提供资源与服务的计算机,客户机是使用资源与服务的计算机(图6-19)。

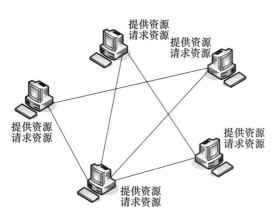

图 6 - 18　对等式网络

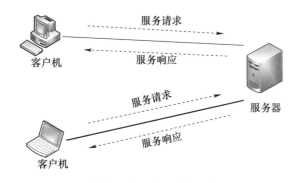

图 6 - 19　主从式网络

6.1.3　计算机网络传输介质与设备

1. 计算机网络传输介质

网络传输介质是指在网络中传输信息的载体,常用的传输介质分为有线传输介质和无线传输介质两大类。常用有线传输介质有以下几种。

（1）双绞线。双绞线中,两条相互绝缘的铜线拧在一起,称为绞线对,可以减少邻近线的电气干扰,性能好,价格便宜。根据有无屏蔽层,分为屏蔽双绞线（Shielded Twisted Pair,STP）与非屏蔽双绞线（Unshielded Twisted Pair,UTP）。屏蔽双绞线比同类的非屏蔽双绞线具有更高的传输速率。但是在实际施工时,很难全部完美接地,从而使屏蔽层本身成为最大的干扰源,导致性能甚至远不如非屏蔽双绞线。所以,除非有特殊需要,通常在综合布线系统中只采用非屏蔽双绞线（图 6 - 20）。

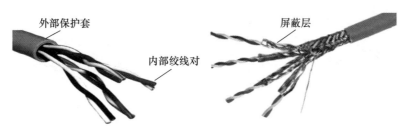

图 6 - 20　非屏蔽双绞线和屏蔽双绞线（见彩插）

网线制作

　　双绞线常见的有三类、五类、超五类以及六类线，三类线线径越来越粗，传输速率越来越高，五类线最高传输率为 100Mb/s，超五类传输速率为 1Gb/s，六类线传输速率可达到 10Gb/s。

　　双绞线特点：价格低廉，传输距离（≤100m）和传输速率（≤1000Mb/s）受限，但由于具有较好的性价比，被广泛应用于局域网中（拓展阅读 6-3：网线制作）。

　　（2）同轴电缆。同轴电缆一般用于电视传播、长途电话传输等，也可以用来传输网络信号，它比双绞线屏蔽性更好，高速度上传的更远。同轴电缆包括内导线、外圆柱导体，中间用绝缘材料隔开。同轴电缆按直径分为粗缆和细缆，一般用于外面的主干线为粗缆，用于室内的支线为细缆（图 6-21）。

　　同轴电缆特点：抗干扰能力好，但传输速率受距离影响，一般传输速率为 1~2Gb/s，传输距离为 1km 以内。目前同轴电缆已被双绞线和光纤取代了。

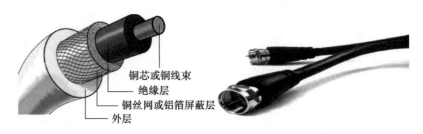

铜芯或铜线束
绝缘层
铜丝网或铝箔屏蔽层
外层

图 6-21　同轴电缆（见彩插）

　　（3）光导纤维。光导纤维简称光纤，与双绞线和同轴电缆传输的电信号不同，光纤传的是光信号，它是一种由玻璃或塑料制成的纤维，由纤芯、包层构成双层通信圆柱体，纤芯用来传导光波，包层有较低的折射率。根据性能不同，光纤分为多模光纤和单模光纤，多模光纤传输距离较短，仅为数百米至数千米，但价格较便宜，常用于局域网中。单模光纤传输距离远，并且具有很高的带宽，但价格较高，邮电等通信部门长距离通信常使用单模光纤。光纤的特点是损耗小，带宽高，不受电磁干扰，安全性高，但单向传输，成本高（图 6-22）。

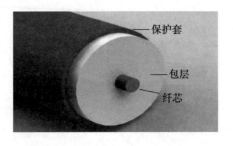

保护套
包层
纤芯

图 6-22　光纤（见彩插）

　　常用有线传输介质如表 6-1 所列。

表 6-1　常用有线传输介质

类型	型号	传输距离	抗干扰	可靠性	费用
双绞线	非屏蔽	≤100m	一般	较高	最低
	屏蔽	≤100m	一般	较高	低
同轴电缆	细缆	≤185m	较强	高	较高
	粗缆	≤500m	较强	高	较高
光纤	多模	≤10km	强	高	较高
	单模	≤100km	强	高	较高

无线传输是指在两个通信设备之间不使用任何有形连接的传输介质,通常信息被加载在电磁波上进行传输,常用的有无线电波、微波、红外线、可见光等。

（1）无线电波通信。利用地面发射的无线电波通过电离层的反射或电离层与地面的多次反射而到达接收端的一种无线通信方式。无线电波使用的无线电频率一般在 10kHz～1GHz 范围,无线电波的传播特性与频率有关,频率越高,相同时间内传输的信息越多,但对于所有频率的无线电波,都很容易受到其他电子设备的各种电磁干扰（图 6-23）。

图 6-23　无线电波发射装置

（2）微波通信。使用波长为 0.1mm～1m 的电磁波——微波进行的通信,该波长段电磁波所对应的频率范围是 300MHz～3000GHz。微波通信具有良好的抗灾性能,对水灾、风灾以及地震等自然灾害,微波通信一般都不受影响。但微波经空中传送,易受干扰,在同一微波电路上不能使用相同频率于同一方向。此外,由于微波直线传播的特性,在电波波束方向上,不能有高楼阻挡。微波通信可分微波中继通信、散射通信和卫星通信（图 6-24）。

（3）红外线通信。红外线是一种波长在 750nm～1mm 的电磁波,它的频率高于微波而低于可见光。红外线通信一般采用红外波段内的近红外线,目前家电遥控器几乎都是采用红外线传输技术,传输信号可以直接或经过墙面、天花板反射后被接收装置收到。

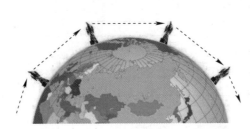

图 6-24　微波中继通信、卫星通信

红外信号没有能力穿透墙壁和一些其他固体,每一次反射都要衰减一半左右,因此红外线适用于室内短距离通信(图 6-25)。

图 6-25　红外线

(4)可见光通信。利用荧光灯或发光二极管发出的高速明暗变化光信号来传输信息的一种技术手段。与其他无线电通信相比,可见光通信开拓了新的频谱资源,它的传输速率、安全性和私密性极高,无电磁干扰和辐射,也无需频段许可授权,借助 LED 灯就可低成本实现高速率无线通信,是典型的绿色通信技术。1998 年,香港大学首先提出室外可见光通信概念,现已成为世界各国竞相角逐的下一代核心通信技术。2014 年,战略支援部队信息工程大学牵头组建"中国可见光通信产业技术创新战略联盟",将可见光通信的实时传输速率提高到 50Gb/s、调制带宽提高到 430Mb/s。2020 年,中国发布全球首款商品级超宽带可见光通信专用芯片组,该芯片组可支持每秒吉比特量级的高速传输,标志着我国可见光通信产业迈入超宽带专用芯片时代(图 6-26)。(拓展阅读 6-4:可见光通信)

可见光通信

图 6-26　可见光通信

2. 计算机网络设备

(1) 网卡。网络接口卡,也称为网络适配器,是计算机与网络的接口,每台主机都应配置一个或多个网卡,如图 6 - 27 所示。常用网卡有以太网卡、无线局域网卡等。

图 6 - 27　网卡

获取网卡信息可使用命令 ipconfig /all,如图 6 - 28 所示。

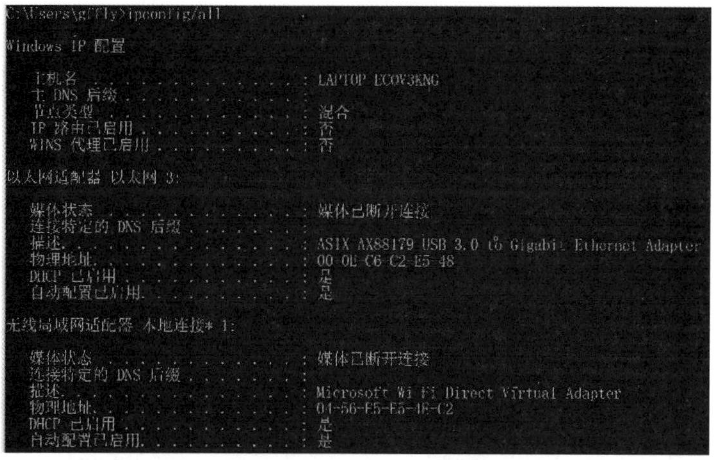

图 6 - 28　获取网卡信息

从中可以获得网络适配器(网卡)的物理地址,也称 MAC 地址。如 00 - 0E - C6 - C2 - E5 - 48,长度是 6 个字节(48 位),其中前 3 个字节,代表网络硬件制造商的编号,由 IEEE 分配;后 3 个字节,代表该制造商所制造的某个网络产品(如网卡)的系列号。MAC 地址如同身份证号码一样,全球唯一。

(2) 交换机(Switcher)。采用点对点的交换方式工作,每个端口带宽独立,不会发生冲突,传输效率较高。通常交换机端口数有 8 口、16 口、24 口等,速率有 10Mb/s、100Mb/s、1000Mb/s。交换机用于搭建局域网,实现多台计算机之间数据的并发交换,为每一台主机提供介质的全部带宽(图 6 - 29)。

图 6 - 29　交换机

（3）路由器（Router）。实现多个网络之间的互连，为网络上的数据分组选择最佳传递路径，路由器根据网络地址转发数据。路由器是网络的调度中心和交通枢纽，通过它可以使任何种类的计算机与世界上任何地方的其他计算机进行通信。在大型网络中，路由器是最重要的通信调节设备（图6-30）。

图6-30 路由器

路由器的主要功能包括路由和转发，路由器运行路由协议，根据路由算法计算获得路由表，然后根据路由表将信息从一个输入端口转发到正确的输出端口。例如，到达分组的目的地址是0111，则路由器通过查找路由表，会将分组转发至2号输出链路，如图6-31所示。路由器相当于快递公司，负责将货物快速地从一个地区运送到另一个地区。

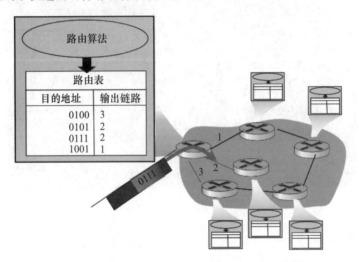

图6-31 路由器功能示意图

6.1.4 计算机网络体系结构

1. 网络协议

城市交通系统需要大家遵守交通规则才能保证交通有序运行，同样为了保证计算机网络有序运行，需要制定网络上节点都遵守的一些规则，这就是网络协议。网路协议是为进行网络数据交换而建立的规则、标准或约定，用来管理、控制网络上的所有通信行为。网络协议包括语法、语义和时序三要素。语法确定通信双方"如何讲"，即用户数据与控制信息的结构和格式；语义确定通信双方"讲什么"，即需要发出何种控制信息，以及完成相应控制所做出的响应；时序确定通信双方"讲话的次序"，即对事件实现顺序的详细说明。

2. 计算机网络体系结构

计算机网络通信是一个非常复杂的系统，包括各种传输介质、各种接入方式、各种网络应用等,分层结构可以将复杂问题分解成若干个容易处理的子问题,实现分而治之。例如,在生活中我们要给好友写一封信,我们可以将过程简单地分为三层,即通信者、邮局、运输部门。通信者只负责写信,不关注邮局如何工作,邮局负责分拣打包并交给交通部门,并不关注如何运输,运输部门则进行运输。因此,每层负责不同的事务。为了使整个过程有序进行,上下层之间要有一些约定,如通信者需要按信封格式填好才能交给邮局,邮局要和运输部门约定好投送时间等。同层之间也有约定,如通信者之间都采用中文写信、邮局之间通过邮编标识等。

现代计算机网络也采用了分层结构。计算机网络体系结构就是计算机网络各层次及其协议的集合。在网络分层结构中,目前主流的网络体系结构主要有 OSI 参考模型和 TCP/IP 体系结构。OSI(Open System Interconnection,开放系统互连)参考模型是由国际标准化组织(ISO)于 1984 年提出的分层网络体系结构模型。提出的目的是支持异构网络系统的互连互通,因为当时很多企业开发设计不同的网络,很难互连互通,OSI 参考模型是一个很重要的模型,是理解网络通信的最佳理论模型,但 OSI 模型太复杂,并没有形成市场接受的流行的网络模型,而 TCP/IP 模型来自于 Internet 应用实践,现已成为了 Internet 国际标准。

OSI 参考模型定义了 7 层结构,从上到下依次为应用层、表示层、会话层、传输层、网络层、数据链路层、物理层。TCP/IP 采用 4 层结构,从上到下依次为应用层、传输层、网络层和网络接口层。两者对应关系如图 6 – 32 所示。

(a)　　　　　　　　　　　　　(b)

图 6 – 32　OSI 模型和 TCP/IP 模型
(a)OSI 参考模型; (b)TCP/IP 模型。

在网络分层结构中,每层完成特定的网络功能,下层为上层提供服务,上层使用下层提供的服务,并完成与相邻层的接口通信。同等层之间约定称为协议。下面是 TCP/IP 模型每层的主要功能。

(1)应用层。最靠近用户的一层,是为计算机用户提供应用接口,也为用户直接提供各种网络服务,如要访问百度网站、发一封电子邮件等。

(2)传输层。为上层协议提供端到端的可靠和透明的数据传输服务,包括处理差错控制和流量控制等问题。通常提供面向连接和无连接两种类型的服务。

(3)网络层。通过 IP 寻址来建立两个节点之间的连接,从源节点到目的节点之间可能存在多条数据通路,选择一条最佳路径,即选择合适的路由和交换节点,正确无误地按照地址将源节点数据传送给目的节点。常用的路由器就工作在网络层。

（4）网络接口层。负责数据帧的发送和接收,实现相邻两个节点之间的数据传输,从而向网络层提供透明、可靠的数据传输服务。

3. 通信过程

在网络通信中,发送端自上而下通过 TCP/IP 模型,将发送的信息进行逐层封装,直至通过物理传输介质层发送到网络中,接收端自下而上通过 TCP/IP 模型,将收到的物理数据逐层解封,最后将得到的数据传送给接收端应用程序。例如,主机 1 上的应用程序 AP1 向主机 2 上的应用程序 AP2 发送数据时,过程如图 6-33 所示。

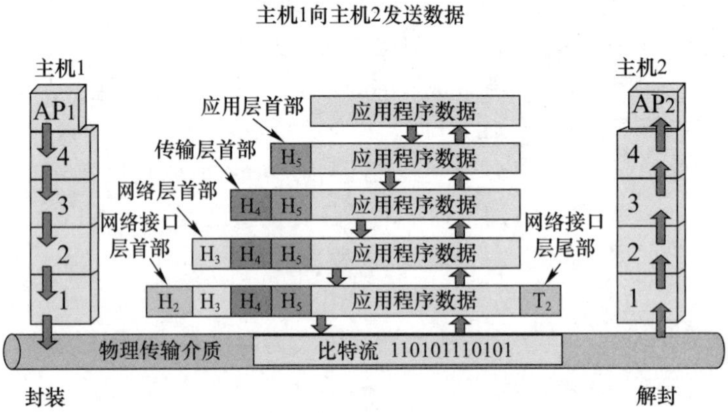

图 6-33 TCP/IP 模型通信过程(见彩插)

（1）在源主机 1 上,应用进程数据先传送给应用层,加上应用层首部传送给传输层。

（2）传输层加上传输层首部(如源、目的主机端口号)形成传输层报文,送交网络层。

（3）网络层给数据段加上网络层首部(如源、目的主机 IP 地址),形成 IP 数据分组,送交网络接口层。

（4）网络接口层再加上首部、尾部(源、目的主机的 MAC 地址等)形成数据帧,将数据帧发往目的主机或路由器。

（5）在目的主机 2 上,网络接口层剥去帧首部和帧尾部后,把帧的数据部分交给网络层。主机 2 就收到了主机 1 发来的应用程序数据。

（6）网络层剥去分组首部后把分组的数据部分交给传输层。

（7）传输层剥去报文首部后把报文的数据部分交给应用层。

（8）应用层剥去应用层首部后把应用程序数据交给应用进程。

4. TCP/IP 协议

TCP/IP 协议并不是一个协议,而是由 100 多个协议组成的协议族。主要协议如表 6-2所列。

表 6-2 TCP/IP 协议簇

应用层	HTTP、SMTP、FTP、SNMP、Telnet 等
传输层	TCP、UDP 等
网络层	IP、ICMP、ARP、RARP 等
网络接口层	Ethernet 802. 3、Token Ring 802. 5、X. 25、PPP 等

1）应用层主要协议

（1）超文本传送协议（Hyper Text Transfer Protocol，HTTP）。用于浏览器与服务器间传送文档。

（2）简单邮件传送协议（Simple Mail Transfer Protocol，SMTP）。可以把邮件消息从发信人的邮件服务器传送到收信人的邮件服务器。

（3）文件传送协议（File Transfer Protocol，FTP）。提供网络之间共享文件的协议，它可以在计算机之间可靠、高效地传送文件。

（4）简单网络管理协议（Simple Network Management Protocol，SNMP）。提供一种从网络上的设备中收集网络管理信息的方法。

（5）网络终端协议（Teletype Network，Telnet）。用于实现网络中远程登录服务。

2）传输层主要协议

（1）传输控制协议（Transmission Control Protocol，TCP）。TCP 协议是一种可靠的面向连接的协议，它允许将一台主机的字节流无差错地传送到目的主机，如图 6 – 34（a）所示。适用于一次传输大批数据，并且要求得到响应的应用程序。

（2）用户数据协议（User Datagram Protocol，UDP）。UDP 协议是一种不可靠的无连接协议，它主要用于不要求分组顺序到达的传输中，分组传输顺序检查与排序由应用层完成，如图 6 – 34（b）所示。适合于一次传输小量数据，可靠性则由应用层来负责。与 TCP 相比，UDP 更简单，传输速率也更高。

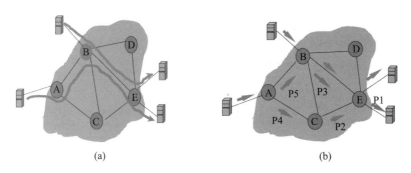

图 6 – 34　面向连接与面向无连接服务
(a)面向连接的服务；(b)面向无连接服务。

面向连接的服务特点如下：

（1）数据传输过程必须经过连接建立、数据传输和连接释放 3 个阶段。类似打电话的拨号、通话、挂机的过程。

（2）数据传输过程中，各分组不需要携带目的节点的地址，数据按序传送。

（3）传输的可靠性高，但协议复杂，通信效率不高。

面向无连接的服务特点如下：

（1）数据传输过程不需要经过连接建立、数据传输和连接释放 3 个阶段。类似于邮政系统中普通信件的投递。

（2）每个分组都携带完整的目的节点地址，各分组在系统中独立传送。

（3）数据传输过程中目的结点接收的数据分组可能出现乱序、重复与丢失现象。

（4）传输的可靠性不是很好，但通信协议相对简单，通信效率较高。

3）网络层主要协议

（1）网际协议（Internet Protocol，IP）。主要任务是对数据包进行寻址和路由，把数据包从一个网络转发到另一个网络。IP 协议把不同网络不同设备传送的不同数据单元统一转换成"IP 数据报"格式，使得所有计算机都能在因特网上实现互连互通，即具有"开放性"的特点。正是因为有了 IP 协议，因特网才得以迅速发展成为世界上最大的、开放的计算机通信网络。

（2）网际控制报文协议（Internet Control Message Protocol，ICMP）。用于在主机和路由器之间传递控制消息（如网络是否连通、主机是否可达、路由器是否可用等），控制消息虽然不传输用户数据，但对于用户数据的传递起着重要作用。

（3）地址解析协议（Address Resolution Protocol，ARP）。完成 IP 地址向物理地址（Mac 地址）的转换。

（4）逆向地址解析协议（Reverse Address Resolution Protocol，RARP）。完成物理地址向 IP 地址的转换。

4）网络接口层协议

网络接口层协议包括各种物理网协议，如局域网的 Ethernet（以太网）协议、Token Ring（令牌环）协议、分组交换网的 X.25 协议等。

5. Wireshark 查看数据包分层结构

Wireshark 是一款网络数据包分析软件，可以直接从网卡获取网络数据包，并显示详细的网络数据包数据。可以通过 Wireshark 网络数据包分析软件查看数据包分层结构，如图 6-35 所示。

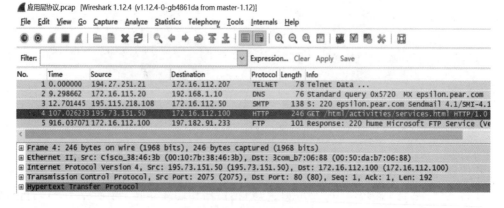

图 6-35　Wireshark 工具

可以看到一个 HTTP 数据包有 5 层信息，各行信息解释如下：

（1）Frame。物理层数据帧信息。

（2）Ethernet II。数据链路层信息，包含以太网头部帧（源、目的主机的 Mac 地址）。

（3）Internet Protocol Version 4。网络层信息，包含 IP 包头信息（源、目的主机的 IP 地址）。

（4）Transmission Control Protocol。传输层信息，包含数据段头部信息（源、目的主机应用程序的端口号）。

（5）Hypertext Transfer Protocol。应用层信息。

6.2 Internet 基础

6.2.1 Internet 概况

1. Internet

Internet,国际互联网,中文名称为因特网,是全球最大的计算机网络。Internet 起源于 ARPANET,ARPANET 于 1969 年开始研制。1981 年,ARPANET 被分成了两个网络,即 ARPANET 和 MILNET(即军事网络)。1982 年,这两个网络互连组成了最早期 Internet 网络的雏形,它成功地解决了异种机型的网络互连问题。1986 年,美国国家科学基金(National Science Foundation,NSF)认识到 Internet 在科学研究方面具有重要的价值,决定投入巨资主持发展 Internet 和 TCP/IP 技术并得到非常大的发展。作为军事用途的 ARPANET 则开始逐渐退出舞台。1992 年,美国高级网络和服务组织 ANS 重新建立了 ANSNET 网络,它的容量扩充为 NSFNET 网络的 30 倍,这就是今天 Internet 的主干网。后来又有其他一些商业公司纷纷加入,Internet 逐渐发展起来了。1989 年,与 NSFNET 相连的网络已达到 500 个,除美国本土的网络外,加拿大、英国、法国、德国、日本、澳大利亚等国家的网络也相继加入,并继续严格遵循 TCP/IP 协议,从而形成今天名扬全世界的 Internet。

2. 中国互联网

1989 年中国开始建设互联网,11 月中关村地区教育与科研示范网络(NCFC)正式启动。1994 年 4 月 20 日是中国互联网"开天辟地"的大日子,一条 64k 国际专线,实现了与 Internet 的全功能连接,中国从此被国际上正式承认为真正拥有全功能的 Internet 国家,成为国际互联网家庭中的第 77 个成员,这一年,也称为中国互联网元年。之后,中国公用计算机互联网(CHINANET)、中国教育与科研计算机网(CERNET)、中国科学技术网(CSTNET)、中国金桥信息网(CHINAGBN)等多个 Internet 网络项目在全国范围相继启动,Internet 开始进入公众生活,并在中国得到了迅速的发展。CHINANET、CERNET、CSTNET、CHINAGBN 被称为中国四大骨干网,为中国成千上万个互联网用户提供了 Internet 的各项服务,即各个运营商依托这四大骨干网来承载网络业务。1998 年,CERNET 研究者在中国首次搭建 IPv6 试验床。2000 年,中国三大门户网站搜狐、新浪、网易在美国纳斯达克挂牌上市。2001 年至 2010 年,中国互联网进入快速发展期,中国互联网的商业格局基本以 BAT 主导。2005 年,由门户和搜索时代转向社交化网络,大批的社交型互联网产品诞生(如博客中国、天涯、人人网、开心网和 QQ 空间)。2010 年至今,中国互联网进入成熟繁荣期。2012 年,手机网民首次超过 PC 用户,成为中国网民的第一上网终端,移动互联网爆发。经过 30 多年的发展,我国的网络规模发生了翻天覆地的变化。2019 年底,我国国际出口带宽超过 8.8Tb/s,4G 基站 551 万个(全球 4G 基站总数不超过 900 万个)。2020 年底,5G 基站(拓展阅读 6-5:5G 与中美科技)达 70 万个,占全球比重近 7 成;

5G 与中美
科技

IPv4 地址 3.8 亿个,IPv6 地址 50903 块/32,居世界第二;. CN 域名数 2304 万个,全球第一;应用 APP 在架数量达到 359 万款,中国互联网应用全球领先。2021 年 2 月 3 日,中国互联网络信息中心(CNNIC)发布了第 47 次中国互联网络发展状况统计报告,截至 2020 年 12 月,我国网民规模达 9.89 亿,手机网民规模达 9.86 亿,互联网普及率达 70.4% 。其中,40 岁以下网民超过 50% ,学生网民最多,占比为 21.0% ,如图 6 – 36 所示。

图 6 – 36 第 47 次中国互联网络发展状况统计

3. 下一代互联网

1996 年 10 月,美国政府宣布启动"下一代互联网(Next Generation Internet,NGI)"研究计划,并建立了相应的高速网络试验床。2001 年,欧盟建成 GEANT 高速试验网,2002 年,各国发起"全球高速互联网 GTRN"计划,积极推动下一代互联网技术的研究和开发。

中国下一代互联网示范工程(CNGI)项目是由国家发展和改革委员会主导,中国工程院、科技部、教育部、中科院等八部委联合于 2003 年酝酿并启动的。CNGI 的启动,标志着我国 IPv6 商用化进程进入了实质性发展阶段,我国将建成世界最大规模的 IPv6 网络。截至 2021 年 9 月,我国移动通信网络 IPv6 流量占比已经达到 22.87% ,标志着我国 IPv6 发展进入了"流量提升"时代。(拓展阅读 6-6:5G、6G 网络)

5G、6G
网络

虽然学术界对于下一代互联网还没有统一定义,但对其主要特征已达成如下共识。

(1)更大的地址空间。采用 IPv6 协议,使下一代互联网具有非常巨大的地址空间,网络规模将更大,接入网络的终端种类和数量更多,网络应用更广泛。

(2)更快。100MB/s 以上的端到端高性能通信。

(3)更安全。可进行网络对象识别、身份认证和访问授权,具有数据加密和完整性,实现一个可信任的网络。

(4)更及时。提供组播服务,进行服务质量控制,可开发大规模实时交互应用。

(5)更方便。无处不在的移动和无线通信应用。

(6)更可管理。有序的管理、有效的运营、及时的维护。

(7)更有效。有盈利模式,可创造重大社会效益和经济效益。

6.2.2 IP 地址

IP 地址(Internet Protocol Address),指互联网协议地址,是 IP 协议提供的一种统一的地址格式,它为互联网上的每一台主机分配一个逻辑地址,以此来屏蔽物理地址的差异。IP 地址用于唯一标识连入因特网的每台主机,这种唯一的地址可以保证用户能够高效方便地从千千万万台主机中选出自己所需的主机。IP 地址就像写信时的地址一样,即必须知道对方的地址才能和对方通信。

IP 地址有两个版本,即 IPv4 和 IPv6。首先出现的 IP 地址是 IPv4,它只有 4 段数字,每一段最大不超过 255。由于互联网的蓬勃发展,IP 地址的需求量越来越大(2019 年 11 月 25 日 IPv4 地址分配完毕),为了扩大地址空间,通过 IPv6 重新定义地址空间。IPv6 是 Internet Protocol Version 6 的缩写,它是 IETF 设计的用于替代 IPv4 的下一代 IP 协议,其地址数量号称可以为全世界的每一粒沙子编上一个地址。虽然 IPv6 在全球范围内还仅仅处于研究阶段,许多技术问题还有待于进一步解决,并且支持 IPv6 的设备也非常有限。但总体来说,全球 IPv6 技术的发展不断进行着,并且随着 IPv4 的消耗殆尽,许多国家已经意识到了 IPv6 技术所带来的优势,特别是中国,通过一些国家级的项目,推动了 IPv6 下一代互联网的全面部署和大规模商用(拓展阅读 6-7:国内 IPv6 发展)。

国内 IPv6
发展

(1)IPv4。使用 4 字节 32 位二进制数来表示,如 10101100 00100000 00000001 01110000,为了方便记忆通常采用每 8 位为一组,点分十进制数表述。例如,上述二进制格式的 IP 地址用点分十进制格式可表示为 172.32.1.112。

(2)IPv6。将 IP 地址扩充到 16 字节 128 位,有多种表示方法,采用 8 个 16 位区段表示,如 1231:fecd:ba23:cd1f:dcb1:1010:9234:4088。IPv6 地址数量是 IPv4 地址数量的 2^{96} 倍,可以满足日益增长的 IP 地址需要。IPv6 继承了 IPv4 的有利方面,但还有一些需要注意和效率不高的方面,因此,目前 IPv4 和 IPv6 还共存相当长一段时间。后续章节中的 IP 地址均指 IPv4 地址结构。

1. IP 地址分类

设计互联网络时，为了便于寻址以及层次化构造网络，每个 IP 地址由网络号和主机号组成。

网络号（NetID）：标识一个物理的网络，同一个网络上所有主机需要同一个网络号，该号在互联网中是唯一的。

主机号（HostID）：确定网络中的一个工作端、服务器、路由器等，对于同一个网络号来说，主机号是唯一的。

为了适应不同规模的网络，采用二分法将 IP 地址分成 A、B、C、D、E 五类 IP 地址，如图 6－37 所示。

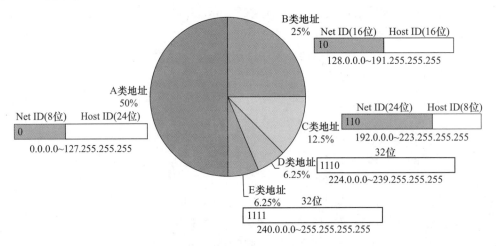

图 6－37　IP 地址分类

（1）A 类 IP 地址。A 类 IP 地址由 1 字节的网络地址和 3 字节的主机地址组成，网络地址的最高位必须是"0"，地址范围 0.0.0.0 ～ 127.255.255.255（二进制表示为 00000000 00000000 00000000 00000000 ～ 01111111 11111111 11111111 11111111）。A 类 IP 地址的网络数量较少，每个网络能容纳的主机数量较多，适用于大型网络。

（2）B 类 IP 地址。B 类 IP 地址由 2 字节的网络地址和 2 字节的主机地址组成，网络地址的最高位必须是"10"，地址范围 128.0.0.0 ～ 191.255.255.255（二进制表示为 10000000 00000000 00000000 00000000 ～ 10111111 11111111 11111111 11111111）。B 类 IP 地址适用于中型网络。

（3）C 类 IP 地址。C 类 IP 地址由 3 字节的网络地址和 1 字节的主机地址组成，网络地址的最高位必须是"110"。范围 192.0.0.0 ～ 223.255.255.255（二进制表示为 11000000 00000000 00000000 00000000 ～ 11011111 11111111 11111111 11111111）。C 类 IP 地址适用的网络数量较多，但每个网络能容纳的主机数量较少，适用于小型网络。

（4）D 类 IP 地址。D 类 IP 地址第一个字节以"1110"开始，它是一个专门保留的地址。它并不指向特定的网络，目前这一类地址被用在多点广播（Multicast）中。地址范围为 224.0.0.0 ～ 239.255.255.255。

（5）E 类 IP 地址。E 类 IP 地址以"1111"开始，保留作为研究使用。

2. 特殊 IP 地址

有些 IP 地址有特殊用途,不能用来标识网络中的接口,如表 6 - 3 所列。

表 6 - 3   特殊 IP 地址

网络号	主机号	作为源地址	作为目的地址	用途	举例
全 0	全 0	可以	不可以	在本网范围内表示本机;在路由表中用于表示默认路由(相当于表示整个 Internet 网络)	0.0.0.0
全 0	特定值	不可以	可以	表示本网内某个特定主机	0.0.0.1
全 1	全 1	不可以	可以	本网广播地址(路由器不转发)	255.255.255.255
特定值	全 0	不可以	不可以	网络地址,表示一个网络	200.110.224.0
特定值	全 1	不可以	可以	直接广播地址,对特定网络上的所有主机进行广播	200.110.224.255
127	非全 0 或非全 1 的任何数	可以	可以	用于本地软件环回测试,称为环回地址	127.0.0.1

3. 私有 IP 地址

随着网络的发展,为节省可分配的注册 IP 地址,有一组 IP 地址被拿出来专门用于私有 IP 网络,称为私有 IP 地址,如表 6 - 4 所列。私有地址主要用于在局域网中进行分配,在公网上是无效的。可以通过 NAT 技术将私有 IP 地址转换成公网上可用的 IP 地址,从而实现私有 IP 地址与外部公网的通信。

表 6 - 4   私有 IP 地址

网络类别	网络号	网络数
A	10	1
B	172.16 ~ 172.31	16
C	192.168.0 ~ 192.168.255	256

4. IP 子网划分

如果要组建 4 个局域网,每个局域网有 20 台主机,申请 4 个 C 类地址显然太浪费,这时可以采用划分子网的方式,将一个网络分为若干个更小的子网,方便网络管理和通信。子网号借用 IP 地址中主机号的前几位,如要划分为 4 个等长子网,就可以将主机号最高两位作为子网号,如图 6 - 38 所示。

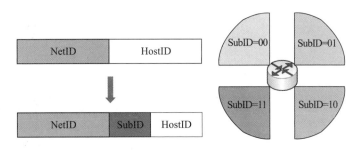

图 6 - 38   IP 子网划分示意图

5. 子网掩码

子网掩码用来判断某个主机所在的子网。子网掩码采用与 IP 地址相同的格式和表示方法,即 32 位 01 串,设置方法是将代表网络号和子网号的位全置为 1,主机号全置为 0。通过 IP 地址与子网掩码按位进行与运算,提取网络地址,如图 6-39 所示。

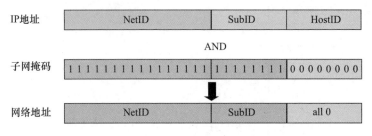

图 6-39　子网掩码示意图

例:目的 IP 地址:172. 32. 1. 112,子网掩码:255. 255. 254. 0,IP 地址与子网掩码如图 6-40所示,按位与运算后可以获得

```
172.32.1.112 =  10101100  00100000  00000001  01110000
255.255.254.0 = 11111111  11111111  11111110  00000000
                ─────────────────────────────────────────
                10101100  00100000  00000000  00000000
                   172       32        0         0
```

图 6-40　子网掩码示意图

(1) 子网地址(网络号):172. 32. 0. 0。

(2) 主机号:1. 112(子网掩码取反再与 IP 地址按位与)。

(3) 地址范围:172. 32. 0. 0 ~ 172. 32. 1. 255。

(4) 可分配地址范围:172. 32. 0. 1 ~ 172. 32. 1. 254(特殊 IP 地址不能用来分配)。

如果一个网络不划分子网,那么,该网络的子网掩码就采用默认子网掩码。不同网络类型默认子网掩码如图 6-41 所示。

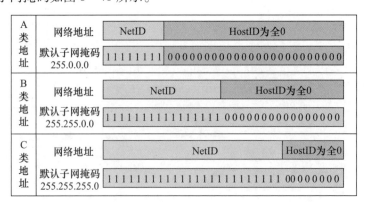

图 6-41　默认子网掩码

6. 网关

网关(Gateway)就是一个网络连接到另一个网络的关口,也就是网络关卡,即从一个网络向另一个网络发送信息,必须经过网关。网关是子网与外网连接的设备,通常是一个路由器。当一台计算机发送信息时,根据发送信息的目标地址,通过子网掩码运算来

判定目标主机是否在本地子网中,如果目标主机在本地子网中,则直接发送即可,如果目标主机不在本地子网中则将该信息发送到网关/路由器,由网关将其转发到其他网络中,进一步寻找目标主机。

　　例:考察同一网络与不同网络中信息传递过程。假设子网掩码都是 255.255.255.0,网络结构如图 6-42 所示。

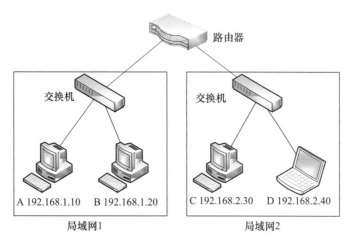

图 6-42　网络结构图

　　图中的计算机 A 要传递信息给计算机 B 时,由于计算机 A 的 IP 为 192.168.1.10,计算机 B 的 IP 为 192.168.1.20,通过子网掩码计算,两台计算机的网络号都是 192.168.1,可知计算机 A 与 B 是在同一网段内,计算机 A 不需要通过网关/路由器就可以将信息传递给计算机 B。

　　当计算机 A 要传递信息给计算机 C 时,由于计算机 A 的 IP 为 192.168.1.10,计算机 C 的 IP 为 192.168.2.30,通过子网掩码计算,A 主机的网络号为 192.168.1,B 主机的网络号为 192.168.2,可知计算机 A 与计算机 C 是在不同的网段内,计算机 A 必须通过网关/路由器才能将数据传到计算机 C。

　　网络配置时,需要指定 IP 地址、子网掩码和默认网关这 3 个参数,如图 6-43 所示。

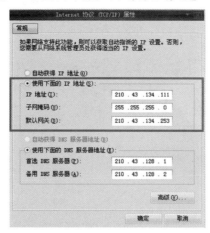

图 6-43　TCP/IP 属性设置

一台主机可以有多个网关,如果找不到可用网关,就把数据发送给默认网关,由默认网关来处理数据。如果不指定默认网关地址,那么该主机只能在本地子网中进行通信。需要特别注意的是,默认网关必须是当前主机所在的网段中的 IP 地址,而不能填其他网段中的 IP 地址。

6.2.3 域名

在 Internet 上用数字表示的一长串 IP 地址很难记忆,便引入了域名的概念。如百度服务器 IP 地址为 183.232.231.173,域名为 www.baidu.com。

1. Internet 域名空间

域名空间采用层次树状结构的命名方法,从上至下分别为顶级域名、二级域名、三级域名、四级域名等,如图 6-44 所示。一台主机的域名就是从叶子节点到根节点的某个路径序列,中间用“.”间隔,如中国教育科研网的域名为 www.cernet.edu.cn。

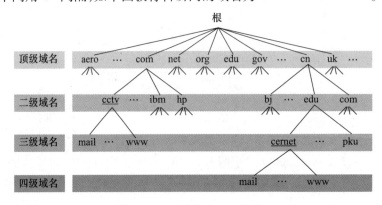

图 6-44 域名层次结构

2. 顶级域名

顶级域名分为以下三类。

(1)国家和地区顶级域名,如中国是 cn,日本是 jp 等。

(2)国际顶级域名,如表示工商企业的 .com,表示网络提供商的 .net,表示非盈利组织的 .org 等。

(3)新顶级域名,如通用的 .xyz,代表“高端”的 .top,代表“红色”的 .red,代表“人”的 .men 等 1000 多种。

Internet 部分顶级域名及其含义如表 6-5 和表 6-6 所列。

表 6-5 部分机构顶级域名

域名	机构类型	域名	机构类型
com	商业机构	info	信息服务组织
edu	教育机构	web	与 www 相关机构
net	网络机构	firm	公司企业
mil	军事部门	store	销售企业
gov	政府部门	arts	文化娱乐机构
org	组织机构	norm	个体或个人

表 6 - 6　部分国家或地区顶级域名

域名	国家或地区	域名	国家或地区
au	澳大利亚	jp	日本
ca	加拿大	kr	韩国
cn	中国	my	马来西亚
de	德国	nz	新西兰
fr	法国	se	瑞典
uk	英国	sg	新加坡
us	美国	it	意大利

中国国家顶级域名是 . cn,由国家工业和信息化部管理,注册的管理机构为中国互联网信息中心(CNNIC),目前已成为全球第一大国家顶级域名。

3. 域名服务器

计算机网络通信只能识别 IP 地址,而不认识域名,因此需要将域名翻译成 IP 地址,域名系统(Domain Name System,DNS) 就是这样的一位"翻译官"。域名系统是因特网的一项核心服务,是利用域名和 IP 地址相互映射的分布式数据库,通过域名服务将域名转化为 IP 地址或将 IP 地址转化为域名,方便用户访问互联网。通常在网络配置时需要配置 DNS 服务器,如图 6 - 45 所示。

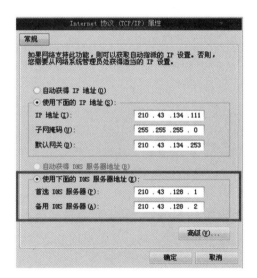

图 6 - 45　DNS 服务器配置

域名解析过程如图 6 - 46 所示。

(1) 客户机提出域名解析请求,并将该请求发送给本地的域名服务器。

(2) 当本地的域名服务器收到请求后,就先查询本地的缓存,如果有该记录项,则本地的域名服务器就直接把查询的结果返回。

(3) 如果本地的缓存中没有记纪录,则本地域名服务器就直接把请求发给根域名服务器,然后根域名服务器再返回给本地域名服务器一个所查询域(根的子域)的主域名服务器的地址。

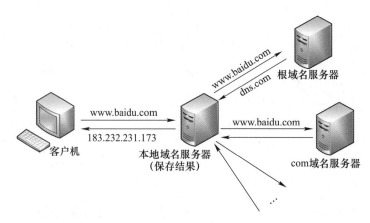

图 6-46　域名解析过程

（4）本地服务器再向上一步返回的域名服务器发送请求，然后接受请求的服务器查询自己的缓存，如果没有该纪录，则返回相关的下级的域名服务器的地址。

（5）重复步骤(4)，直到找到正确的记录。

（6）本地域名服务器把返回的结果保存到缓存，以备下次使用，同时将结果返回给客户机。

4. 根域名服务器

根域名服务器主要用来管理互联网的主目录，最早是 IPv4，全球只有 13 台，其中美国 10 台，日本、瑞典、英国各 1 台。域名系统是互联网的基础服务，而根服务器更是整个域名系统的基础。谁控制了域名解析的根服务器，也就控制了相应的所有域名和 IP 地址，这对于其他国家来说显然存在着致命的危险。

中国领衔发起"雪人计划"于 2016 年在全球 16 个国家完成 25 台 IPv6 根服务器架设，事实上，形成了 13 台原有根加 25 台 IPv6 根的新格局，为建立多边、民主、透明的国际互联网治理体系打下坚实基础。中国部署了其中的 4 台，由 1 台主根服务器和 3 台辅根服务器组成，打破了中国过去没有根服务器的困境。

5. 域名查询

如果想了解域名、域名服务器的详细信息，可以进行域名查询，WHOIS 就是一个用来查询域名是否已经被注册，以及注册域名的详细信息的数据库（如域名所有人、域名注册商等），如图 6-47 所示。

图 6-47　域名查询

6.3 Internet 应用

6.3.1 WWW 服务

万维网(World Wide Web, Web 或 3W),提供了一种简单、统一的方法来获取网络上丰富多彩的信息,是 Internet 技术发展中的一个重要里程碑。WWW 是 1989 年欧洲核物理研究中心(CERN)的 Tim Berners – Lee 领导下研发的,目的是提供共享想法、知识、信息的系统。

1. WWW 工作流程

WWW 采用客户机/服务器的工作模式,客户机就是运行浏览器程序的用户计算机,服务器就是 WWW 文档所在的计算机,工作流程如图 6 – 48 所示。

(1)用户使用浏览器或其他程序建立客户机与服务器连接,并发送浏览页面请求。

(2)Web 服务器接收到请求后,找到页面并返回给客户机。

(3)客户机通过浏览器程序显示页面信息。

(4)通信完成,关闭连接。

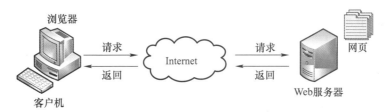

图 6 – 48   WWW 工作流程

2. 统一资源定位符

怎样区分互联网上的网页或者如何定位服务器上的资源? 在 Internet 上所有资源都有一个唯一的统一资源定位符(Uniform Resource Locator, URL)地址,指明访问的对象以及访问的方式,URL 格式如下:

<协议>://<主机名>:<端口号>/<路径文件名>

例如:http://www.gov.cn:80/index.htm。

协议:指定使用的传输协议,如 HTTP、FTP 等。

主机名:存放资源的服务器的域名或 IP 地址。

端口号:IP 地址仅仅可以定位一台主机,一台主机上又可以提供不同的服务,如 Web 服务、FTP 服务等,可以通过端口号来区分不同的服务,各种传输协议都有默认的端口号,如 WWW 服务使用 80 端口号,一般使用默认端口号可以省略。

路径:主机上的一个目录或文件地址,如果省略,则代表 Web 站点的主页。

3. 超文本传输协议

超文本传输协议(Hypertext Transfer Protocol, HTTP)是 WWW 服务使用的应用层协议,规定了客户机浏览器和服务器之间请求与响应的交互过程必须遵守的规则。在 HTTP 的基础上通过传输加密和身份认证保证传输过程的安全性可以使用 HTTPS 协议,如网上交易支付等。

4. 超文本技术

创建网页使用超文本标记语言(Hypertext Markup language,HTML),它是 WWW 服务的信息组织形式,通过结合使用其他的 Web 技术(如脚本语言、公共网关接口、组件等),可以创造出功能强大的网页。简单的 HTML 页面如图 6-49 所示。

图 6-49 HTML 语言及浏览器显示示例

我们在浏览网页时,可以轻松地从一个网页跳转到另一个网页,这就用到超文本技术,它是一个含有超链接的文件,通过超链接可以跳转到其他文本、图像、声音、动画等任何形式的文件中,一个超文本可以包含多个超链接,并且超链接的数据可以不受限制,使得网络上的一个一个网页连接,形成一个庞大的信息网络。

6.3.2 电子邮件

电子邮件(Electronic mail,E-mail)是一种用电子手段提供信息交换的通信方式,是互联网应用最广的服务之一。1987 年,钱天白教授向德国发出一封内容为"Across the Great Wall we can reach every corner in the world.(越过长城,走向世界)"的电子邮件,这也成为中国的第一封电子邮件。

1. 电子邮件地址

同邮寄普通信件要在信封的收信人一栏上填写收信人的地址一样,电子邮件同样也需要地址,地址的格式为 user@ mail. server. name,其中 user 是收件人的用户名,mail. server. name 是收件人的电子邮件服务器名,如 zhangsan@ 163. com。

2. 电子邮件工作方式

E-mail 应用的构成组件如下。

(1)邮件客户端(User Agent)。允许用户阅读、回复、转发、保存和撰写报文,如 Outlook 邮件客户端。

(2)邮件服务器。电子邮件系统的核心,功能是发送和接收邮件,如网易邮件服务器。邮件服务器分为接收邮件服务器和发送邮件服务器,接收方在接收邮件服务器上有一个邮箱。

(3)简单邮件传输协议(Simple Mail Transfer Protocol,SMTP 协议)。发送邮件使用的协议,使用 TCP 可靠数据传输服务,最终将电子邮件存入收件人邮箱。

(4)电子邮局协议(Post Office Protocol Version 3,POP3 协议)。接收邮件使用的协

议,鉴别用户身份,最终让客户端能够读取电子邮箱内的邮件。

　　例如,张三要给李四发送一封电子邮件,过程如图 6 – 50 所示。张三通过邮件客户端(如 Outlook)写了封邮件,发送给自己的邮件服务器(如网易邮件服务器),通过邮件服务器上的邮件发送队列,发送到李四邮件服务器(如新浪邮件服务器),李四利用客户端获取邮件。这个过程采用异步方式。在第 1 步和第 2 步发送邮件采用 SMTP 协议,第 3 步邮件服务器传送到邮件客户端采用的是 POP3 协议。

图 6 – 50　电子邮件工作方式

3. 常用电子邮箱

常用电子邮箱如图 6 – 51 所示。

QQ mail(腾讯)
Foxmail(腾讯)
163邮箱(网易)
126邮箱(网易)
188邮箱(网易)
139邮箱(移动)
189邮箱(电信)
新浪邮箱
Outlook mail(微软)
MSN mail(微软)
Gmail(谷歌)

图 6 – 51　常用电子邮箱

6.3.3　信息浏览和检索

1. 信息浏览

浏览网页需要使用浏览器,主流的浏览器如表 6 – 7 所列。

表 6 – 7　主流浏览器

浏览器	简介
IE 浏览器	是微软推出的 Windows 系统自带的浏览器,它的内核是由微软独立开发的,简称 IE 内核,该浏览器只支持 Windows 平台。国内大部分的浏览器,都是在 IE 内核基础上提供了一些插件,如 360 浏览器、搜狗浏览器等
Chrome 浏览器	由 Google 开发,市场占有率第一,提供了很多方便开发者使用的插件。Chrome 浏览器不仅支持 Windows 平台,还支持 Linux、Mac 系统,同时它也提供了移动端的应用(如 Android 和 iOS 平台)
Firefox 浏览器	Firefox 浏览器是一款开源浏览器,同时也提供了很多插件,方便用户的使用,支持 Windows 平台、Linux 平台和 Mac 平台
Safari 浏览器	Apple 公司为 Mac 系统量身打造的一款浏览器,主要应用在 Mac 和 iOS 系统中

使用浏览器浏览信息时,只要在浏览器的地址栏中输入相应的 URL 即可。例如,浏览中国教育和科研计算机网的主页,只需要在浏览器的地址栏中输入 http://www. edu. cn,如图 6 – 52 所示。然后通过单击主页上的超链接就可以浏览其他相关的内容了。

图 6 – 52　浏览器显示中国教育和科研计算机网

如果要保存网页,可以选择"文件 – 另存为"打开保存网页对话框,指定保存文件的文件名、路径、保存类型即可。常用的保存类型如下:

(1) 网页,全部:保存整个网页,包括页面结构、图片、文本和超链接信息等。

(2) Web 档案,单一文件:把整个网页图片和文字封装在一个 . mht 文件中。

(3) 网页,仅 HTML:仅保存当前页面的提示信息,如标题、所用文字编码、页面框架等,而不保存当前页面的文本、图片和其他可视信息。

我国移动互联网发展势头迅猛,手机浏览器的地位凸显,手机浏览器主要功能为浏览网页,同时还提供其他功能,如导航、社区、多媒体影音、天气、股市等,为用户提供全方位的移动互联网服务,国内常用的手机浏览器包括 UC 浏览器、QQ 浏览器、百度手机浏览器等。

2. 搜索引擎

搜索引擎(Search Engines)是一个对互联网上的信息资源进行搜集整理,然后供用户查询的系统,是一个提供信息"检索"服务的网站。它事先将网上各个网站的信息分类并建立索引,然后把内容索引存放在一个地址数据库中,当人们向搜索引擎发出搜索要求时,搜索引擎便在其数据库中搜索,找到一系列相关的信息,将结果排序后以网页链接的形式返回。

常用搜索引擎如下:

百度(http://www. baidu. com/);Google(http://www. google. com/)

搜狐(http://www. sohu. com/);新浪(http://www. sina. com/)

雅虎(http://cn. yahoo. com/);搜星(http://www. soseen. com)

Askjeeves (http://www. askjeeves. com);Dogpile (http://www. dogpile. com)

（拓展阅读 6 - 8：搜索引擎使用技巧）

3. 文献检索

搜索引擎
使用技巧

Internet 上建立了许多文献数据库，文献检索根据用户需要通过关键字、作者、年份等查找相关文献，科研人员用得较多。常用文献数据库如表 6 - 8 所列。文献数据库是付费资源，通常各高校引进这些数据库以镜像的方式链接在校园网上供校内师生免费使用。我国还建立了中国高等教育文献保障系统（www. calis. edu. cn），实现信息资源共建、共知、共享。另外，搜索引擎也提供了文献检索，如百度学术搜索、Google 学术搜索。

表 6 - 8　常用文献数据库

数据库名称	说明
万方数据库	由万方数据公司开发，涵盖期刊、会议纪要、论文、学术成果、学术会议论文的大型网络数据库；集纳了理、工、农、医、人文五大类 70 多个类目共 7600 种科技类期刊全文
中国知网 CNKI	国家知识基础设施（China National Knowledge Infrastructure，CNKI），由清华大学、清华同方发起，现已发展成为集期刊杂志、博士论文、硕士论文、会议论文、报纸、工具书、年鉴、专利、标准、国学、海外文献资源为一体的、具有国际领先水平的网络出版平台。收录国内 1994 年至今的 6600 种核心与专业特色中英文期刊全文，覆盖理、工、农、医以及社会科学等各专业，分为九大专辑、126 个专题文献数据库。中心网站的日更新文献量达 5 万篇以上
维普中文科技期刊数据库	由重庆维普资讯有限公司创建，收录了 14000 余种期刊，覆盖理、工、农、医以及社会科学等各专业。1989—1999 年累积文献数量 400 万篇，2000 年以后每年收录文献 90 万~100 万篇
中国生物医学文献数据库 CBM	CBM（China Biology Medicine）由中国医学科学院医学信息研究所研发的综合性中文医学文献数据库，收录 1978 年以来 1600 余种中国生物医学期刊，以及汇编、会议论文的文献记录，总计超过 400 万条记录，年增长量超过 35 万条。学科涉及基础医学、临床医学、预防医学、药学、中医学以及中药学等生物医学领域的各个方面，是目前国内医学文献的重要检索工具
PQDD 博硕士论文数据库	PQDD（ProQuest Digital Dissertations）由美国 ProQuest 公司开发，已收录了欧美 1000 余所大学的 200 万篇学位论文，是目前世界上最大和最广泛使用的学位论文数据库
IEEE/IEE（IEL）数据库	提供美国电气电子工程师学会（IEEE）和英国电气工程师学会（IEE）出版的 219 种期刊、7151 种会议录、1590 种标准的全文信息。它收录了当今世界在电气工程、通信工程和计算机科学领域中近 1/3 的文献，在电气电子工程、计算机科学、人工智能、机器人、自动化控制、遥感和核工程领域的期刊影响因子和被引用量都名列前茅

例如，在中国知网上按照主题搜索"大学计算机基础"结果如图 6 - 53 所示。

图 6 - 53　中国知网

常用计算机
网络命令

6.3.4 常用网络命令

常用网络命令如表6-9所列(拓展阅读6-9:常用计算机网络命令)。

表6-9 常用网络命令

网络命令	用途	命令格式
ping	用于确定本地主机是否能与另一台主机交换(发送与接收)数据报。根据返回的信息,可以推断TCP/IP参数是否设置得正确以及运行是否正常	ping IP地址
ipconfig	pconfig实用程序可用于显示当前的TCP/IP配置的设置值,这些信息一般用来检验人工配置的TCP/IP设置是否正确	ipconfig/all
arp	ARP是地址转换协议,用于确定对应IP地址的网卡物理地址	arp-a
tracert	tracert程序允许使用者跟踪从一台主机到世界上任意一台其他主机之间的路由	tracert host_name
route	route命令就是用来显示、人工添加和修改路由表项目	route print
nslookup	nslookup的功能是查询任何一台机器的IP地址和其对应的域名。它通常需要一台域名服务器来提供域名。如果用户已经设置好域名服务器,就可以用这个命令查看不同主机的IP地址对应的域名	nslookup
nbtstat	使用nbtstat命令可以查看计算机上网络配置的一些信息	nbtstat-n
netstat	netstat命令能够显示活动的TCP连接、计算机侦听的端口、以太网统计信息、IP路由表、IPv4统计信息以及IPv6统计信息。使用时如果不带参数,netstat显示活动的TCP连接	netstat
net	可以帮助我们管理用户、网络服务、网络配置等	net accounts net user

6.4 计算机网络应用实例

6.4.1 组建家庭局域网

将一个家庭中的两台计算机通过一台宽带路由器组成一个对等网络,并实现文件的共享。需要的设备如表6-10所列。

表6-10 设备表

序号	设备名称	数量
1	台式计算机	2台
2	无线宽带路由器	1个
3	直通双绞线	2根

1. 构造网络拓扑结构图

网络拓扑结构图如图6-54所示。

2. 连接宽带路由器

将两台计算机PC1和PC2分别通过双绞线连接宽带路由器,双绞线的一端连接计算机的网口,一端连接宽带路由器的LAN口,如图6-55所示。

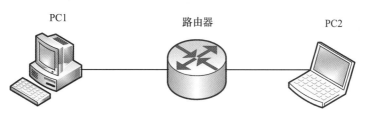

图 6-54   家庭局域网拓扑结构图

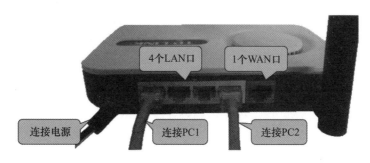

图 6-55   硬件连接

3. 网络设置与测试

（1）TCP/IP 设置。设置 PC1 和 PC2 的 IP 地址及子网掩码。

PC1 的 IP 地址:192.168.1.10。

PC1 的子网掩码:255.255.255.0。

PC2 的 IP 地址:192.168.1.20。

PC2 的子网掩码:255.255.255.0。

（2）更改计算机名。将组网的两台计算机统一命名。鼠标右键单击"我的电脑-属性",修改计算机名,如修改为 PC1 和 PC2。

（3）网络测试。使用 ping 命令进行网络连通性测试,如在 PC1 端使用 ping 192.168.1.20,查看 PC1 和 PC2 两台机器是否连通。

4. 创建并加入家庭组

（1）进入"控制面板"的"网络和共享中心"进行创建家庭组。

（2）通过"网络发现"功能自动查找网络中已经创建的"家庭组"。

（3）将一台计算机(如 PC1)的指定文件夹设置成"共享";然后,由另一台计算机(如 PC2)通过"网络"访问这个共享文件夹。

6.4.2 Python 实现网络聊天

通过网络编程可以实现家庭网络中的两台主机 PC1 和 PC2 聊天功能。采用 Socket 编程,Socket 通常译作"套接字",原意为"接口",即操作系统提供给开发人员进行网络开发的 API 接口。应用程序通常通过该接口向网络发出请求或者应答网络请求,使网络上的主机间可以通信。Socket 编程基本流程如图 6-56 所示。

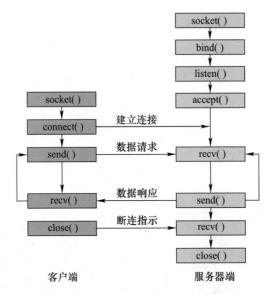

图 6 - 56 TCP Socket 编程基本流程

1. TCP 服务器端流程

（1）创建套接字，绑定套接字到本地 IP 与端口。

```
s = socket. socket( socket. AF_INET, socket. SOCK_STREAM)
s. bind( )
```

（2）开始监听连接。

```
s. listen( )
```

（3）进入循环，不断接受客户端的连接请求。

```
s. accept( )
```

（4）接收传来的数据，并发送给对方数据。

```
s. recv( )
s. send( )
```

（5）传输完毕后，关闭套接字。

```
s. close( )
```

2. TCP 客户端流程

（1）创建套接字，连接远端地址。

```
s = socket. socket( socket. AF_INET, socket. SOCK_STREAM)
s. connect( )
```

（2）连接后发送数据和接收数据。

```
s. send( )
s. recv( )
```

（3）传输完毕后，关闭套接字。

```
s. close( )
```

服务端代码如程序 6 - 1 所示。

程序 6 - 1 网络聊天服务器端程序

```
1   #服务器端程序(ip = 192.168.1.10)
2   import socket
3   #创建 TCP 套接字
4   s = socket. socket( socket. AF_INET, socket. SOCK_STREAM)
5   # 绑定套接字到本地 IP 与端口
6   s. bind( ('127.0.0.1', 10021) )
7   #监听连接,参数表示同时接入的最大连接个数,后边的连接会被拒绝
8   s. listen(1)
9   print('服务器正在运行...')
10  #定义函数实现收发数据
11  def TCP( sock, addr):
12      print('接受% s:% s 处的新连接'% addr)
13      while True:
14          data = sock. recv( 1024)
15          print('客户端发来的数据:', data. decode('utf - 8') )
16          if not data or data. decode( ) == 'quit':
17              break
18          sock. send( data. decode('utf - 8'). upper( ). encode( ))
19
20      sock. close( )
21      print('关闭% s:% s 处的连接'% addr)
22
23  while True:
24      # 接受连接,返回一个新的套接字对象和另一个连接端的地址
25      socket, addr = s. accept( )
26      TCP( socket, addr)
```

客户端代码如程序 6 - 2 所示。

程序 6 - 2 网络聊天客户端程序

```
1   #客户端程序(ip = 192.168.1.20)
2   import socket
3   # 创建 TCP 套接字
4   s = socket. socket( socket. AF_INET, socket. SOCK_STREAM)
5   #通过 IP 地址、端口号连接到服务器端
6   s. connect( ('192.168.1.10', 10021) )
7   while True:
8       data = input( ('请输入要发送的数据:') )
9       if data == 'quit':
10          break
11      s. send( data. encode( ))
12      print('服务器端返回的数据:', s. recv( 1024). decode('utf - 8') )
13  s. send( b'quit')
14  s. close( )
```

6.4.3 Python 实现邮件发送

Python 发送邮件需要两个模块 smtplib 和 email。smtplib 模块主要负责发送邮件,是一个发送邮件的动作,包括连接邮箱服务器、登录邮箱、发送邮件(有发件人、收信人、邮件内容)。email 模块主要负责构造邮件:指的是邮箱页面显示的一些构造,如发件人、收件人、主题、正文、附件等。自动实现邮件发送的代码如程序 6-3 所示。

程序 6-3　邮件发送程序

```
1    #1、导入相关的库和方法
2    import smtplib
3    import email
4    # 负责构造文本
5    from email. mime. text import MIMEText
6    # 负责将多个对象集合起来
7    from email. mime. multipart import MIMEMultipart
8    from email. header import Header
9
10   #2、设置邮箱域名、发件人邮箱、邮箱授权码、收件人邮箱
11   # SMTP 服务器,这里使用 163 邮箱
12   mail_host = "smtp. 163. com"
13   # 发件人邮箱
14   mail_sender = " * * * * @ 163. com"
15   # 邮箱授权码,注意这里不是邮箱密码,可以通过邮箱设置获取邮箱授权码。获取邮箱授权
     码如图 6-57 所示
16   mail_license = " * * * * * * * * "
17   # 收件人邮箱,可以为多个收件人
18   mail_receivers = [" * * * * @ qq. com"," * * * * @ 163. com"]
19
20   #3、构建 MIMEMultipart 对象代表邮件本身,可以往里面添加文本、图片、附件等
21   mm = MIMEMultipart( )
22
23   #4、设置邮件头部内容
24   # 邮件主题
25   subject_content = """测试邮件"""
26   # 设置发送者
27   mm["From"] = mail_sender
28   # 设置接收者
29   mm["To"] = ';'. join(mail_receivers)
30   # 设置邮件主题
31   mm["Subject"] = Header(subject_content,'utf-8')
32
33   #5、添加正文文本
```

```
34    # 邮件正文内容
35    body_content = """你好,这是一个测试邮件!"""
36    # 构造文本,参数 1:正文内容,参数 2:文本格式,参数 3:编码方式
37    message_text = MIMEText( body_content,"plain","utf-8")
38    # 向 MIMEMultipart 对象中添加文本对象
39    mm. attach( message_text)
40
41    #6、发送邮件
42    # 创建 SMTP 对象
43    stp = smtplib. SMTP( )
44    # 设置发件人邮箱的域名和端口,端口地址为 25
45    stp. connect( mail_host,25)
46    # set_debuglevel( 1)可以打印出和 SMTP 服务器交互的所有信息
47    stp. set_debuglevel( 1)
48    # 登录邮箱,传递参数 1:邮箱地址,参数 2:邮箱授权码
49    stp. login( mail_sender,mail_license)
50    # 发送邮件,传递参数 1:发件人邮箱地址,参数 2:收件人邮箱地址,参数 3:把邮件内容格式
      改为 str
51    stp. sendmail( mail_sender,mail_receivers,mm. as_string( ))
52    # 关闭 SMTP 对象
53    stp. quit( )
```

获取客户端邮箱授权密码如图 6 – 57 所示。

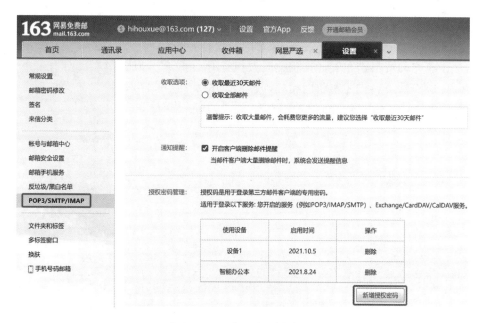

图 6 – 57　获取邮箱授权码

习 题

1. 什么是计算机网络？计算机网络的主要功能是什么？
2. 描述计算机网络的发展阶段和每个阶段的特点。
3. 描述计算机的网络拓扑结构、特点以及适用场景。
4. 比较个域网、局域网、城域网和广域网的区别。
5. 比较双绞线、同轴电缆与光纤 3 种常用有线传输介质的区别。
6. 对比 OSI 参考模型，简述 TCP/IP 模型的层次结构及各层的功能。
7. 什么是网络协议？它在网络中的作用是什么？
8. IP 地址结构包括哪几部分？IP 地址可以划分为哪几种？
9. 在 Internet 网中，某计算机的 IP 地址为 11001010. 01100000. 00101100. 01011000，请回答下列问题：
   (1) 用点分十进制法表示上述 IP 地址。
   (2) 该 IP 地址属于 A 类、B 类，还是 C 类地址？
   (3) 写出该 IP 地址在没有划分子网时的子网掩码。
   (4) 写出该 IP 地址在没有划分子网时计算机的主机号。
10. 一台主机的 IP 地址是 168. 16. 127. 253，子网掩码是 255. 255. 192. 0，则
    (1) 该主机所在的网络地址是什么？
    (2) 主机地址是什么？
11. 什么是域名？为什么要使用域名？
12. 简述 HTTP 协议工作过程。
13. 描述电子邮件工作过程，涉及的协议有哪些？
14. 查阅资料描述云计算相关概念和应用。
15. 查阅资料描述物联网相关概念和应用。

第7章
多媒体技术基础

早期的计算机只能处理文字或数字等单一媒体，伴随着音频处理技术、图形图像处理技术、视频技术等的迅速发展，诞生了计算机科学领域的一个重要分支——多媒体技术。多媒体技术的兴起推动了许多传统产业的变革，改变了人们的生活和生产方式。本章主要介绍媒体的含义、分类、多媒体技术、数字音频和数字图像的基本原理和技术指标。

第7章电子教案

7.1 多媒体概述

多媒体技术是计算机技术的重要技术领域,多媒体技术的出现使得计算机从原来只能处理数字、文字信息发展到可以处理声音、图形、视频等多媒体信息,多媒体技术的广泛应用给科学进步和人类生活带来了重要影响。

7.1.1 媒体的含义

媒体是传播信息的媒介,是指人借助用来传递信息与获取信息的工具、渠道、载体、中介物或技术手段。媒体有两种含义:一是指存储信息的物理实体,如硬盘、光盘、移动存储盘等;二是指承载信息所使用的符号系统,即信息的表现形式,如数字、文字、声音、图形和图像等。多媒体技术中的媒体通常是指后者。

7.1.2 媒体的分类

国际电信联盟远程通信标准化部门(International Tele – communication Union Tele-communication Standardization Sector, ITU – T)将媒体分为如下 5 类。

1. 感觉媒体

能直接作用于人的感官,使人能直接产生感觉的一类媒体,其功能是反映人类对客观世界的感知,表现为听觉、视觉、触觉、嗅觉、味觉等。听觉类媒体包括语音、音乐等,视觉类媒体包含文字、图形、图像、视频等,触觉类媒体是通过直接或者间接与人体接触,使人感觉到对象的大小、方位、质地等性质。研究表明,人类从外部世界获取的信息中,通过视觉得到的信息最多,其次是听觉和触觉,三者一起得到的信息达到人类感受信息量的95%,因此感觉媒体是人们接收消息的主要来源。

2. 表示媒体

为了加工、处理和传输感觉媒体而人为地研究、构造出来的一种媒体,其目的是为了计算机能够方便有效地加工、处理和传输感觉媒体。通常表现为各种感觉媒体的编码,如图像编码(JPEG、MPEG 等)、文本媒体(ASCII 码、GB2312 等)、声音编码(PCM、MP3 等)。

3. 显示媒体

用于将感觉媒体进行输入和输出的媒体,包括输入显示媒体和输出显示媒体。

(1)输入显示媒体有键盘、鼠标、话筒、摄像机、手写笔等。

(2)输出显示媒体有显示器、音箱、打印机、投影仪、绘图仪等。

4. 存储媒体

用来存放表示媒体的物理介质,如硬盘、光盘、U 盘、ROM 及 RAM 等。

5. 传输媒体

用来将媒体从一个地方传送到另一个地方的物理载体,是通信的信息载体,常用的传输媒体有双绞线、同轴电缆、光纤等。

这 5 类媒体通过协作实现多媒体信息在计算机中的存储和处理,如图 7 – 1 所示。

计算机通过显示媒体的输入设备将感觉媒体所感知的信息输入并转换为表示媒体

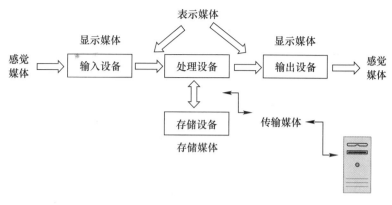

图 7-1　多媒体信息在计算机中的存储和处理

的信息,然后存储在存储媒体中。计算机从存储媒体取出表示媒体的信息,经过加工处理,最后用显示媒体的输出设备将表示媒体的信息还原成感觉媒体展示出来,也可以通过传输媒体将表示媒体传输到另一台计算机上。

7.1.3　多媒体、多媒体技术

多媒体一词产生于 20 世纪 80 年代初,狭义上的多媒体是指信息表示媒体的多样化,广义上的多媒体不仅指多种媒体本身,而且包含处理和应用它们的一整套技术。

多媒体是由两种或两种以上单一媒体融合而成的信息综合表现形式,是多种媒体综合处理和利用的结果。多媒体实质是把文本、图形、图像、动画和声音等不同表现形式的各类媒体信息数字化,然后利用计算机对数字化的媒体信息进行加工和处理,通过逻辑连接形成有机整体,并通过计算机进行综合处理和控制,使其能完成一系列交互式操作。

多媒体技术是通过计算机对语言文字、数据、音频、视频等各种信息进行存储和管理,使用户能够通过多种感官与计算机进行实时信息交流的技术。多媒体技术所展示、承载的内容实际上都是计算机技术的产物。

7.1.4　多媒体的特点

多媒体技术的主要特点有信息载体的多样性、实时性、交互性和集成性等。

1. **多样性**

多样性是指计算机在信息的采集、存储、处理和传输过程中涉及的数字、文本、图片、音频、视频等多种不同媒体。它使人们思想的表达不再局限于顺序的、单调的、狭小的范围内,而有充分自由的余地。

2. **实时性**

实时性是指当多媒体集成时,需要考虑时间特性,如在播放音频时需要保证声音的连续性,播放视频时声音与画面必须保持同步等。

3. **交互性**

交互性是指用户可以介入到各种媒体加工、处理的过程中,从而使用户更有效地控制和应用各种媒体信息。

4. 集成性

多媒体技术的集成体现在两个方面：一是多媒体信息的集成，各种媒体信息应该按照一定的数据模型和组织结构集成为一个有机整体，以方便媒体的充分共享和操作使用；二是处理这些媒体的设备的集成，多媒体设备集成包括软件和硬件两个方面，硬件方面不仅包括计算机本身，还包括输入输出设备、存储设备、处理设备、传输设备等，软件方面包括多媒体操作系统、多媒体信息管理软件等。

7.1.5 多媒体计算机系统

多媒体计算机系统

多媒体计算机系统（拓展阅读7-1：多媒体计算机系统）是指能综合处理多种媒体信息的计算机系统，由多媒体硬件系统和多媒体软件系统两大部分组成。

多媒体计算机系统的层次结构如图7-2所示。

图7-2 多媒体计算机系统层次结构

1. 多媒体硬件系统

多媒体硬件系统除了包括基本计算机所具备的主机、显示器、键盘、鼠标等硬件外，还包括音频处理设备、视频处理设备、网络连接设备等各种外部设备以及与各种外部设备连接的控制接口。

2. 多媒体软件系统

多媒体软件系统按功能分为多媒体操作系统、多媒体应用软件和多媒体工具软件。多媒体操作系统在基本操作系统的基础上增加了对多媒体技术的支持，实现多媒体环境下的多任务调度，保证音频、视频同步及信息处理的实时性，提供对多媒体信息的各种操作和管理。多媒体应用软件指与多媒体应用有关的软件程序，如 Windows Media Player、RealPlayer、暴风影音等。多媒体工具软件是用于开发多媒体应用的软件，包括多媒体素材制作软件和多媒体创作软件，如文字处理软件、图像处理软件、声音编辑软件以及视频剪辑软件等。

7.2 多媒体应用领域

多媒体具有直观易懂、信息量大、传播快等特点，集文字、声音、图像、视频、通信等多项技术于一体，遍布各行各业和人们生活的各个方面，应用领域非常广泛。

7.2.1　走进多媒体时代

多媒体把各种媒体的功能进行科学地整合,联手为用户提供多种形式的信息展现,得到的信息更加直观生动。生活中常见的、典型的多媒体有电话、电视、计算机等。

1. 电话

1875 年 6 月 2 日,贝尔和沃森特正在进行模型的最后设计和改进,最后测试的时刻到了,沃森特在紧闭了门窗的另一房间把耳朵贴在音箱上准备接听,贝尔在最后操作时不小心把硫酸溅到自己的腿上,他疼痛地叫了起来:"沃森特先生,快来帮我啊!"没有想到,这句话通过他实验中的电话传到了在另一个房间工作的沃森特先生的耳朵里。这句极普通的话,也就成为人类第一句通过电话传送的话音而记入史册。1875 年 6 月 2 日,也被人们作为发明电话的伟大日子而加以纪念,而这个地方——美国波士顿法院路 109 号也因此载入史册,至今它的门口仍钉着块铜牌,上面镌有:"1875 年 6 月 2 日电话诞生在此。"1876 年 3 月 7 日,贝尔获得发明电话专利,专利证号码 NO:174655。

之后,电话经历了多代发展,主要有磁石式电话机(HC)、共电式电话机(HG)、拨号盘式电话机(HB)、脉冲按键式电话机(HA-P)、音频按键式电话机(HA-P)、脉冲/音频兼容按键式电话机(HA-P/T)、扬声电话机(HA-d)、无绳电话,最后出现了可视电话。(拓展阅读 7-2:电话发展历史)

电话发展
历史

2. 电视

1923 年,兹华利发明了电视摄像机。1927 年,法国物理学家巴泰勒米组装成功世界上第一台电视机。1928 年,斯堪尼克塔狄一家电台进行了世界上第一次电视广播发射。虽然传出的图像只能看到模糊不清的轮廓,但仍引起了人们的极大兴趣。1929 年,英国伦敦通过电视系统试播无声图像获得成功。从此,电视进入了人类的文化生活。此后,科学家们又研制了光电显像管,图像清晰度大为提高,电视的发展向前跨进了一大步。

电视机的发展经过了黑白和彩色两个阶段。

1929 年至 1954 年是黑白电视阶段,这个阶段以直播为重要特征。直播使电视节目尤其是电视剧的制作受到很大的局限,不得不依赖于戏剧和电影的转播。因此,这一时期也是电视艺术大量吸收姊妹艺术——戏剧和电影的营养的时期,还没有获得自身独立的品格特性。

1955 年至 1962 年,是彩色电视传播阶段,彩色使电视传播物像信息的保真度大为提高。在过去向戏剧、电影借鉴的基础上,电视开始独立地走自己的路,艺术表现力大为提高,备受人们青睐。

之后,出现了等离子/液晶电视、智能液晶电视、OLED 智能电视。近年来,科学家又研制出了三维电视,也就是立体电视。立体电视影像更加逼真,具有立体感。日本、美国、澳大利亚等国都制造出了不用戴眼镜观看的三维电视。

3. 计算机

世界上第一台通用计算机——电子数字积分计算机(Electronic Numerical

Integator and Calculator, ENIAC)于 1946 年 2 月 14 日在美国宾夕法尼亚大学诞生,美国国防部用它来进行弹道计算。它是一个庞然大物,用了 18000 个电子管,占地 170m^2,重达 30t,耗电功率约 150kW,每秒可进行 5000 次运算,这在现在看来微不足道,但在当时却是破天荒的。ENIAC 以电子管作为元器件,所以又称为电子管计算机,是计算机的第一代。电子管计算机由于使用的电子管体积很大,耗电量大,易发热,因而工作的时间不能太长。

随着现代技术的进步,数字音响、视频点播、电子出版物等也有了许多新发展,与可视电话、数字电视、计算机等媒介(拓展阅读 7-3:媒介)共同发展,促使人类走进多媒体时代。当今,出现了新型媒体宣传理念——融媒体(拓展阅读 7-4:融媒体),充分利用媒介载体,把广播、电视、报纸等既有共同点又存在互补性的不同媒体,在人力、内容、宣传等方面进行全面整合,实现"资源通融、内容兼融、宣传互融、利益共融"。

媒介

融媒体

7.2.2 应用领域及未来发展

多媒体应用领域广泛,并有着较好的发展前景。

1. **典型应用领域**

多媒体在教育、人工智能、影视娱乐、旅游、医疗、商业广告、通信、办公自动化等领域得到了广泛应用,如表 7-1 所列。

表 7-1 多媒体应用领域

领域	应用
教育	形象教学、模拟展示
人工智能	生物、人类智能模拟
影视娱乐	电影特技、变形效果
旅游	景点介绍
医疗	远程诊断、远程手术
商业广告	特技合成、大型演示
通信	视频会议

(1)在教育领域,主要进行形象教学、仿真工艺过程、模拟交互过程、电子教案、网络多媒体教学等应用,如图 7-3(a)所示。

(2)在人工智能领域,主要进行生物形态模拟、生物智能模拟、人类行为智能模拟等应用,如图 7-3(b)所示。

(3)在影视娱乐业,主要进行电视/电影/卡通混编特技、三维成像模拟特技、演艺界 MTV 特技制作、仿真游戏等应用。

(4)在旅游行业,主要进行风光重现、风土人情介绍、服务项目等应用。

(5)在医疗行业,主要进行网络远程诊断、网络远程操作(手术)等应用,如图 7-3(c)所示。

(6)在商业广告行业,主要进行影视商业广告、公共招贴广告、大型显示屏广告、平面印刷广告等应用。

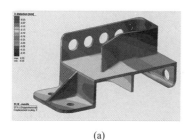  

（a）　　　　　　　　　　（b）　　　　　　　　　　（c）

图 7-3　多媒体典型应用（见彩插）
（a）模拟展示；（b）生物智能模拟；（c）远程手术。

2. 未来发展

多媒体技术未来的主要发展方向如下：

（1）高分辨化，提高显示质量。

（2）高速度化，缩短处理时间。

（3）简单化，便于操作。

（4）高维化，三维、四维或更高维。

（5）智能化，提高信息识别能力。

（6）标准化，便于信息交换和资源共享。

7.3　数字音频基本原理

声音是人类感知世界和认识自然的重要媒体形式，是多媒体技术研究中的一个重要内容。

7.3.1　基本概念

1. 声音的描述

声音是由物理振动产生的机械振动波，通过空气、固体或液体等介质传播，可以被人或者动物听觉器官所感知的波动现象。声音可以用如下 3 个重要指标来描述。

（1）振幅。振幅指的是振动物体离开平衡位置的最大距离，描述了物体振动幅度的大小和振动的强弱。声波（拓展阅读 7-5：声波）的振幅体现为声音的大小，波形越高，音量越大，波形越低，音量越小。振幅在声波中的计量单位为 dB。

声波

（2）周期。周期是指声源完成一次振动，传递一个完整波形所需要的时间，单位为 s。

（3）频率。单位时间内完成周期性变化的次数，以 Hz 为单位，正常人所能听到的声音频率范围为 20Hz～20kHz，超出这个范围的就不被人耳所察觉。声音按频率可以分为次声波、可听声波、超声波。

图 7-4 所示为电话、广播和 CD 等常见声音信号的频率范围。

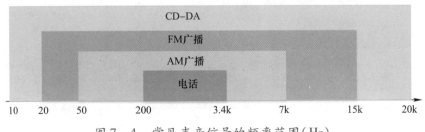

图7-4　常见声音信号的频率范围(Hz)

2. 声音的数字化处理过程

声音信号在时间和幅度上都是连续变化的模拟信号,如果想在计算机上对其进行处理必须进行采样、量化和编码,将它变成在时间和幅度上都离散的数字信号,具体过程如图7-5所示。

图7-5　声音信号的数字化过程

(1)采样。采样也称抽样,是信号在时间上的离散化,即按照一定时间间隔 Δt 在模拟信号 $x(t)$ 上逐点采集其瞬时值。采样的时间间隔称为采样周期。如果采样的时间间隔相等,则称为均匀采样。采样周期的倒数为采样频率,即每秒采集样本的个数。采样频率越高,单位时间内采集的样本数越多,得到的波形就越接近原始波形,声音质量就越好。采样频率的高低根据奈奎斯特理论(拓展阅读7-6:奈奎斯特理论)和音频信号本身的最高频率决定。奈奎斯特理论指出,采样频率不应低于输入信号最高频率的2倍,重现时就能从采样信号序列无失真地重构原始信号。例如,人耳听觉的上限为20kHz,因此要获得较佳的听觉效果,采样频率要达到40kHz以上,因此CD数字声音信号就采样了44.1kHz。

奈奎斯特
理论

(2)量化。量化是把采样得到的信号幅度的样本值从模拟量转换成数字量。数字量的二进制位数称为量化位数,量化位数越多,数值的量化精度就越高,对原始波形的模拟越细腻,声音的音质越好,但是数据量也会变大。例如,声卡采样位数为8位,就有 2^8 种采样等级,如果为16位,则有 2^{16} 种采样等级。

(3)编码。对模拟音频信号采样、量化完成后,计算机得到一大批原始音频(也称声频)数据,将这些信源数据按文件类型进行规定的编码后,再加上音频文件格式的头部,就得到了一个数字音频文件。这项工作由计算机中的声卡和音频处理软件(拓展阅读7-7:常见音频处理软件)共同完成。

3. 声音的输入输出

数字音频信号可以通过光盘等设备输入到计算机。模拟音频信号一般通过话筒和音频输入接口输入到计算机,然后由计算机中的声卡转换为数字音频信号,这一过程称为模数转换。当需要播放音频文件时,利用音频播放软件将数字音频文件解压缩,然后通过计算机中的声卡或音频处理芯片,将离散的数字转换成连续的模拟量信号,这一过程称为数模转换。

常见音频处
理软件

7.3.2　数字音频的技术指标

对模拟音频信号进行采样量化编码后,得到数字音频。数字音频的质量取决于采样频率、量化位数和声道数 3 个因素。采样频率是指每秒的采样次数,采样频率越高,声音质量就越高。量化位数(采样精度)是指存放采样点振幅值的二进制位数,通常有 8 位、16 位等。声道数是指声音通道的个数,指一次采样所记录产生的声音波形个数。记录声音时,如果每次生成一个声波数据,称为单声道;每次生成两个声波数据,称为双声道(立体声)。随着声道数的增加,所占用的存储容量也成倍增加,声道数越多,声音表现就越丰富,但是存储容量也越大。

每秒存储声音容量的公式为

$$字节数 = 采样频率 \times 采样精度 \times 声道数/8$$

例如,用 44.10kHz 采样频率进行采样,16 位精度存储,则录制 1s 的立体声节目,其 WAV 文件所需的存储量为 $44100 \times 16 \times 2/8 = 176400B$。

7.3.3　数字音频的文件格式

对于同样的音频信号,可以采用不同的编码方式或压缩方法进行压缩,这些不同的表示形式形成了不同的文件格式,下面介绍几种常用的音频文件格式。

（1）Wave 格式文件(.wav)。WAV 是微软公司开发的一种声音文件格式,是最早的数字音频格式。WAV 格式符合 RIFF(Resource Interchange File Format)规范。WAV 格式支持许多压缩算法(拓展阅读 7 - 8:数据压缩),支持多种音频位数、采样频率和声道,采用 44.1kHz 的采样频率,16 位量化位数,对存储空间需求较大而不便于交流和传播。在 Windows 平台下,基于 PCM 编码的 WAV 是被支持的最好的音频格式。

数据压缩

（2）MP3。MP3 是 MPEG(Moving Picture Experts Group) Audio Layer - 3 的简称,是 MPEG - 1(拓展阅读 7 - 9:MPEG - 1 编码)的衍生编码方案,1993 年由德国 FraunhoferIIS 研究院和汤姆森公司合作开发。MP3 利用知觉编码技术(利用人耳特性,削减音乐中人耳听不到的成分,同时尽可能维持原来的声音质量)达到高压缩比同时保持不错的音质,因此得到广泛的使用。

MPEG - 1
编码

（3）MIDI 格式文件(.mid)。MIDI 是电子合成乐器的统一国际标准。在 MIDI 文件中,只包含产生某种声音的指令,这些指令包括使用什么 MIDI 乐器、乐器的音色、声音的强弱、声音持续时间的长短等。首先,计算机将这些指令发送给声卡,声卡按照指令将声音合成出来,MIDI 音乐可以模拟上万种常见乐器的发音,唯独不能模拟人的声音,这是它最大的缺陷。其次,在不同的计算机中,由于音色库与音乐合成器不同,MIDI 音乐会有不同的音乐效果。另外,MIDI音乐缺乏重现真实自然声音的能力,电子音乐味道太浓。与波形文件相比,它记录的不是实际声音信号采样、量化后的数值,而是演奏乐器的动作过程及属性,因此数据量很小。该文件格式可以利用 Windows 提供的媒体播放器进行播放。

(4) RA 格式文件(. ra)。RA(Real Audio)是 Real Network 公司开发的,特点是可以在非常低的带宽下提供足够好的音质。该格式可以支持听众的带宽来控制自己的码率,在保证流畅的前提下尽可能提高音质。RA 不但支持边读边放,也同样支持使用特殊协议来隐匿文件的真实网络地址,从而实现只在线播放而不提供下载,属于网络流媒体格式(拓展阅读7-10:流媒体)。

流媒体

7.4 数字图像基本原理

7.4.1 图像信号数字化

1. 图像与图形

图像是人为地用图像输入设备(如数码相机、智能手机、扫描仪等)采集的实际场景画面,也可以是数字化形式存储的任意画面。图像是直接量化的原始信号形式,由排列成行列的像素点组成,计算机存储每个像素点的颜色信息,因此图像也称为位图。图像的最小单位是像点。图像显示时,通过显卡合成显示,通常用于表现层次和色彩比较丰富、包含大量细节的图,一般数据量都较大。对图像的描述与分辨率和色彩的颜色种数有关,分辨率与色彩位数越高,占用存储空间就越大,图像越清晰。图像文件格式主要有 BMP、TIFF、GIF、JPEG、PDF、PNG 等(拓展阅读7-11:图像文件格式)。

图像文件
格式

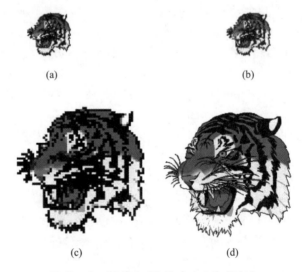

图 7-6   图像与图形对比(见彩插)

(a)原图 PNG 格式;(b)原图 SVG 格式;(c)放大 PNG 格式;(d)放大 SVG 格式。

图形通常是指由计算机绘制的画面,包括点、线、圆、矩形、曲线、图表等。图形是运算形成的抽象化产物,由具有方向和长度的矢量表示。在图形文件中记录着图形的生成算法和图上的某些特征点信息。图形可以进行移动、旋转、缩放、扭曲等操作,并且在放大时不会失真。可缩放的矢量图形的文件格式是

SVG,如图 7 - 6(b)、(d)所示,图形任意放大或者缩小后,依旧清晰。由于图形文件中保存算法和特征点信息,所以文件占用的存储空间较小。目前,图形一般用来制作简单线条的图、工程图或卡通类的图案。

2. 图像数字化

图像数字化就是将连续形式的图像通过数字设备(机电一体化信息设备)转化为计算机可以处理的离散化形式。转化过程中既要保证图像不失真,又要尽量使计算量达到最小。

图像数字化包含采样、量化、编码这 3 个步骤,如图 7 - 7 所示。

(1)采样。把连续的图像划分成若干个计算机能够识别的离散的点(像素)。

(2)量化。将颜色取值限定在有限个取值范围内。量化的结果是图像能够容纳的颜色总数。例如,以 8 位存储一个点,就表示图像只能有 $2^8 = 256$ 种颜色。

(3)编码。将量化后每个像素的颜色用不同的二进制编码表示,得到 $M \times N$ 的数值矩阵,把这些编码数据逐行存放到文件中,就构成了数字图像文件的数据部分。

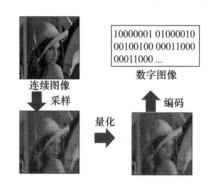

图 7 - 7　图像数字化过程(见彩插)

3. 颜色模型

在不同的应用场合,人们需要用不同的描述颜色的量化方法,这就是颜色模型。常见的颜色模型有 RGB、CMYK、HSL 等。

(1)RGB 模型。RGB 色彩模式是工业界的一种颜色标准,是通过对红(Red)、绿(Green)、蓝(Blue)3 个颜色通道的变化以及它们相互之间的叠加来得到各式各样的颜色的,这个标准几乎包括了人类视力所能感知的所有颜色,是运用最广的颜色系统之一。

显示器大都是采用了 RGB 颜色标准。在显示器上,是通过电子枪打在屏幕的红、绿、蓝三色发光极上来产生色彩的。

计算机屏幕上的颜色都是由红色、绿色、蓝色 3 种色光按照不同的比例混合而成的,可由一组 RGB 值来记录和表达。通常情况下,RGB 各有 256 级亮度,用数字表示为 0、1、2、…、255,如图 7 - 8 所示。该模型的最大表示为 $2^8 \times 2^8 \times 2^8 = 2^{24} = 16777216(16.7M)$。

(2)CMYK 模型。CMYK 模型也称为印刷色彩模型,是一种用于印刷品依靠反光的色彩模型,如期刊、杂志、报纸、宣传画等,都是 CMYK 模型。该模型利用色料的三原色混色原理,加上黑色油墨,共计 4 种颜色混合叠加,形成"全彩印刷",如图 7 - 9 所示。4 种标准颜色是青色(Cyan)、品红色(Magenta)、黄色(Yellow)、黑色(Black)。每种颜色分量的取值范围为 0 ~ 100。

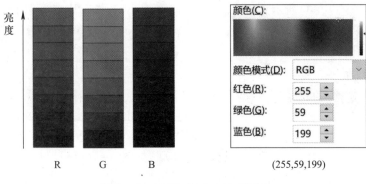

图7-8 RGB颜色(见彩插)

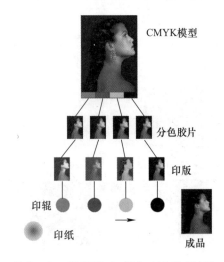

图7-9 CMYK全彩印刷(见彩插)

7.4.2 数字图像属性

数字图像的质量与图像的数字化过程有关,其主要的影响因素有图像分辨率和像素深度。

1. 图像分辨率

图像分辨率指图像的像素数量,它是图像精细程度的度量方法,一般用"水平像素数×垂直像素数"表示。对同样尺寸的一幅图,如果数字化时采样点的数量越多,则分辨率就越高,看起来就越清晰,如图7-10所示。显示器也有分辨率,它体现的是屏幕的显示能力,与显示器的硬件和显卡有关;而图像分辨率则是图像的固有属性。当图像分辨率超过显示器的分辨率时,显示器只能显示图像的局部。

我们还经常接触到另一个分辨率——扫描分辨率。它是多功能一体机在实现扫描功能时,通过扫描元件将扫描对象每英寸可以被表示成的像素点数,单位是dpi(Dot Per Inch)。dpi值越大,扫描的效果就越好,如图7-11所示。

2. 像素深度

像素深度是指表示每个像素的颜色所使用的二进制位数,单位是位(bit),也称为位深度。像素深度决定彩色图像的每个像素可能有的颜色数,或者确定灰度图像的每个像

(a)

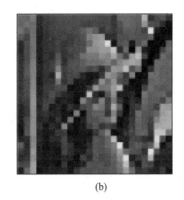
(b)

图 7 - 10　不同图像分辨率的清晰度(见彩插)
(a)200×200；(b)25×25。

(a)

(b)

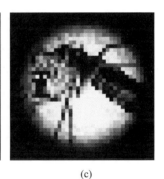
(c)

图 7 - 11　不同扫描分辨率的清晰度(见彩插)
(a)300dpi；(b)96dpi；(c)21dpi。

素可能有的灰度级数。像素深度越高,数字图像中可以表示的颜色越多,该数字图像就可以更精确地表示原来图像中的颜色。若像素深度为 1 位,则只能表示两种不同的颜色;如果图像的每个像素只有黑白两种颜色,就称该图像为单色图像;若像素深度为 8 位,则可以表示 $2^8 = 256$ 种不同的颜色,如图 7 - 12 所示。

(a)

(b)

图 7 - 12　不同像素深度的图像颜色
(a)8 位；(b)1 位。

表示 1 个像素的位数越多,它能表达的颜色数目就越多,而它的深度就越深。一幅彩色图像的每个像素用 R、G、B 3 个分量表示,若每个分量用 8 位,那么 1 个像素共用 24 位表示,像素深度为 24 位,每个像素可以是 16777216(2 的 24 次方)种颜色中的一种。这已经超出了人眼能够识别的颜色数,称为真彩色图像。

3. 图像存储容量

图像分辨率越高、像素深度越高,则数字化后的图像效果越逼真,图像的数据量也越大,它需要的存储容量也越大。如果已知图像分辨率和像素深度,在不压缩的情况下,图像的数据量计算公式为

$$图像数据量 = (图像分辨率 \times 像素深度)/8(B)$$

例如,一台 5G 手机,后置双主摄像头分辨率均为 4000 万像素(实际拍摄最大可支持 7296 像素 ×5472 像素),用其拍摄一幅该尺寸的真彩色图像,图像的数据量为

$$图像数据量 = (图像分辨率 \times 像素深度)/8$$

$$= (7296 \times 5472 \times 24)/8$$

$$= 119771136B$$

$$\approx 114.22MB$$

可见,图像数据量较大,存储时会占用大量的存储空间,传输时会消耗大量的传输时间,需要在不影响图像质量或可接受的质量降低前提下,对图像数据进行压缩,用更少的存储空间来存储图像,用更少的传输时间来传输图像。数字图像数据压缩是图像处理的重要内容之一,主要通过去掉空间冗余、时间冗余、视觉冗余、信息熵冗余、结构冗余和知识冗余信息对图像进行有效压缩。

7.4.3 图像文件存储与用途

1. 数字图像文件存储与用途

数字化图像以文件形式存在,其文件名有严格的约定,如表 7-2 所列。图像文件的扩展名不要轻易修改,否则不能使用。

表 7-2 常见图像文件扩展名

文件	颜色与分辨率	用途
.BMP	$2 \sim 2^{32}$ / * dpi	用于 Windows 环境下的任何场合
.TIF	$2 \sim 2^{32}$ / * dpi	用于美术设计、专业印刷
.TGA	$1 \sim 2^{32}$ /96dpi	用于专业动画影视制作
.GIF	2^8 /96dpi	用于动画、多媒体程序、网页界面
.JPG	$2^8 \sim 2^{32}$ / * dpi	用于数字图片保存、传送
.PCD	$2^{16} \sim 2^{32}$ / * dpi	用于 Photo CD

1)BMP 格式

Bitmap,由 Microsoft 公司开发,用于 Windows 环境。该文件格式的内部结构如图 7-13(a)所示。

主要特点如下：

（1）扩展名采用". bmp"。

（2）文件描述单一（静止）图像。

（3）彩色模式：2^1 ~ 2^{32}。

（4）调色板 RGB 数据顺序反向排列。

（5）以图像左下角为起点排列数据。

（6）一般采用非压缩数据格式。

使用要点如下：

（1）用于表现打印、显示用图像。

（2）不适于网络传送。

（3）不适于提供印刷文件。

2）TIFF 格式

Tag Image File Format，由 Aldus 公司开发，用于精确描述图像的场合。该文件格式的内部结构如图 7 - 13（b）所示。

主要特点如下：

（1）扩展名采用". tif"。

（2）文件描述单一（静止）图像。

（3）彩色模式：2^1（单色） ~ 2^{32}。

（4）支持多平台（PC 和 Macintosh）。

（5）可采用多种压缩数据格式。

使用要点如下：

（1）平面设计作品的最佳表现形式。

（2）用于提供印刷文件。

（3）不适于网络传送。

3）TGA 格式

Taga Image Format，由 Truevision 公司开发，用于屏显和动画帧显示。该文件格式的内部结构如图 7 - 13（c）所示。

主要特点如下：

（1）扩展名采用". tga"。

（2）文件描述单一（静止）图像。

（3）彩色模式：2^0（1 色） ~ 2^{32}（显示模式依赖显示卡）。

（4）图像分辨率固定为 96dpi。

使用要点如下：

（1）用于表现影视广播级动画的帧。

（2）不适于保存高质量印刷文件。

（3）不适于网络传送。

4）GIF 格式

Graphics Interchange Format，由 CompuServe 公司开发，用于屏显和网络。该文件格式的内部结构如图 7 - 13（d）所示。

主要特点如下:

(1) 扩展名采用".gif"。

(2) 具有 87a、89a 两种文件版本号。

(3) 87a——描述单一(静止)图像。

(4) 89a——描述多帧图像。

(5) 彩色模式:2^8(256 色),分辨率 96dpi。

(6) 采用改进的 LZW 压缩算法。

使用要点如下:

(1) 用于屏幕显示图像和计算机动画。

(2) 用于网络传送。

(3) 不适于保存高质量印刷文件。

5) JPEG 格式

Joint Photographic Experts Group,由联合图像专家小组开发,用于彩色图像的存储和网络传送。该文件格式的内部结构如图 7-13(e)所示。

主要特点如下:

(1) 扩展名采用".jpg"。

(2) 采用有损压缩编码形式,数据量小。

(3) 彩色模式:2^{32}(真彩色)。

(4) 经解压缩方可显示图像,显示速度慢。

使用要点如下:

(1) 用于保存表现自然景观的图像。

(2) 用于网络传送。

(3) 不适于表现有明显边界的图形。

(4) 不适用于高质量印刷文件。

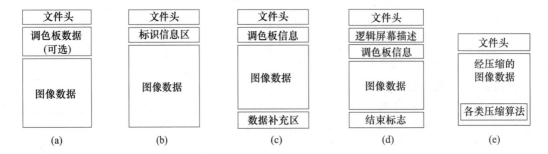

图 7-13 文件内部结构

(a)BMP;(b)TIFF;(c)TGA;(d)GIF;(e)JPEG。

2. 动态图像文件存储与用途

视觉暂留

将多帧图像有序组合并按小于视觉滞留时间的时间间隔刷新图像就形成了动态图像,如动画、电视和电影,都是利用人类视觉暂留(拓展阅读 7-12:视觉暂留)特性将多幅静止画面连续播放。人眼的视觉停留时间约为 1/24s,当图像刷新的时间间隔 $\Delta t \leqslant 1/24$s 时,就会产生连续图像的视觉效果。动画和视频的不同之处在于动画是用软件制作而成的,二维动画主要是用 Flash,三维动画主要是用 3D Max 或 Maya 制作而成(拓展阅读 7 - 13:常用动画软件);视频主要是用摄像机等外部设备获取,再通过视频编辑软件编辑而成。

常用动画
软件

动态图像文件格式主要有 AVI、FLC、MOV、WMV、GIF、SWF、MPG 等。

(1) 音频视频交互文件 AVI(Audio Video Interleaved),由 Microsoft(微软公司)开发,把视频和音频编码混合在一起储存,较好地解决了音频与视频的同步问题,已成为 Windows 视频标准格式文件,主要应用在多媒体光盘上,用来保存电视、电影等影像信息。

(2) FLC(Flicks)是 Autodesk 公司在其出品的 2D、3D 动画制作软件中采用的动画文件格式,广泛应用于动画图形中的动画序列、计算机辅助设计和计算机游戏应用程序。

(3) MOV(Movie)是由 Apple 公司开发的一种音频、视频文件格式,用于存储常用数字媒体类型。

(4) WMV(Windows Media Video)是微软公司开发的一组数位视频编码、解码格式的通称。

(5) GIF(Graphics Interchange Format)是一种图像文件格式,几乎所有相关软件都支持它。其另一个特点是在一个 GIF 文件中可以保存多幅彩色图像,如果把存于一个文件中的多幅图像数据逐幅读出并显示到屏幕上,就可以构成一种最简单的动画。

(6) SWF(Shock Wave Flash)是 Flash 的专用格式,是一种支持矢量和点阵图形的动画文件格式,广泛应用于网页设计、动画制作等领域。

(7) MPG(Moving Pictures Experts Group),即动态图像专家组,由国际标准化组织 ISO 和 IEC 于 1988 年联合成立,专门致力于运动图像及其伴音编码标准化工作。

动态图像文件构成如图 7 - 14 所示。动态图像的技术参数主要有帧速度、数据量、图像质量。帧速度是指帧的切换速度,模拟视频常用 NTSC(30 帧/s,525 行/帧)和 PAL(25 帧/s,625 行/帧)两种标准,我国采用 PAL 制式;动态图像数据量的相关因素主要与画面几何尺寸、颜色数量、采用的压缩算法有关;动态图像质量的相关因素主要与位图颜色与分辨率有关,数据压缩也会影响图像质量。例如,1280×1024 分辨率的“真彩色”电视图像,按每秒 30 帧计算,显示 1min 的数字视频容量为 $1280 \times 1024 \times 3 \times 30 \times 60 \approx 6.6GB$。(拓展阅读 7 - 14:真彩色)

真彩色

组合位图(静态图像) 数据
调色板数据
速度参数(时间间隔)
压缩算法

图 7 - 14　动态图像文件结构

7.5 音频、图像处理实例

7.5.1 音频处理实例

实际应用中我们经常需要对一首歌曲进行适当剪辑,选取其中片段进行播放或者使用的情形,音频剪辑可以使用 Audacity 等专业音频软件进行,但专业的音频软件功能非常复杂,往往需要花费一些时间熟悉软件的使用才可以完成,运用之前学习的 Python 语言则通过几个简单的语句就可以实现对音频的相关操作,下面以一首歌曲的剪辑为例来说明如何使用 Python 实现音频的剪辑。

Python 中对音频进行处理需要调用 pydub 库,pydub 是用户处理音频文件的一个库,该库提供了对音频的切片、连接、淡入淡出等多个功能。在使用 pydub 之前需要在 Python 环境中安装 pydub,因为 pydub 操作的文件是 WAV 格式,所以如果想要处理 MP3 等其他格式文件,还需要在环境中安装编码转换模块 ffmpeg。

程序 7 - 1 给出了截取声音片段的 Python 示例程序。

程序 7 - 1　截取声音片段

```
1    from pydub import AudioSegment as AS                           #导入库
2    song = AS. from_file('src/step2/source/record. mp3',format = 'mp3')   #读取音频文件数据
3    song = song[4000:6000]                        #截取从4000ms 开始到6000ms 结束的片段
4    file = song. export('src/step2/student/song. mp3',format = 'mp3')   #将片段保存为 MP3 文件
5    file. close()                                 #关闭文件
```

程序第 2 行 from_file 函数的第 1 个参数'src/step2/source/record. mp3'表示待剪辑文件的路径,第二个参数是文件的格式。程序第 3 行表示剪辑本首歌曲的第 4s 到第 6s 片段。程序第 4 行的 export 函数是将剪辑结果保存为计算机上的 MP3 文件,其参数与 from_file 类似,第 1 个参数是文件路径,用于指定文件保存在什么位置、文件名是什么,第 2 个参数是指定保存的音频格式为 MP3 格式。程序运行结束后,会在路径 src/step2/student/下新生成一个 song. mp3 文件,里面就存放了截取的片段。

7.5.2 图像处理实例

中国共产党第一次全国代表大会于 1921 年 7 月 23 日至 8 月初在上海法租界望志路 106 号(现兴业路 76 号)和浙江嘉兴召开。中国共产党第一次全国代表大会会址设在李书城、李汉俊二人的住宅,如图 7 - 15(a)所示。为了贴切实际,体现当时的年代感,需要将其处理为灰度图像,如图 7 - 15(b)所示。

可采用浮点法将 RGB 图像转化为灰度图像,计算公式为

$$Gray = R \times 0.3 + G \times 0.59 + B \times 0.11$$

将真彩色图像转换成灰度图像的过程是:取出真彩色图像 img1 中每个像素的 RGB 颜色,转换成灰度值,再放到 img2 的对应位置。Python 源代码如程序 7 - 2 所示。

(a)　　　　　　　　　　　　　　　　(b)

图 7 - 15　中国共产党第一次全国代表大会会址(见彩插)

(a)RGB 彩色图像；(b)灰度图像。

程序 7 - 2　图像灰度转换代码

```
1   from PIL import Image
2   def RGBtoGray(r,g,b):                      # 将一个 RGB 颜色转换成灰度值,结果保留整数
3       gray = r * 0.3 + g * 0.59 + b * 0.11
4       gray = round(gray)
5       return gray
6
7   img1 = Image.open('yida.jfif')            # 真彩色图像,像素中是 RGB 颜色
8   w,h = img1.size
9   img2 = Image.new('L',(w,h))               # 新建一个灰度图像,像素中是灰度值
10  for x in range(w):
11      for y in range(h):
12          r,g,b = img1.getpixel((x,y))      # 取出 RGB 颜色
13          gray = RGBtoGray(r,g,b)           # 计算灰度值
14          img2.putpixel((x,y),gray)         # 设置灰度值
15  img2.save('yida_huidu.jfif')
```

习　题

1. 多媒体的英文原文是什么?
2. 何为媒体? 请概述媒体的种类和性质。
3. 列举两个制作多媒体的软件并熟悉其功能。
4. 简述光驱及光盘的工作原理。
5. 音频数字化分为哪些步骤?

6. 阐述声音信号的处理流程。

7. 一个耳塞能把噪声降低 20dB，那么它降低了多少强度（能量）？

8. 请介绍数字电话音质、AM 音质、FM 音质、CD 音质的数字化采样频率。

9. 计算机中产生声音的两种方法及其区别。

10. 计算存储 5min 的 44.1kHz 采样频率下 16 位立体声音频数据至少需要多少字节？

11. 阐述信号数字化的主要过程、意义。

12. 图像分辨率的单位是什么？阐述其意义。

13. 单色图像只有一种颜色吗？

14. 彩色图像由几种基本颜色构成？

15. 图像位深与颜色数量的关系是什么？

16. 数字媒体为什么要进行数据压缩？

17. 关于建国、建党、建军周年纪念日展板，任选一个进行制作。

第8章
信息安全

当前信息和网络安全已成为国家安全的重要组成部分，也给我们个人的学习和生活带来巨大的影响，了解信息和网络安全，掌握安全防护的基本方法和技术成为信息社会不可或缺的基本技能。

第8章电子教案

8.1 信息安全概述

随着计算机网络的飞速发展和信息系统的广泛应用,社会信息化特征越发明显,信息作为继物质和能量之后的又一自然要素,对人们工作、生活的影响日益深刻,人们的生产、生活质量越来越多地取决于对信息的掌握、理解和运用的程度,信息成为影响国民经济和社会发展的重要战略资源。

构建在计算机与计算机网络之上的信息系统已被广泛应用于政治、军事、经济、科研、教育、金融等各个领域,渗透到人们生活的方方面面。涉及国家安全、个人隐私等大量信息被这些系统存储、处理、流转和共享。然而,计算机系统大都不同程度地存在着安全隐患,极易成为攻击的目标,因计算机系统被攻击而导致的信息安全问题层出不穷。

信息安全早期更多地关注于保护数据处理与传递过程中的安全性,注重信息的机密性,强调通信安全,但随着计算机网络和信息系统的广泛应用,信息安全概念被拓展,信息系统的访问控制、信息的完整性保护、隐私保护也成为信息安全的重要内容,更加强调计算机系统的安全。计算机网络的发展扩大了信息系统的应用范围,很多信息系统的运行和信息的传输都依赖计算机网络,因此计算机网络安全又成为信息安全必须考虑的重要内容。

8.1.1 信息安全的概念

"安全"一词的基本含义是:"远离危险的状态或特征",或"主观上不存在威胁,主观上不存在恐惧"。安全是一个普遍存在的问题,在各个领域都有。随着计算机网络和信息系统迅速发展及广泛应用,人们对信息在存储、处理和传递过程中涉及的安全问题越来越关注,信息领域的安全问题变得非常突出。

信息安全是一个广泛而抽象的概念。所谓信息安全,是指保护信息和信息系统的安全,以防止其在未经授权的情况下被访问、使用、泄露、修改或破坏。在保护信息安全的过程中所采用的技术手段就是信息安全技术,主要是指保证信息在生成、存储、传输和使用过程中的安全,以及降低信息系统故障和受攻击风险的技术手段与措施。

与信息安全同样常见的概念还有计算机安全和网络安全。计算机安全是信息安全的延伸,主要关注计算机系统的物理安全、运行安全和数据安全,而网络安全是指网络系统的硬件、软件及其系统中的数据受到保护,不因偶然或恶意的原因而遭到破坏、更改、泄露,系统连续可靠正常地运行,网络服务不中断。三者概念相似,但侧重不同。

8.1.2 信息安全基本属性

信息安全具有机密性、完整性、认证性和不可否认性等基本属性,如图8-1所示。

图8-1 信息安全基本属性

1. 机密性

机密性是指信息不被泄露给未经授权者的特性,即对抗被动攻击,以保证机密信息不会泄露给非法用户使用。非授权用户即使获得信息也无法或很难知晓信息内容。例如,为了防止信件被他人偷看,我们可以在邮递过程中对信件采取蜡封的方式,避免信件被破坏和失泄密(图8-2);再如,旧约圣经密码通过对字母进行重新排序,从而防止敌人破译信息(图8-3),这些都是传统保证信息机密性的方法和手段。值得一提的是,我国古代军事家很早就使用了很多确保信息机密性的方法,如据《太公六韬》记载,姜子牙用不同长度的鱼竿代表不同的军事信息,抗倭英雄戚继光用声韵加密法(拓展阅读8-1:音韵加密法)来进行军事机密的传递。

音韵加密法

图 8-2　蜡封保密

图 8-3　圣经密码

2. 完整性

完整性是指信息在未授权的情况下不能被修改的特性,即信息在存储或传输过程中保持不被偶然或蓄意地删除、修改、伪造等破坏或丢失的特性。完整性要求保持信息的原样,即信息的正确生成、正确存储和正确传输。例如,可以通过不允许涂改字迹来保证信息的完整,在财务报销表格中,报销金额一般是不允许涂改的,通过这种管理机制来实现信息的完整性。

3. 认证性

信息安全仅仅靠保密性和完整性是不够的,信息的认证性也很重要。认证性是指通过一定的手段,完成对用户身份的确认。认证的目的是,确认当前所声称为某种身份的用户确实是其所声称的用户。认证性包括消息认证和身份认证,如我们可以通过笔迹分析来确认一封信件是否由某个人撰写的,这就是消息认证;也可以通过检查身份证或者工作证的方式来验证人的身份,这就是身份认证。在计算机网络中,我们主要是通过认证性来确保消息来源的可靠和用户身份的可靠。

4. 不可否认性

不可否认性,也称为不可抵赖性。用来确认参与者的真实与同一性,即所有参与者都不能否认或者抵赖曾经完成的操作或者承诺。我们日常生活中,往往在合同签订、协议签订后面都要署上个人的名字或者盖上公章,也就是签字画押,作用就是进行事实确认,防止抵赖发生。在信息系统或者计算机网络当中,我们也需要对用户的行为进行确认,防止抵赖的事件的发生,这就是不可否认性。

与信息安全类似,计算机安全和网络安全也注重机密性、完整性、认证性等特性,但同时还强调系统的可用性、可控性,即网络或信息系统能够提供正常、正确、可靠服务的特性和可以有效掌控的特性。要确保信息安全需要从技术手段、管理教育、法律法规等多方面共同努力,而在众多的安全技术手段当中,密码技术尤为重要。

8.2 信息安全中的密码技术

大科学家
香农

密码学是一门古老的科学,自古以来密码主要用于军事、政治、外交等重要部门,因而密码学的研究工作也是秘密进行的。现代密码学的理论基础之一是1949 年香农(Shannon)(拓展阅读 8 - 2:大科学家香农)发表的《保密系统的通信理论》(*The Communication Theroy of Secrecy System*);1976 年迪菲(W. Diffie)和赫尔曼(M. Hellman)发表了《密码学的新方向》(*New Direction Cryptography*)一文,提出了适应网络保密通信的公钥密码思想,开辟了公开密钥密码学的新领域,掀起了公钥密码研究的序幕,密码学进入了新时代。研究各种加密方案的科学称为密码编码学,而研究密码破译的科学称为密码分析学。密码学是信息安全的重要技术手段。

8.2.1 密码体制

1. 密码系统组成

一个密码系统,也称为密码体制(Cryptosystem),有 5 个基本组成部分,如图 8 -4所示。

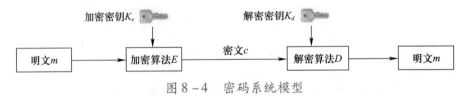

图 8 - 4 密码系统模型

明文:加密输入的原始信息,通常用 m 表示;密文:明文经过加密变换后的结果,通常用 c 表示;密钥:参与信息变换的参数,通常用 K 表示;加密算法:将明文变成密文的变换函数,即发送者加密消息时所采用的一组规则,通常用 E 表示;解密算法:将密文变成明文的变换函数,即接收者解密消息时所采用的一组规则,通常用 D 表示。

2. 对称密码体制

当加密密钥 K_e 与解密密钥 K_d 相同,是同一把密钥,或者能够相互较容易地推导出来时,该密码体制称为对称密码体制。

3. 非对称密码体制

当加密密钥 K_e 与解密密钥 K_d 不同,并且解密密钥不能通过加密密钥计算出来时,该密码体制称为非对称密码体制。

在密码学中通常假定加、解密算法是公开的,密码系统的安全性只系于密钥的安全性,这就要求加密算法本身要非常安全。如果提供了无穷的计算资源,依然无法攻破,则称这种密码体制是无条件安全的。除了一次一密之外,无条件安全是不存在的,因此密码系统用户所要做的就是尽量让破译密码的成本超过密文信息的价值或破译密码的时间超过密文信息有用的生命周期。

8.2.2 对称加密

对称加密体制中加密密钥和解密密钥是相同的,发送方用加密密钥和加密算法对信息进行加密,接收方使用同样的密钥和对应的解密算法来解密。对称加密是保证信息机密性的重要手段。

例 8-1:对称加密举例。

如图 8-5 所示,明文是 8 个 bit 为一组的 ASCII 码,加密算法就是逻辑运算中的异或操作,密钥是 8bit 的"01110100"二进制数,加密就是明文的每个字节与密钥进行异或从而生成密文;解密就是用同样的密钥与密文进行异或解密操作,将密文转化为明文的过程。

图 8-5 对称加密

当然,以上仅是对称加密的一个简单例子,如今对称加密算法已经变得非常复杂了,典型对称加密算法是美国政府于 1977 年颁布的数据加密标准(Data Encryption Standard,DES)。DES(拓展阅读 8-3:DES 算法)是分组密码的典型代表,也是第一个被公布出来的标准算法。随着时代的进步,DES 算法也变得不够安全,于是,2001 年高级加密标准(Advanced Encryption Standard,AES)作为传统对称加密标准 DES 的替代者正式发布。常见的文件压缩软件 WinRAR 在对文件加密过程中使用的就是 AES 加密算法。对称加密算法往往具有算法简单、运算速度快、效率高的优势,但密钥管理相对不便。

DES 算法

8.2.3 非对称加密

非对称加密是一种公开密钥的加密方法,该加密机制使用加密密钥和解密密钥两种不同的密钥,其中加密密钥是公开的,也称为公钥,解密密钥是保密的,不能泄露,也称为私钥,公钥和私钥是数学相关的,但很难彼此推导出。如

图 8 - 6 所示,用户使用加密密钥对明文信息进行加密,生成密文,接收者只有使用私钥才能利用解密算法对信息进行解密。

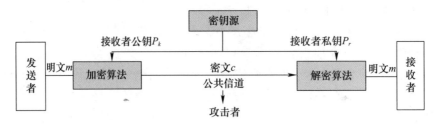

图 8 - 6　公钥密码体制基本模型

例 8 - 2:非对称加密举例。

例如,公钥是(119,5)一对数,私钥是(119,77)一对数,发送方发送字符 F,这个字符可以用数字 6 来表示(F 是字母表中的第 6 个字符)。发送方通过 $6^5 \bmod 119$ 算法得到密文 41 发送给接收方,接收方用解密算法 $41^{77} \bmod 119$ 得到原文 6,然后 6 再被翻译为 F。这就是著名的公钥加密算法 RSA(Rivest - Shamir - Adleman)的简单实现。

与对称密钥加密相比,非对称加密不需要在通信前共享密钥,加密密钥公开,任何人都可以知道,而解密密钥私下存储,只有接收方保存,因此任何使用公钥加密的信息都只有解密方才能解开,密钥管理更为方便。但非对称加密算法往往更加复杂,运算效率不及对称加密,为此,人们在通信过程中常常使用非对称加密机制对短小的会话密钥进行加密,完成密钥共享。然后基于共享的会话密钥采用对称加密方法再对传输的信息进行加密,确保信息加解密的高效。

8.2.4　信息认证

信息认证的目的有两个方面:一是验证信息的发送者是合法的,而不是冒充的,也称为实体认证;二是验证消息的完整性,验证消息在传输和存储过程中是否被篡改。

1. Hash 函数

Hash 函数也称为杂凑函数或散列函数。函数的输入是一个可变长度的消息 x,函数的输出是一个固定长度的消息摘要。Hash 函数求逆是比较困难的,也就是说,一个消息 x 送入 Hash 函数可以很容易得到消息摘要,但要想通过消息摘要反向推测出消息 x 是很难的,因此 Hash 函数也称为单向散列函数。通常情况,Hash 函数满足如下要求:

(1) 输入的消息 x 可以为任意长度,输出消息摘要为固定长度。

(2) 容易计算,给定消息 x,容易计算出 x 的消息摘要 $H(x)$。

(3) 给出消息摘要 $H(x)$,很难反向计算出消息 x。

(4) 唯一性,不同的消息很难出现相同的消息摘要。

Hash 值的长度由算法类型决定,与输入消息的大小无关,一般为 128bit 或者 160bit。即便输入消息差别很小,消息摘要也会截然不同。常用的 Hash 算法有 MD5、SHA - 1 等。

王小云院士

值得一提的是,我国密码学家王小云(拓展阅读 8-4:王小云院士)对 MD5 和 SHA-1 的破解已取得了突破。

2. 消息完整性认证

消息完整性是指接收者能够对接收到的消息是否被修改过进行验证,Hash 函数的特点恰好满足这一安全需要。Hash 函数可以按照其是否有密钥控制分为两类:一类有密钥控制,可以用 $H_k(x)$ 表示;一类没有密钥控制,可以用 $H(x)$ 表示。如图 8-7 所示,发送者 A 在密钥 k 的作用下将消息 m 送入 Hash 函数,生成消息摘要 $H_k(m)$,也称为消息验证码(Message Authentication Code,MAC),然后将 $H_k(m)$ 与消息 m 连接在一起通过开放信道传送给接收者 B;接收者 B 为了验证消息是否被修改过,需要将接收到的消息进行分离得到 m' 和 $H'_k(m)$,将接收到的前一部分消息 m' 送入 Hash 函数,在密钥 k 的作用下生成 $H_k(m')$,如果 $H_k(m') = H'_k(m)$,则说明消息在传输过程中没有被修改,这就是消息完整性验证的基本过程。同时,由于只有通信双方才共享密钥 k,因此这一过程也验证了发送者身份的合法性。当然,如果收发双方并没有使用密钥控制的 Hash 函数,那么消息摘要便需要安全传输。HMAC 算法就是一种典型的密钥控制的 Hash 函数,在 SSL 等 Internet 协议中被广泛使用。

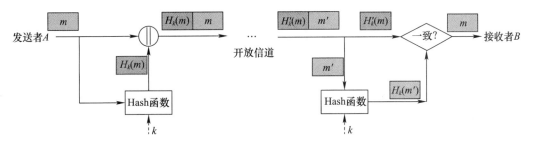

图 8-7　消息完整性验证过程

8.2.5　数字签名

数字签名在信息安全(包括身份认证、数据完整性、不可否认性等方面)有着重要应用,特别是在大型网络安全通信中的密钥分配、认证及电子商务系统中有着重要作用。数字签名是实现认证的重要工具。

传统的军事、政治、外交活动中的文件、条约等需要人手工完成签名或印章,以表示确认,在互联网领域,人们也希望在电子交易、信息活动中也能够进行确认,因此数字(电子)签名应运而生。具体地说,数字签名就是附加在消息上的一些数据,或是对消息所作的密码变换,用以确认消息的来源和消息的完整性,并对数据进行保护,防止伪造和篡改。例如,通过一个单向 Hash 函数对要传送的消息进行处理,生成一个字母或数字串,也称为消息鉴别码,以此来核实消息是否发生变化。数字签名除了具有普通手写签名的特点和功能之外,还具有自己独有的特性和功能。

1. 数字签名的特性与功能

数字签名的特性主要包括:数字签名是可信的,任何人都可以方便地验证

大学计算机基础
课程思政版
192

签名的有效性;签名是不可伪造的,除了合法的签名者以外,其他人伪造签名是困难的;签名是不可复制的,一个消息的签名不能复制给另一个消息,任何人都能够发现签名与消息之间的不一致性;签名的消息不可以改变,一旦经过签名,消息不能被篡改,否则可以发现消息与签名之间的不一致性;签名不可以抵赖,签名者无法否认自己的签名。

数字签名在功能上可以解决否认、伪造、篡改及冒充等问题,具体表现如下:发送者事后不能否认发送的消息签名;接收者能够核实发送者发送的消息签名,接收者不能伪造发送者的消息签名、接收者不能对发送者的消息进行修改;网络中的某一个用户不能冒充另一个用户作为发送者或接收者。

2. 数字签名的实现方法

数字签名与手写签名一样,不仅要能证明消息发送者的身份,还要能与发送的信息相关。它必须能证实发送者身份和签名的日期和时间,必须能对消息内容进行认证,并且还必须能被第三方证实以便解决争端。其实质就是签名者用自己独有的密码信息对消息进行处理,接收方能够认定发送者唯一的身份,如果双方对身份认证有争议,则可由第三方(仲裁机构)根据报文的签名来裁决报文是否确实由发送方发出,以保证信息的不可抵赖性,而对报文的内容以及签名的时间和日期进行认证是防止数字签名被伪造和重用。

常用的数字签名采用公开密钥加密算法来实现,如采用 RSA、ElGamal 签名来实现,如图 8-8 所示。发送者自己的私钥 k_r 对信息的 Hash 值进行加密形成签名 Digest,然后签名与明文进行拼接发送出去。接收者一方面对收到的明文信息重新计算 Hash 值,一方面对签名信息用发送者的公钥 k_u 进行验证,得到的 Hash 值 $H'(m)$ 与重新计算的 Hash 值 $H(m')$ 进行比较,如果一致,则说明信息没有被篡改。这种方法的优点在于保证了发送者真实身份的同时,还保证了信息的完整性,满足了数字签名的要求;不足之处是由于数字签名并不对明文进行处理,因此不能保证消息的机密性,但可以在签名之后再对信息用接收方的公钥进行加密,接收方收到信息后用自己的私钥进行解密,再验证数字签名及信息的完整性。可见数字签名机制也是实现信息安全基本属性的重要手段。

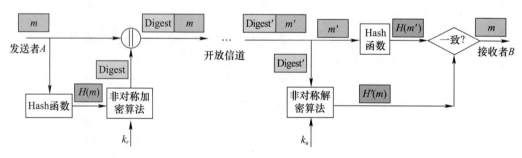

图 8-8　公开密钥算法数字签名

8.2.6　数字证书

数字证书就是包含了用户的身份信息,由权威认证中心(Certificate Authority,CA)签发,主要用于数字签名的一个数据文件,相当于网络上的身份证,能够帮助网上各终端用户表明自己的身份和识别对方的身份。在国际电信联盟(International Telecommunication

Union, ITU)制定的标准中,数字证书包含了申请者和颁发者的信息,如表 8 - 1 所列。

表 8 - 1　数字证书的内容

申请者的信息	颁发者的信息
证书的序列号	颁发者的名称
证书主题(即证书所有人的名称)	颁发者的数字签名(类似颁发者的公章)
证书的有效期	签名所使用的算法
证书所有人的公开密钥	

图 8 - 9 和图 8 - 10 为广东省数字证书认证中心颁发的用于软件认证的数字证书。有了数字证书,对于发送方的数字签名,接收方可以利用证书中的公钥进行解密并验证;同时,如果发送方使用接收方证书中的公钥,就可以对消息进行加密并发送给接收方,而接收方则可以用自己的私钥进行解密,从而实现数据的安全传输。

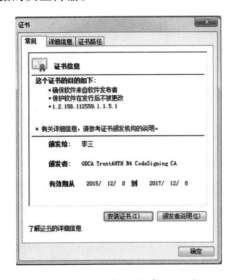

图 8 - 9　数字证书常规信息

图 8 - 10　数字证书详细信息

8.3 网络攻击与防御

参照 ISO 给出的计算机安全定义,网络安全是指:"保护计算机网络系统中的硬件、软件和数据资源,不因偶然或恶意的原因遭到破坏、更改、泄露,使网络系统连续可靠地正常运行,网络服务正常有序。"进入 21 世纪以来,互联网成为国家政治、经济、社会发展的重要支撑和不可或缺的基础设施。然而,网络空间的广泛脆弱性也使得当前计算机网络面临严峻的安全威胁和挑战,尤其是 2015 年斯诺登事件(拓展阅读 8 - 5:斯诺登事件的思考)爆发后,网络空间已成为继陆、海、空、天之后世界科技、军事强国普遍争夺的"第五空间",是国家安全的重要组成部分,也是个人隐私保护、商业信息安全需要关注的重要方面。

斯诺登事件
的思考

网络攻击手段层出不穷,分类方式也多种多样,按攻击的目的可以分为拒绝服务攻击、获取系统权限攻击、获取敏感信息攻击等;按攻击的机理可以分为缓冲区溢出攻击、SQL 注入攻击等;按攻击的实施过程可以分为获取初级权限的攻击、提升最高权限的攻击、后门控制攻击等;按攻击的实施对象可以分为对各种操作系统的攻击、对网络设备的攻击、对特定应用系统的攻击等;按攻击发生时攻击者与被攻击者的交互关系可以分为本地攻击、主动攻击、被动攻击、中间人攻击等。在具体的攻击手段和方法中,比较常见的是病毒、木马攻击、拒绝服务攻击等。

相比于网络攻击而言,网络防御技术和手段发展相对较慢,从防御的方式上来看,主要分为主动防御和被动防御两个方面。被动防御主要有防火墙技术、入侵检测技术、蜜罐密网技术等;主动防御主要包括密码技术、移动目标防御技术、拟态安全技术等。

8.3.1 病毒与木马

1. 计算机病毒

计算机病毒(Computer Virus)是编制者在计算机程序中插入的破坏计算机功能或者数据的代码,能影响计算机使用,能自我复制的一组计算机指令或者程序代码。

计算机病毒是目前计算机安全中最为广泛的一种威胁。国家计算机病毒应急处理中心报告指出,近几年我国计算机病毒感染率为 80% 以上,其中大部分病毒是木马、蠕虫、脚本等网络病毒,而这些病毒往往会成为不法分子窃取计算机机密信息和网络攻击的工具。

例 8 - 3:简单病毒实例。

将 Windows 操作系统中的记事本打开,并写入"%0|%0",将该记事本文件以 .bat 的格式保存,然后双击运行,大概不到 1min,你的计算机就会因为资源不足而死机。因为"%0"是再次执行该程序的意思,也就是说,这个 bat 文件运行后会不断地执行打开 cmd 命令窗口的指令,直至系统崩溃。

这就是一个非常简单的计算机病毒小程序。计算机病毒可以执行其他程序所能执行的一切功能,唯一不同的是,它必须将自身附着在其他程序(宿主程序)上,当运行该宿主程序时,病毒也跟着悄悄运行。

1) 病毒的特性

(1) 繁殖性。计算机病毒可以像生物病毒一样进行繁殖,当正常程序运行时,它也进行运行自身复制,是否具有繁殖、感染的特征是判断某段程序为计算机病毒的首要条件。

(2) 破坏性。计算机中毒后,可能会导致正常的程序无法运行,把计算机内的文件删除或受到不同程度的损坏,甚至还可以破坏引导扇区、BIOS 等硬件环境。

(3) 传染性。计算机病毒传染性是指计算机病毒通过修改别的程序将自身的复制品或其变体传染到其他无毒的对象上,这些对象可以是一个程序,也可以是系统中的某一个文件。

(4) 潜伏性。计算机病毒潜伏性是指计算机病毒可以依附于其他媒体寄生的能力,侵入后的病毒潜伏到条件成熟才发作。

（5）隐蔽性。计算机病毒具有很强的隐蔽性。有的病毒可以通过病毒软件检查出来，有的首次出现的病毒则很难发现。计算机病毒时隐时现、变化无常，这类病毒处理起来非常困难。

（6）可触发性。病毒因某个事件的发生或者数值的出现而实施感染或者进行攻击的特性称为可触发性。这些触发条件可能是系统时钟的某个时间或日期，也可以是系统运行了某些程序等。一旦条件满足，计算机病毒就会"发作"，使系统遭到破坏。

2）病毒的分类

病毒的分类方法多种多样，可以根据破坏程度、特有算法、寄生方式、传染方式等进行详细划分。根据传染方式可以将病毒划分为如下几类。

（1）文件型病毒。文件型病毒是指能够感染文件并能通过被感染的文件进行传染扩散的计算机病毒。这种病毒主要感染的文件为可执行性文件（扩展名为 COM、EXE 等）和文本文件（扩展名为 DOC、XLS 等）。前者通过文件执行实施传染，后者则通过 Word 或 Excel 等软件在调用文档中的"宏"病毒指令时实施感染和破坏。

（2）系统引导型病毒。这类病毒隐藏在硬盘或 U 盘的引导区，当计算机从感染了引导区病毒的硬盘或者 U 盘启动，或者当计算机从受感染的磁盘中读取数据时，引导区病毒就会开始发作。一旦加载系统，启动时病毒会将自己加载在内存中，然后就开始感染其他被执行的文件。

（3）混合型病毒。混合型病毒综合了系统引导型和文件型病毒的特性，它的危害比系统引导型和文件型病毒更为严重。这种病毒不仅感染系统引导区，也感染文件，通过这两种方式来感染，更增加了病毒的传染性以及存活率。

（4）宏病毒。宏病毒是一种寄生于文档宏中的计算机病毒，主要利用 Microsoft Word 提供的宏功能来将病毒带进到有宏的 DOC 文档中，任何一种支持 Word 的硬件平台或操作系统都可能被感染。宏病毒只感染文档文件，不感染程序文件，它不依赖于单一平台，传播也非常容易。

3）常见的计算机病毒

（1）蠕虫病毒。与一般计算机病毒不同，蠕虫病毒不需要将其自身附着到宿主程序，它是一种独立的智能程序，由于接管计算机中传输文件或信息的功能，因而可以自动完成复制过程。一旦计算机感染蠕虫病毒，蠕虫病毒即可独自传播，实现自我复制，但不感染文件。

（2）脚本病毒。脚本病毒常是 JavaScript 或者 VBScript 等脚本语言编写的恶意代码，利用网页、邮件或 Microsoft Office 文件进行传播，实现病毒植入，执行恶意代码。脚本病毒一般会修改注册表、修改浏览器设置、利用软件漏洞进行破坏等。脚本病毒具有编写简单、破坏力大、感染力强、欺骗性强等特点。

2. 计算机木马

木马（Trojan），也称特洛伊木马病毒，是指通过特定的程序（木马程序）来控制另一台计算机。木马这个名字来源于古希腊传说（荷马史诗中木马计的故事）。木马程序是目前比较流行的病毒文件，与一般的病毒不同，它不会自我繁殖，也并不"刻意"地去感染其他文件，它通过将自身伪装吸引用户下载执行，向施种木马者提供打开被种主机的门户,使施种者可以任意毁坏、窃取被种者的文件,甚至远程操控被种主机。

　　一个完整的木马程序通常由服务端(服务器部分)和客户端(控制器部分)两部分组成。"服务器"部分被植入到被攻击者的计算机中,"控制器"部分在攻击方所控制的计算机中,攻击方利用"控制器"主动或被动地连接"服务器",实现对目标主机的控制。木马运行后,会打开目标主机的一个或多个端口,以便于攻击方通过这些端口实现和目标主机的连接。连接成功后,攻击方便成功地进入了目标主机计算机内部,通过控制器可以对目标主机进行很多操作,如增加管理员权限的用户、捕获目标主机的屏幕、编辑文件、修改计算机安全设置等。这种连接很容易被用户和安全防护系统发现,为了防止木马被发现,木马会采用多种技术来实现连接和隐藏,以提高木马种植和控制的成功率。

　　攻击者利用木马对目标主机的控制,需要通过控制端和服务器端的连接来实现。常见的木马连接方式有正向端口连接、反弹端口连接和"反弹+代理"连接3种。

　　(1)正向端口连接。正向连接方式是由控制端主动连接服务器端,即由控制端向服务器端发出建立连接请求,从而建立双方的连接,如图8-11所示。

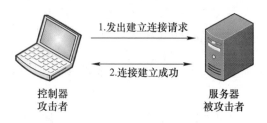

图8-11　正向端口连接

　　(2)端口反弹连接。端口反弹连接方式是由"服务器"主动向"控制器"发出连接请求,如图8-12所示。这种方式可以有效地绕过防护墙,如有名的国产木马——灰鸽子。然而,反弹连接方式,要在配置"服务器"时,提前设置好"服务器"要连接的IP地址和端口号,也就是"控制器"所在计算机的IP地址和等待连接的端口。一旦"控制器"所在计算机IP地址发生变化,"服务器"和"控制器"的连接就会失败。

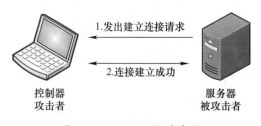

图8-12　端口反弹连接

　　(3)"反弹+代理"连接。为了解决动态IP的问题,又出现了新的木马连接技术,利用"反弹+代理"方式实现"控制器"和"服务器"的连接。代理的主要作用是保持并实时更新"控制器"的IP地址和端口号,如图8-13所示。"服务器"在发起连接请求时,通过询问代理服务器,获得"控制器"的IP地址和端口号,然后与"控制器"建立连接。这里的代理服务器通常是已经被攻击者控制的计算机。这种连接方式利用代理服务器,一方面解决了控制端IP动态变化的无法连接的问题,另一方面有效地隐藏了攻击者的IP地址,减小了攻击者被发现的概率。

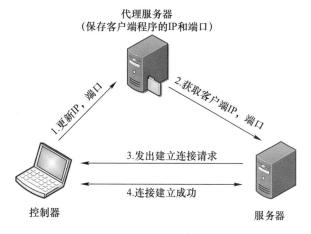

图 8 - 13 "反弹 + 代理"连接

8.3.2 其他网络攻击

1. 缓冲区溢出攻击

缓冲区溢出是指当计算机向缓冲区内填充数据位数时超过了缓冲区本身的容量,溢出的数据覆盖在合法数据上。理想的情况下程序会检查数据长度,而且并不允许输入超过缓冲区长度的字符。但是绝大多数程序都会假设数据长度总是与所分配的储存空间相匹配,这就为缓冲区溢出埋下隐患。操作系统所使用的缓冲区,又被称为"堆栈"。通过往程序的缓冲区写入超出其长度的内容,造成缓冲区的溢出,从而破坏程序的堆栈,使程序转而执行其他指令,以达到攻击的目的。

造成缓冲区溢出的原因是程序中没有仔细检查用户输入的参数。

例 8 - 4:缓冲区溢出实例。

例如,下面程序:

```
void function( char * str) { char buffer[ 16 ]; strcpy( buffer,str) ; }
```

上面的 strcpy() 将直接把 str 中的内容复制到 buffer 中。这样只要 str 的长度大于16,就会造成 buffer 的溢出,使程序运行出错。当然,随便往缓冲区中填东西造成它溢出一般只会出现程序错误,而不能达到攻击的目的。最常见的手段是通过制造缓冲区溢出使程序运行一个用户 shell,再通过 shell 执行其他命令。

缓冲区溢出攻击之所以成为一种常见安全攻击手段,其原因在于缓冲区溢出漏洞太普遍了,并且易于实现。缓冲区溢出成为远程攻击的主要手段,其原因在于缓冲区溢出漏洞给予了攻击者他所想要的一切:植入并且执行攻击代码。被植入的攻击代码以一定的权限运行有缓冲区溢出漏洞的程序,从而得到被攻击主机的控制权。

2. 拒绝服务攻击

拒绝服务(DoS):DoS 是 Denial of Service 的简称,即拒绝服务,任何对服务的干涉,使得其可用性降低或者失去可用性均称为拒绝服务。例如一个计算机系统崩溃或其带宽耗尽或其硬盘被填满,导致其不能提供正常的服务,就构成拒绝服务。造成拒绝服务的攻击行为称为 DoS 攻击,其目的是使计算机或网络无法提供正常的服务。最常见的 DoS 攻击有计算机网络带宽攻击和连通性攻击。带宽攻击是指以极大的通信量冲击网络,使得所有可用网络资源都被消耗殆尽,最后导致合法的用户请求无法通过。连通性攻击是指用大量的连接请求冲击计算机,使得所有可用的操作系统资源都被消耗殆尽,最终计算机无法再处理合法用户的请求。

DoS 攻击具有各种各样的攻击模式,是分别针对各种不同的服务而产生的。它对目标系统进行的攻击可以分为以下 3 类:

(1)消耗稀少的、有限的并且无法再生的系统资源。

(2)破坏或者更改系统的配置信息。

(3)对网络部件和设施进行物理破坏和修改。

当然,以消耗各种系统资源为目的的拒绝服务攻击是目前最主要的一种攻击方式。计算机和网络系统的运行使用的相关资源很多,如网络带宽、系统内存、硬盘空间、CPU 时钟、数据结构以及连接其他主机或 Internet 的网络通道等。针对类似的这些有限的资源,攻击者会使用不同的拒绝服务攻击形式以达到目的。

分布式拒绝服务攻击(Distributed Denail of Service,DDoS)是一种威胁更大的拒绝服务攻击方式,它在攻击机理上与普通的拒绝服务攻击是一样的,但是攻击的发起源是多个。通常来说,至少要有数百台甚至上千台主机才能达到满意的效果。DDoS 攻击很多是利用了 TCP/IP 协议本身的漏洞和缺陷实施的,攻击者利用成百上千个"被控制"节点向受害者发动大规模的协同攻击。通过消耗带宽、CPU 和内存等资源,达到致使被攻击者的性能下降甚至瘫痪和死机,从而造成其他合法用户无法正常访问网络服务。和 DoS 比较起来,其破坏性和危害性程度更大,涉及范围更广,也更难发现攻击者。DDoS 攻击的原理如图 8-14 所示,这个过程可以分为如下几个步骤:

(1)探测扫描大量主机来寻找可以入侵的目标主机。

(2)入侵有安全漏洞的主机并且获取控制权。

(3)在每台入侵主机中安装攻击程序。

(4)利用已入侵的主机机箱进行扫描和入侵。

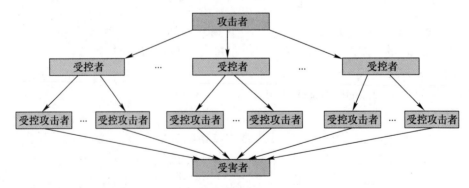

图 8-14　DDoS 攻击原理

8.3.3　被动防御机制

目前,网络空间攻防态势基本上处于"易攻难守"状态,这就造成了攻击和防御在诸多方面的不对称。网络空间信息系统在设计链、生产链、供应链及服务链等环节存在可信度或安全风险不受控的情形,使得任何国家或组织都无法从根本上消除信息系统或网络基础设施的安全漏洞,而攻击者只需发现并成功利用其中的一个漏洞,就可能给系统带来难以预估的安全风险。尽管大部分防御技术与防御产品,如防火墙、防病毒软件、基于特征的入侵检测技术等得到了广泛使用,然而,这些技术是以阻挡和检测为主要手段,具有一定的被动性和滞后性,属于静态的被动防御方法,虽然存在防御缺陷,但是对于大部分网络攻击还是十分有效的。

1. 防火墙技术

防火墙是应用最为广泛的网络安全技术。在构建安全网络环境的过程中,防火墙往往是第一道安全防线。防火墙是由硬件(路由器、服务器)和软件构成的系统,用来在两个网络之间实施接入控制策略,是一种屏障,如图 8-15 所示。防火墙用来限制企业内部网与外部网络之间数据的自由流动,仅允许被批准的数据通过。设置 Internet/Intranet 防火墙实质上就是要在企业内部网与外部网之间检查网络服务请求是否合法,网络中传输的数据是否会对网络安全构成威胁。

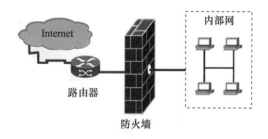

图 8-15　防火墙位于内外网络之间

1)防火墙的功能

虽然防火墙的结构有多种形式,但从基本工作原理来看就是完成通连关系的管控。如果外部网络的用户要访问企业内部网络的服务,一般首先由分组过滤路由器来判断外部网络用户的 IP 地址是不是企业内部网络所禁止的,如果是禁止的,那么分组过滤路由器将丢弃这些数据包;如果未禁止,那么这些 IP 的数据包不是直接通过,而是要送到应用层网关,由应用层网关来判断发出这个数据包的用户是否合法,如果是合法用户,那么数据才会送到服务器并进行处理,否则数据包也会被丢弃。人们就是通过设置不同的安全规则来实现防火墙的不同安全策略。防火墙的主要功能包括:控制对网络的访问和封锁网站信息;防止被保护的子网络暴露;具有审计功能;强制执行安全策略;对出入防火墙的信息进行加密和解密等。

2)防火墙的种类

(1)包过滤防火墙。包过滤防火墙可以允许或拒绝所接收的每一个数据包。路由器审查每个数据包以便确定其是否与某一条包过滤规则相匹配。过滤规则是基于 IP 包的包头信息。包头信息中包括 IP 源地址、IP 目的地址、协议类型和目标端口等。如果包的出入接口相匹配,并且规则允许该数据包通过,那么,该数据包就会按照路由表中的信息被转发。但是即使是与包的出入接口相匹配,而规则拒绝该数据包通过,那么该数据包也会被丢弃。

包过滤防火墙使得路由器能够根据特定的服务允许或者拒绝数据的流动,因为多数的服务收听者都在已知的 TCP/UDP 端口号上。例如,Telnet 服务器在 TCP 的 23 号端口上监听外部连接,为了阻塞所有进入的 Telnet 连接,路由器只需要简单地丢弃所有 TCP 端口号等于 23 的数据包即可。包过滤防火墙的优点是不用改动客户机和主机上的应用程序,因为它工作在网络层和传输层,与具体应用无关,一个包过滤器能够协助保护整个网络,并且速度快效率高。不过包过滤防火墙缺点也很明显,就是不能彻底防止地址欺骗;因为包过滤防火墙只根据网络层和传输层有限的信息进行网络控制,因而安全需求很难充分满足。

（2）应用层网关防火墙。应用层网关,即防火墙部署在应用层。应用层网关防火墙是内部网与外部网的隔离点,起着监视和隔绝应用层通信流的作用,同时也结合了过滤器的功能。它工作在 OSI 模型的最高层,掌握着应用系统中可用作安全决策的全部信息。应用层网关使得网络管理员能够实现比包过滤更加严格的安全策略。应用层网关不用依赖包过滤工具来管理 Internet 服务在防火墙系统中的进出,而是采用为每种所需服务在网关上安装特殊代码（代理服务）的方式来管理 Internet 服务。如果网络管理员没有为某种应用安全代理编码,那么该服务就不被支持,并且不能通过防火墙系统来转发。

应用层网关防火墙采用的是代理技术,优点是代理易于配置,可生成各项记录,可以灵活而完全地控制进出流量和内容,能为用户提供透明的加密机制,方便与其他安全手段集成。其缺点在于代理速度要比基于路由器包过滤的防火墙慢,对用户不透明,难以改进底层协议的安全性。

（3）复合型防火墙。对有更高安全性要求的用户,可以使用将包过滤、代理机制结合在一起的复合型防火墙。复合型防火墙通常有两种结构:一种是屏蔽主机防火墙体系结构,在该结构中,包过滤路由器或防火墙与外部网络连接,同时将一个堡垒机安装在内部网络,通过在包过滤路由器或防火墙上对过滤规则的设置,使堡垒机成为外部网上其他节点所能到达的唯一节点,确保了内部网络不受非法用户的攻击;另一种是屏蔽子网防火墙体系结构,这种结构是在内部网络和外部网络之间建立一个被隔离的子网,用两台包过滤路由器将这一子网分别与内部网络和外部网络分开。一般两个包过滤路由器放在子网的两端,在子网内构成一个"非军事区"DMZ,有的屏蔽子网中还设有一堡垒主机作为唯一可访问点,如图 8-16 所示。

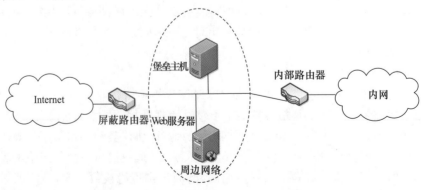

图 8-16　复合型防火墙

3）防火墙的优缺点

防火墙能够强化安全策略,是为了防止不良现象发生的"交通警察";作为网络访问的唯一访问点,防火墙能在被保护的网络和外部网络之间进行记录;同时防火墙还能够限制暴露用户点,所有进出的信息都必须通过防火墙,防火墙便成为安全问题的检查点,将可疑的访问拒绝于门外。

防火墙虽然可以阻断攻击,但不能消灭攻击源;防火墙是基于已有的特征进行策略设定,因此难以抵抗最新的未设置策略的攻击漏洞;由于防火墙要判断、处理流经的每一个包,因此当并发连接数较大时,容易导致拥塞或者溢出;防火墙对服务器合法开放的端口的攻击大多无法阻止,并且对待内部主动发起连接的攻击一般也无法阻止,"外紧内松"是一般局域网络的特点;另外,防火墙本身也会出现问题和受到攻击。

2. 入侵检测技术

防火墙是系统安全的第一道屏障,但防火墙不是万能的,一般网络系统必须对外开放一些端口,如80、110等,这时防火墙的不足就会充分体现出来。当系统的第一道防护被突破以后,必须有新的措施来保护网络安全,入侵检测系统(IDS)就是一种实时检测系统工作状态的技术,它能随时检测系统是否被非法访问,并能产生报警或与其他安全设备联动。

入侵检测通常是指对入侵行为的发现或发觉,通过对从计算机网络或系统中某些检测点收集到的信息进行分析、比较,从中发现网络或系统运行是否有异常现象和违反安全策略的行为发生。具体来说,入侵检测就是对网络系统的运行状态进行监视,检测发现各种攻击企图、攻击行为或攻击结果,以保证系统资源的机密性、完整性和可用性。所谓入侵检测系统,是指进行入侵检测过程配置的各种软件和硬件的组合。

入侵检测系统的目的是能够迅速地检测出入侵行为,在系统数据信息未受破坏或者泄密之前,将其识别出来并对其进行抑制。即使不能最快地破获入侵者,只要能够快速地识别入侵者,也能使系统免遭损失。通过检测收集有关入侵行为的信息,加强入侵防范机制措施,是对防火墙作用的进一步加固和扩展。入侵检测系统目前在网络安全中的作用越来越大,已成为不可缺少的网络安全防护系统。

1）入侵检测的方法和步骤

入侵检测的方法有多种,按照分析方法来分,一种是异常检测,另一种是误用检测。异常检测是指假设入侵者活动异常于正常主体的活动。根据这一理念建立主体正常活动的"活动档案",将当前主体活动情况与"活动档案"进行比较,当违反其统计规律时,认为该活动可能是"入侵"行为。误用检测假设入侵者活动可以用一种模式来表示,系统的目标是检测主体活动是否符合这些模式。它可以将已有的入侵方法检查出来,但对新的入侵方法却无能为力。

入侵检测的步骤大概可以分为以下两个方面。

(1)搜集信息。多方位搜集检测对象的原始信息,包括系统、网络、数据及用户活动的状态和行为,保证真实性、可靠性和完整性。信息的来源主要包括系统和网络监控的日志文件、目录和文件内容的变更、程序的非正常执行行为和物理攻击的入侵信息等。

(2)数据分析。根据搜集到的原始信息,进行最基本的模式匹配、统计分析和完整性分析。这也就是通常所说的三种技术手段,模式匹配、统计分析用于分析实时的入侵行为,完整性分析则更多地用于事后分析。模式匹配主要是指将收集到的信息与已知的网络入侵和系统误用模式数据进行比较,从而发现非法行为;统计分析主要是给用户、文件、目录、设备等物理或逻辑实体创建一个统计描述,这个描述会给出访问次数、操作失败次数、延迟等测量属性,如果在监测过程中,某些测量属性超出正常范围,就认为可能存在入侵行为;完整性分析是利用文件和目录的内容及属性,针对某个文件或对象是否被更改等现象来判断是否存在入侵。

2)入侵检测系统的体系结构

入侵检测系统的体系结构主要有三种形式:基于主机型的体系结构、基于网络型的体系结构和基于分布式的体系结构。

(1)基于主机型的体系结构。主机型的入侵检测系统如图8-17所示,该模型属于早期的入侵检测系统结构,检测目标是主机系统和本地用户。工作过程中,入侵检测系统通过对主机的审计数据和系统监控器日志的监测来发现可疑事件,因此该系统主要依赖于审计数据、系统统计日志的准确性、完整性以及安全事件的定义。如果入侵者逃避审计,则会造成检测失败。

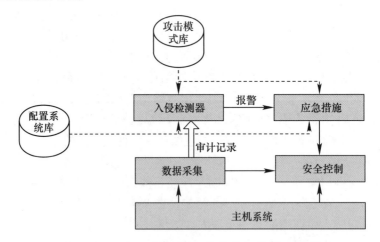

图8-17 基于主机系统的简单入侵检测结构

(2)基于网络型的体系结构。当主机型体系结构的入侵检测系统难以适应网络安全需要时,人们提出了基于网络的入侵检测系统,如图8-18所示。该系统根据网络流量、主机的审计数据进行入侵检测。其中嗅探器由过滤器、网络接口引擎和过滤规则决策器等模块组成。嗅探器是核心部件,其作用是按照匹配规则从网络上获取与入侵安全

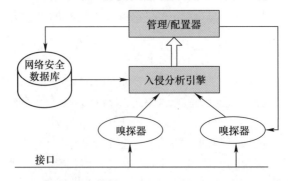

图8-18 基于网络的入侵检测系统

事件关联的数据包,直接传递给入侵分析引擎器进行归类筛选和安全分析判断。分析引擎器接收来自嗅探器和网络安全数据库的信息并进行综合分析,将结果传递给管理/配置器,一方面由配置器产生嗅探器需要的配置规则,另一方面通过管理来补充或更改网络安全数据库的内容。该体系结构的优点是配置简单,系统独立性好,当进行通信流量监控时,不影响服务器平台的变化和更新;监视对象多,可监测包括协议攻击和特定环境攻击。但是,对于高速网络和加密数据有些力不从心。

(3)基于分布式的体系结构。面对高速网络,传统网络型的入侵检测系统容易产生丢包,因此一种分布式的入侵检测体系结构出现了,其结构如图 8 – 19 所示。在这种结构中,探测器被分布到网络中的每台计算机上,这样探测器可以检测到不同位置上流经它的网络数据包,然后探测器与管理模块相互通信,这样各探测点发出的所有告警信号就可以收集在一起,通过关联分析来实现入侵行为的发现。

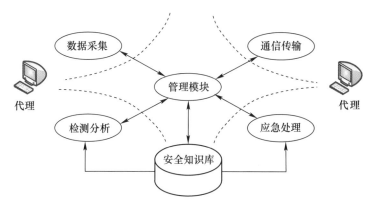

图 8 – 19　分布式入侵检测系统

8.3.4　主动防御机制

在被动防御技术难以应对未知漏洞、后门问题的困境下,主动防御技术逐步发展并成为网络安全研究的焦点。主动防御是指能够在攻击的具体方法和步骤被防御者知悉之前实现防御部署,有效抵抗未知攻击和破坏的防御技术。相对于被动防御技术,主动防御能够降低攻击对系统的破坏性,最大程度地防范攻击的发生或进行,尤其是针对未知的攻击,能够实施更加主动、前摄的防御。典型的主动防御技术有拟态防御、移动目标防御、入侵容忍等。其中拟态防御作为新兴的主动防御技术,是邬江兴院士(拓展阅读 8 – 6:邬江兴院士)首先提出的,其优势在工程实践与应用中得到了较好的实现和验证,在网络空间安全防御中具有可观的发展前景,有望成为"网络空间再平衡战略"的有力抓手。

邬江兴院士

1. 网络空间拟态防御技术

一种生物在色彩、纹理和形状等特征上模拟另一种生物或环境,从而使一方或双方受益的生态适应现象,称为拟态现象。拟态现象在生物界其实很普遍,如果生物体不仅在色彩、纹理和形状上,而且在行为和形态上也能模拟另一种生物或环境的拟态伪装,我们称为拟态防御。条纹章鱼就是生物界的拟态防御大师。据研究,它可以至少模拟15种以上海洋生物,可以在珊瑚礁环境和沙质海底完全隐身,给攻击者造成目标认知困境,极大地削弱攻击的有效性与可靠性。

钱学森曾经指出,"从复杂问题的总体入手,认为总体大于各部分之和,各部分虽较劣但总体可以优化。"这就给出了运用系统工程思想解决"用可信性不能确保的软硬构件搭建安全可控信息系统"问题的方法。就像是自然界里,同样是碳原子,不同的排列结构就决定了钻石和石墨具有截然不同的物质硬度和其他特性。因此,在网络空间中拟态防御的愿景是:能够应对拟态界内未知漏洞后门等导致的未知风险或不确定威胁;拟态防御的有效性由架构内生防御机制决定而不是依赖现有的防御手段或方法;不以拟态界内软硬构件的"可信可控"为前提,适应全球化开放生态环境;能够融合现有的任何安全防护技术并可以获得超非线性的放大防御效果。期望解决基于不可信供应链构建"自主可控、安全可信"系统的"网络时代经济学"难题;最大程度地降低攻击者经验的可复现性和传播价值;显著提高攻击者入侵难度和获利代价,逆转"易攻难守"格局。最终寻求"构造决定内生安全"的革命性防御能力。

1)拟态防御工作原理与防御模型

拟态防御工作原理是一个功能等价的异构执行体的集合 F,在 t_1 时刻随机从 F 中选取 k 个执行体提供带有裁决机制的输入输出服务,在 t_2 时刻作类似动作,在后续的时刻依此类推。在功能等价条件下,动态异构冗余构造的防御界内,在时空维度上具有多维动态重构机制,未知漏洞后门或者病毒木马及攻击链会随着防御场景作不确定性的改变,因此攻击者想利用已有漏洞或木马构建攻击链会非常困难。

如图8-20所示,拟态防御系统从构件池获取功能构件,并经多维重构和策略调度形成服务集 k 的异构冗余执行体,由动态生成的服务 k 提供系统当前的服务。期望在给定功能或性能不变的条件下,拟态界内的异构冗余执行体可以在时间、空间两个维度上实现结构上的相异性和冗余性改变,包括对寄生其上的未知漏洞、后门等的改变。其基

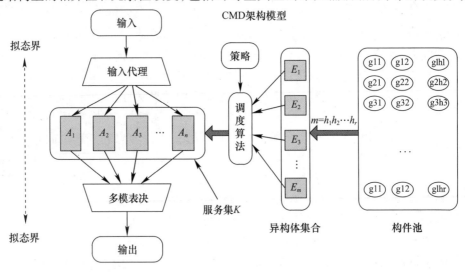

图8-20 拟态防御架构模型

本工作流程是:输入序列由输入代理分发给服务集 k 的各执行体,它们的输出经过归一化处理再实施多模表决,多数相同的结果被选择输出。显然,除非服务集 k 的各异构执行体中的未知漏洞能被相同激励触发并产生完全相同的错误输出;否则,即使各执行体中都存在未知的安全问题也无法瓦解拟态防御。于是,除了给定服务功能不变外,目标对象(包括未知漏洞后门、病毒木马等)始终处于时空变化中。不确定性威胁被异构冗余架构转化为"异构执行体同时出现完全或多数相同性错误内容的判定问题",即"未知的未知威胁"被拟态物理机制转化为"已知的未知风险"控制问题,成为可用概率等数学方法或工具分析和表述的问题。

2)拟态防御的基本目标

拟态防御的基本目标是要在后全球化时代、开源开放产业模式、"相互依存"关系常态化的生态环境中,基于"有毒带菌"不可信、不可控的软硬构件,搭建基于创新的动态异构冗余体制的信息系统,并能提供不依赖但不排斥传统防御方法的安全可信可靠的信息服务。基于创新理论和方法,首先将确定性攻击转变为效果不确定的攻击事件,其次将效果不确定性事件再转换成为概率可控的可靠性问题,试图从根本上降低不确定威胁对目前网络攻防不对称游戏规则的影响,开辟网络安全再平衡的新方法和新途径。

拟态防御架构本质上是一种具有集约化属性和普适性意义的"四位一体"信息系统架构技术,能够提供主被动防御一体化,服务提供与安全防御一体化,内生安全与可靠性一体化,高可用与高可信一体化的功能。正如三角形具有几何意义上的稳定性内涵一样,理论上可以证明拟态界内:拟态防御架构对"已知的未知风险"或"未知的未知威胁"具有相同的防御功效,并且与架构内生机制强相关。这使得信息系统能够具备类似生物体的非特异性免疫机制,能够在缺乏攻击特征信息的情况下,对确定或不确定威胁实施有效的"面防御"。

动态异构冗余构造的安全机理从攻击者的角度来说,面对多元动态异构空间的攻击,需要实现非配合条件下的多元目标协同攻击,还要在环境动态性和随机性变化情况下保证攻击的阶段性成果,而环境的动态性和随机性使阶段性攻击成果很难具有可继承性和可再现性,这使得任何基于目标对象漏洞后门等的攻击几乎不可能达成预期的目的。显然,拟态防御将攻击难度提升了 3 个层次:从现在的基于静态空间的单一确定目标攻击难度,增强为静态异构空间的多目标协同一致攻击难度,再增强为"动态异构空间,多元目标协同一致攻击"难度,难度等级呈非线性提升。拟态防御的基本原理也可以视为不确定威胁被动态异构冗余物理架构归一化为拟态界内同时出现完全或多数相同错误的可靠性问题。

3)拟态防御技术的问题与前景

拟态防御自身也存在问题,首先是拟态界外的防护效果不确定;其次是拟态界内异构冗余带来设计、体积、成本、功耗和维护复杂度的增加;最后是拟态防御的实现,依赖软硬构件多样化、多元化供应水平。但是分析表明,拟态防御实现的工程代价低于可靠性领域经典非相似余度架构,同时实现的安全性要求远远高于专用加密装置。尽管拟态防御基本原理与方法具有普适性,但是不同领域可能面临不同的应用挑战,理论和技术层面尚需不断完善与再创新。

2. 网络空间移动目标防御技术

为了打破攻防不对等的局面,2009 年,美国国家科学技术委员会提出了一种被誉为改变网络空间安全"游戏规则"的主动防御技术——移动目标防御技术(MTD),并开展了一系列的研究,包括美国陆军主导的"限制敌方侦查的变形网络"项目、堪萨斯州大学主持的"自适应计算机网络"项目等。

1）移动目标防御基本思想

MTD 的目的是在系统的不同层面构建一个随时间无规律变换的动态和不确定网络环境,限制系统脆弱性暴露的概率,从而提高攻击者的攻击复杂度和成本。值得注意的是,MTD 并不是已有防御技术的替代,而是对已有防御技术的补充。MTD 能够给服务提供随机变换的能力,降低攻击者研究并利用一个特定系统漏洞的能力。

众所周知,网络攻击成功的关键和前提是能够收集有效的目标信息,然后从收取到的信息中挖掘漏洞信息,并构造具有针对性的攻击计划,目标信息是否准确和完善决定了攻击的效率。这些攻击前需要采集的信息称为探测面。在传统的网络结构中,目标服务的探测面处于静止状态,即在固定的平台上运行相同版本的服务,并且服务的 IP 地址也固定不变,攻击者可以利用这些信息有效地构造攻击载荷。在 MTD 模型中,目标服务的探测面是动态不确定的。如图 8-21 所示,MTD 可以更改系统的配置和环境,包括目标 IP 地址、操作系统、开放端口、网络拓扑结构以及运行平台等,整个系统的形态会随时间发生变化。由于攻击者探测到的信息具备时效性,系统配置的每次更新都会给攻击者带来额外的攻击代价,并能够缩短攻击的可用周期。

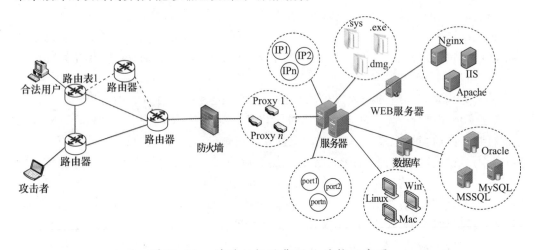

图 8-21　移动目标防御网络结构示意图

以 IP 地址变换为例,MTD 从一个 IP 地址池中为服务随机分配一个 IP 地址,由于服务的 IP 地址不断地发生改变,服务的探测面变成了整个 IP 地址池。攻击者需要不断地重新定位目标,此方法能够有效地抵御扫描攻击和嗅探攻击。MTD 除了能够增加探测面外,还能够减小攻击面。攻击面是指可被攻击者利用的系统资源,包括但不限于操作系统、软件、数据等。攻击面越大意味着系统越不安全,通过代码审计或漏洞扫描的方式可以发现系统脆弱点,修补系统漏洞可以减小系统攻击面,但仍然无法构建一个无缺陷的服务系统。由此,降低系统安全风险最有效的方法是缩小并转移攻击面,MTD 的主要思想就是在服务可用的前提下向攻击者呈现不同的攻击面。

2）移动目标防御的基本问题

MTD 的提出改变了传统静态、被动的防御思想，增加了受保护系统的冗余性、多样性和随机性，使其可以在自身存在安全缺陷的情况下依然能够保持安全。防御者不需要分析、定位和弥补存在的漏洞，而是不断地改变攻击者所获取到的攻击面。MTD 的应用能够增加攻击者的难度和代价，但 MTD 的实施与部署也在一定程度上会影响受保护系统正常使用和性能，使得 MTD 的相关研究停留在了理论探索和模拟验证阶段。得益于近年来网络技术的进步，软件定义网络（Software - defined Networking，SDN）、网络功能虚拟化（Network Function Virtualize，NFV）和 IPv6 的提出给网络的管理带来了便利，同时也给MTD 的发展和实际应用带来了机遇。越来越多的研究人员开始关注 MTD，并逐渐成为了研究的热点。

总体来说，MTD 的研究和应用需要解决 3 个基本问题——突变元素、突变周期和突变策略。

（1）突变元素。它解决了移动防御中变什么的问题。突变元素不仅包含被保护目标的属性参数，还包括可系统服务的组成部分。然而，可被攻击者利用和攻击的系统元素很多，哪些可以用来降低攻击者的成功率以及面对特定攻击、哪些元素的防御效果最好成为了 MTD 研究的基础。

（2）突变周期。突变周期是指实施突变元素变换的时间间隔，它是影响防御效果的重要因素。如果突变周期较长，那么系统在这段时间内将会处于静止状态，攻击者成功的概率就会增加；如果变换的周期过短，那么攻击者收集到脆弱性信息的有效期也会缩短，从而提高了系统的安全性，但频繁地改变系统配置就会给系统性能和服务带来负面的影响。因此，为了平衡系统的安全性和可用性，如何确定适当的突变周期显得尤为重要。

（3）突变策略。突变策略是 MTD 的核心，它为防御者在不同的攻防对抗场景中选择突变元素和突变周期，从而保持系统的随机性和不确定性。面对不同的攻击手段，防御者需要选择一种或者多种突变元素进行防御，而不同突变元素所消耗的资源和防御效果又不尽相同。因此，如何选择有效的突变元素使防御回报提高的同时增加攻击代价成为研究人员急需解决的问题。

上述 3 个研究内容中，突变元素是基础，突变周期是关键，突变策略是核心，而突变策略的制定同时也解决了另外两个基本问题。突变策略不仅依赖于攻击手段，还应维持系统在运行过程中的状态，当系统发生变化时，应尽可能地确保服务的可用性。作为一种主动的防御方式，MTD 依赖的是系统自身主机资源和网络资源的异构性、冗余性、复杂性以及空间分布性，而不是依赖于额外被动固定的安全机制。与传统的防御系统相比，MTD 不仅可以抵御已知攻击，还能够增加未知攻击的难度。

3）拟态防御和移动目标防御的区别

MTD 的重点是减轻攻防之间的不对称性，其防御的重点是系统内部的未知漏洞；拟态安全防御则是在保证系统功能等价的前提下，对未知漏洞和后门的防御。除此之外，MTD 更倾向于软件层面上的防御，而拟态防御是基于拟态计算的软硬件协同防御。

3. 入侵容忍技术

主动防御技术在新型的、未知的攻击行为面前具有较强的抵抗性,是网络安全领域的研究热点之一。主动防御技术的早期形态以入侵容忍技术为主。入侵容忍技术是由容错技术发展而来的。容错技术最初针对的是计算机系统尤其是分布式系统的计算结果一致性问题而提出的。20 世纪 80 年代,容错技术开始应用于恶意漏洞的防御,由"容错"发展为"容侵",由此产生"入侵容忍"的概念。入侵容忍借用容错技术来达到容侵、保持系统可生存性和弹性的目的,是当时主流的信息系统安全技术之一。

基于入侵容忍技术产生的系统称为入侵容忍系统(ITS)。入侵容忍系统没有明确的和广泛采用的定义,但可概括为:即使在面临部分组件被成功攻击时,仍然可以持续正确地工作且向用户提供预期服务的系统。

入侵容忍系统的实现基本分为检测触发型、算法驱动型和混合型 3 种类型。检测触发型的入侵容忍系统主要通过入侵检测发现入侵行为,继而触发系统的恢复操作以清除入侵,达到入侵容忍的目的。算法驱动型的入侵容忍系统多通过大数表决及其衍生算法和拜占庭表决算法掩盖部分组件的失效或故障。也存在两种类型混合的入侵容忍系统,如 SITAR,既进行表决也对系统的内部错误进行检测。入侵容忍的共同目标是保证系统的可用性和弹性,即当系统受到破坏时能够继续维持正常服务或在最短时间内切换服务器使服务持续,尽可能减少平均故障时间。

由于入侵容忍技术在主动防御概念之前出现,在防御思路上已经具备了主动防御的特点,同时受限于当时网络威胁的特点,在入侵容忍系统的设计思路上具有一定的局限性,而入侵容忍的提出和丰富的设计方案为主动防御技术的发展提供了研究起点和基础。由于冗余代价较高,入侵容忍技术研究在维持了 20 年左右的时间后,逐渐没落。

8.4 Windows 10 防火墙配置

防火墙可以在内部网络和外部网络间提供数据过滤。由于防火墙外是外网,所以所有服务端口都会经过防火墙,只需要把对应端口禁止,就能达到禁止访问外部服务的目的。我们的计算机也可以对外提供服务,也就是开放这些服务对应的端口就可以让访问进来。下面以 Windows 10 操作系统防火墙配置为例介绍防火墙配置的方法。

8.4.1 简单配置

简单配置就是根据需要启动的服务来打开或关闭系统的访问。首先在 Windows 10 操作系统下找到"Windows 安全中心",并找到"防火墙和网络保护"选项,如图 8 – 22 所示。在"防火墙和网络保护"选项下,找到"允许应用通过防火墙"的配置选项,如图 8 –23所示。此时呈现出图 8 –24 的配置窗口,当需要某些应用程序通过防火墙时,只需要在其后面打钩即可。

对于配置简单防火墙而言,最重要的是入站规则,而出站一般是全部放行。还需要遵守一个规则:拒绝的应用和端口永远比允许的多。简单地说,就是我们只配置允许的,而允许之外的全部拒绝。一般而言,可以不允许任何数据送入,但不能不允许数据送出,否则,我们的数据包出不了防火墙,会造成连不了网的情况。简单配置方法虽然简单,但

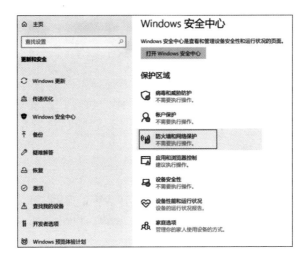

图 8-22　防火墙和网络保护

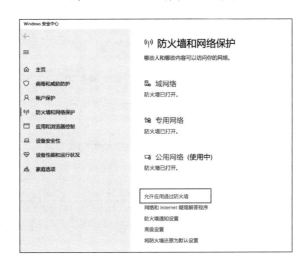

图 8- 23　允许应用通过防火墙

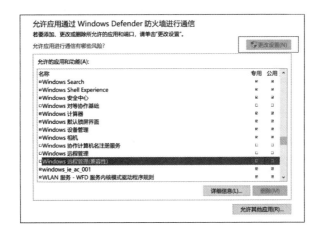

图 8-24　程序通过防火墙设置

往往难以满足复杂需求,此时就需要高级配置了。

8.4.2 高级配置

如图 8-25 所示,在"防火墙和网络保护"下,选择"高级设置"就可以根据弹出的窗口对防火墙入站、出站规则进行进一步配置了。用户可以根据程序、协议和端口、作用域、操作和配置文件对防火墙出站与入站进行自定义规则设置(图 8-26 和图 8-27),从而实现复杂的防火墙配置功能。

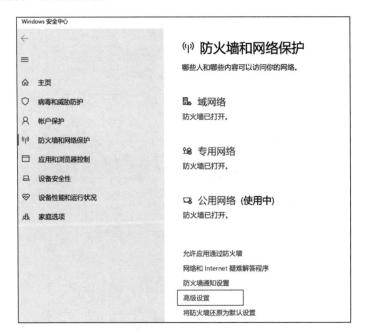

图 8-25 高级设置

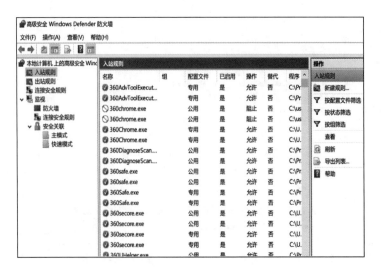

图 8-26 自定义规则设置

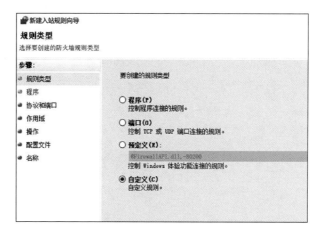

图 8 – 27　自定义规则设置选项

习　题

1. 什么是信息安全？什么是网络安全？
2. 信息安全的基本属性有哪些？具体意义是什么？
3. 现代密码体制和古典密码体制的核心区别是什么？
4. 对称密码体制和非对称密码体制的区别是什么？
5. Hash 函数的性能有哪些？请具体说明。
6. 木马与病毒的差别在哪里？你能举一个木马或者病毒的案例吗？
7. 网络攻击的技术根源在哪里？应该如何防范网络攻击？
8. DoS 攻击和 DDoS 攻击是什么？差异在哪里？
9. 网络空间安全关系国家安全，请说说为什么？
10. 主动防御和被动防御的差别是什么？
11. 你认为做好信息安全和网络安全防护应该从哪些方面入手？

第9章
计算机新技术

　　进入21世纪以来，计算机相关新技术快速发展极大地推动了社会的变革和进步，尤其是以大数据、人工智能等新技术，更是改变了我们的生产、生活方式。了解新技术，了解科技发展方向，才能把握未来、适应未来。

第9章电子教案

9.1 大数据技术

随着科学技术的高速发展、计算机与网络新技术的广泛应用,移动互联网、云计算、物联网等技术相继进入人们的日常生活和工作,人们之间的交流越来越密切,生活也越来越方便。我们已跨入数据时代,大数据技术已经不知不觉地渗入生活的方方面面,人们不仅生产大数据,同时也在使用大数据,大数据的价值逐渐被发现,大数据技术正在改变着人们的生产生活方式,促进经济社会的蓬勃发展。

9.1.1 大数据概述

1. 大数据是什么

数据来源的极大丰富和数据体量的爆炸性增长促进了大数据(Big Data)的出现并广泛应用。大数据迄今为止尚没有一个权威性的定义,不同组织从不同角度给出了不同的定义。综合起来,我们认为大数据是指无法在一定时间范围内用常规软件工具进行捕获、管理和处理的数据集合,是需要新处理模式才能具有更强的决策力、洞察发现力和流程优化能力的海量、高增长率与多样化的信息资产。

2. 大数据特征

人们从大数据的不同角度出发给出一系列的定义,关于大数据的特征,目前业界普遍认可的是用4V来概括,即Variety(类型繁多)、Volume(数据量大)、Value(价值密度低)、Velocity(速度快、时效高)。

(1)类型繁多。大数据的数据类型繁多。数据的格式是多样化的,如文字、图片、视频、音频、地理位置信息等。数据也有不同的来源,如传感器、互联网等。这种类型的多样性也将数据分为结构化数据和非结构化数据。相对于以往便于存储的以文本为主的结构化数据,非结构化数据越来越多,包括网络日志、音频、视频、图片、地理位置信息等。这些多类型的数据对数据的处理能力提出了更高要求。

(2)数据量大。大数据的体量非常大,规模空前,即采集、存储和计算的数据量都非常大,PB级是常态,并且不断快速增长。统计发现,目前大数据中的非结构化数据具有超大规模的增长率,占总数据的80%~90%,比结构化数据增长快10~50倍。

(3)价值密度低。大数据的数据价值密度相对较低。随着物联网的广泛应用,信息感知无处不在,信息海量增加,但价值密度较低,如监控视频,在连续不间断的监控中,可能有用的数据仅有几秒。如何通过强大的机器算法来挖掘数据的价值,迅速地完成价值提纯,成为目前大数据背景下亟待解决的难题。

(4)速度快、时效高。大数据的处理速度快,时效性要求高。这是大数据区分于传统数据挖掘最显著的特征。前端数据收集后需要及时处理,进行实时分析以为实时决策提供支持,在海量的数据面前,数据处理的效率就是大数据决策的生命。另外,数据具有一定的时效性,是不断变化的。如果采集到的数据不能及时处理,最终会过期作废。因此,需要在较短的时间内对海量数据进行分析挖掘,提取有价值的信息,以增强用户使用体验。

首先,大数据的精髓在于大数据不是随机样本,而是全体数据,在大数据时代,人们可以分析更多的数据,有时候甚至可以处理和某个特别现象相关的所有数据,而不再依赖于随机采样;其次,大数据不是精确性,而是混杂性,大数据时代研究数据如此之多,以至于人们不再热衷于追求精确度,拥有了大数据,人们不再需要对一个现象刨根问底,只要掌握了大体的发展方向,适当忽略微观层面上的精确度,会让人们在宏观层面拥有更好的洞察力;最后,大数据不是因果关系,而是相关关系,人们无须再紧盯事物之间的因果关系,而应该寻找事物之间的相关关系,相关关系也许不能准确地告诉人们某件事情为何会发生,但是它会提醒人们这件事情正在发生。

3. 大数据的价值和意义

大数据技术的价值不在于掌握庞大的数据信息,而在于对这些含有意义的数据进行专业化处理。换而言之,如果把大数据比作一种产业,那么这种产业实现盈利的关键就在于提高对数据的"加工能力",通过加工实现数据的增值。既有的 IT 技术架构和路线,已经无法高效处理如此海量的数据,而对相关组织来说,如果投入巨额财力采集的信息无法通过及时处理得到有效信息,那将是得不偿失的。可以说,大数据时代对人类的数据驾驭能力提出了新的挑战,也为人们获得更为深刻、全面的洞察能力提供了前所未有的空间与潜力。

4. 大数据国家战略

随着大数据相关基础设施、产业应用和理论体系的发展完善,大数据越来越被各界所了解,目前,大数据正以爆炸式的发展迅速蔓延至各行各业。

各发达国家期望通过建立大数据竞争优势,巩固其在该领域的领先地位。美国作为大数据发展的策源地和创新的引领者,最早正式发布国家大数据战略。美国政府在 2012 年 3 月即发布了《大数据研究和发展倡议》(*Big Data Research and Development Initiative*)将大数据提升为一种战略性资源应用在科研、工程、教育与国家安全上。该倡议一经出台便得到多个联邦部门和机构的响应。随后,美国政府又在 2016 年 5 月发布了《联邦大数据研究与开发战略计划》,围绕人类科学、数据共享和隐私安全等 7 个关键领域部署推进大数据建设的相关计划。全球各国家、组织也纷纷在大数据战略推进方面积极行动。以欧盟为例,其在 2011 年发布《开放数据:创新、增长和透明治理的引擎》后,又出台了《数据驱动经济战略》,着力开展对开放数据、云计算和数据价值链等关键领域的研究。澳大利亚、英国、日本和韩国等国家也相继推出大数据战略。

我国紧跟大数据的发展趋势,在短短几年内大数据迅速成为我国社会各领域关注的热点。政府部门高度重视,将大数据作为一种前瞻性领域的战略,在近几年加快推行相关政策的制定和实施,启动促进大数据发展的数据强国计划。2015 年 8 月,国务院发布《促进大数据发展行动纲要》,提出全面推进我国大数据的发展和应用,加快建设数据强国;同年 10 月,中国共产党第十八届中央委员会第五次全体会议将大数据写入会议公报并升级为国家战略;2016 年 3 月,国家在出台的"十三五"规划纲要中再次明确了大数据作为基础性战略资源的重大价值,提出要加快推动相关研发、应用及治理。2020 年 4 月,中共中央、国务院发布《关于构建更加完善的要素市场化配置体制机制的意见》,将"数据"与土地、劳动力、资本、技术并列,作为新的生产要素,并提出"加快培育数据要素市场"。同年 5 月 18 日,中央在《关于新时代加快完善社会主义市场经济体制的意见》中进一步提出加快培育发展数据要素市场。数据要素市场化配置上升为国家战略,必将对经

济社会发展产生深远影响。（拓展阅读 9 - 1：大数据产业发展规划）

9.1.2 大数据的典型处理流程

大数据的典型处理流程如图 9 - 1 所示，主要包括数据采集、数据预处理与存储、数据处理与分析、数据可视化/数据展示等环节，每一个数据处理环节都会对大数据质量产生影响。通常，一个好的大数据产品要有大量的数据规模、快速的数据处理能力、精确的数据分析与预测能力、优秀的可视化图表以及简练易懂的结果解释。下面将分别介绍大数据处理流程及相关的主要技术。

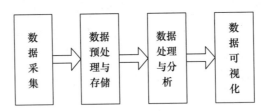

图 9 - 1　大数据典型处理流程图

1. 数据采集

大数据的采集是指利用多个数据库来接收发自客户端(Web、App 或者传感器形式等)的数据，并且用户可以通过这些数据库来进行简单的查询和处理工作，另外，大数据的采集不是抽样调查，它强调数据尽可能完整和全面，尽量保证每一个数据精确有用。

在大数据的采集过程中，其主要特点和挑战是并发数高，因为同时有可能会有成千上万的用户来进行访问和操作。比如 12306 网站和淘宝，它们并发的访问量在峰值时达到上百万并发数，所以需要在采集端部署大量数据库才能支撑。

在数据采集过程中，数据源会影响数据的真实性、完整性、一致性、准确性和安全性。对于 Web 数据，多采用网络爬虫(拓展阅读 9 - 2：网络爬虫)方式进行收集，这需要对爬虫软件进行时间设置以保障收集到数据的有时效性。

2. 数据预处理与存储

因为数据价值密度低是大数据的特征之一，所以收集来的数据会有很多的重复数据、无用数据、噪声数据，会存在数据值缺失或数据冲突的情况等，需要对数据进行预处理后再将不同来源的数据导入一个集中的大型分布式数据库或者分布式存储集群，为接下来的大数据处理与分析提供可靠数据，保证大数据分析与预测结果的准确性与价值性。

大数据的预处理环节主要包括数据清理、数据集成、数据归约与数据转换处理等，通过数据预处理以提升大数据的一致性、准确性、真实性、可用性、完整性、安全性和价值性等。

(1) 数据清洗技术包括对数据的不一致检测、噪声数据的识别、数据过滤与修正等，以提升大数据的一致性、准确性、真实性和可用性等。

(2) 数据集成则是将多个数据源的数据进行集成，从而形成集中、统一的数据库、数据立方体等,以提升大数据的完整性、一致性、安全性和可用性等。

（3）数据归约是在不损害分析结果准确性的前提下降低数据集规模,使之简化,包括维归约、数量归约、数据抽样等,以提高大数据的价值密度。

（4）数据转换处理包括基于规则或元数据的转换、基于模型与学习的转换等,可通过转换实现数据统一,以提升大数据的一致性和可用性。

大数据存储主要利用分布式文件系统、数据仓库、关系数据库、NoSQL 数据库、云数据库等,实现对结构化、半结构化和非结构化海量数据的存储和管理。

3. 数据处理与分析

经过数据预处理并实现存储管理的海量数据需要通过高效的处理和分析挖掘数据的价值。

（1）数据处理。大数据的分布式处理与数据的存储形式、业务数据类型等相关,针对大数据处理的主要计算模型有 MapReduce 分布式计算框架、Spark 分布式内存计算系统、Storm 分布式流计算系统等。MapReduce 是一个批处理的分布式计算框架,可对海量数据进行并行分析与处理,它适合对各种结构化、非结构化数据的处理。Spark 分布式内存计算系统可有效减少数据读写和移动的开销,提高大数据处理性能。Storm 分布式流计算系统则是对数据流进行实时处理,以保障大数据的时效性和价值性。

大数据的类型和存储形式决定了其所采用的数据处理系统,而数据处理系统的性能与优劣直接影响大数据的价值性、可用性、时效性和准确性。因此,在进行大数据处理时要根据大数据类型选择合适的存储形式和数据处理系统,以实现大数据处理效益的最大化。

（2）数据分析。大数据分析主要包括已有数据的分布式统计分析和未知数据的分布式挖掘、深度学习。分布式统计分析可由数据处理完成,分布式挖掘和深度学习则在大数据分析阶段完成,包括聚类与分类、关联分析、回归分析、神经网络等算法,可挖掘大数据集合中的数据关联性,形成对事物的描述模式或属性规则,通过构建机器学习模型和海量训练数据提升数据分析与预测的准确性。

数据分析是大数据处理与应用的关键环节,它决定了大数据的价值性和可用性。在数据分析环节,应根据大数据应用情境与决策需求,选择合适的数据分析技术,提升大数据分析结果的可用性、价值性和准确性。

4. 数据可视化与应用环节

数据可视化是指将大数据分析与预测结果以计算机图形或图像的直观方式显示给用户的过程,并可与用户进行交互式处理。一图胜千言,数据可视化环节大大提高大数据分析结果的直观性,便于用户理解与使用。所以,数据可视化是影响大数据可用性和易于理解性的关键环节。

大数据应用是指将经过分析处理后挖掘得到的大数据结果应用于管理决策、战略规划等的过程,它是对大数据分析结果的检验与验证,大数据应用过程直接体现了大数据分析处理结果的价值性和可用性。

综上所述,大数据典型的处理流程基本包括上述几个步骤,但在具体应用时,应对实际应用场景进行充分调研、对需求进行深入分析,明确大数据处理与分析的目标,从而为大数据收集、存储、处理、分析等过程选择合适的技术和工具,并保障大数据分析结果的可用性、价值性和用户需求的满足。

9.1.3 大数据的关键技术

在大数据处理流程中涉及一系列关键技术,一般包括大数据采集技术、大数据预处理技术、大数据存储与管理技术、大数据分析与挖掘技术、大数据安全技术及大数据展现与应用技术等。

1. 大数据采集技术

数据采集是指通过 RFID 射频、传感器、社交网络交互及移动互联网等方式获得的结构化、半结构化和非结构化的海量数据,是大数据知识服务模型的基础。大数据采集一般分为智能感知层和基础支撑层。智能感知层主要包括数据传感体系、网络通信体系、传感适配体系、智能识别体系及软硬件资源接入系统,实现对海量数据的智能化识别、定位、跟踪、接入、传输、信号转换、监控、初步处理和管理等;基础支撑层提供大数据服务平台所需的虚拟服务器、数据库及物联网资源等基础支撑环境。

2. 大数据预处理技术

大数据预处理主要完成对已接收数据的清洗、抽取等操作。

(1) 清洗。由于在海量数据中,数据并不全是有价值的,有些数据与所需内容无关,有些数据则是完全错误的干扰项,因此要对数据进行去噪,从而提取有效数据。

(2) 抽取。因获取的数据可能具有多种结构和类型,将复杂的数据转化为单一的或者便于处理的结构类型,进行数据集成、规约和转化等,以达到快速分析、处理的目的。

3. 大数据存储与管理技术

大数据存储与管理就是用存储器把采集到的数据存储起来,建立相应的数据库,并进行管理和调用。大数据存储与管理技术重点解决海量复杂的结构化、半结构化、非结构化数据的管理与处理;主要解决大数据的存储、表示、处理、可靠性和有效传输等关键问题;急需开发可靠的分布式文件系统(Distributed File System,DFS)、能效优化的存储、计算融入存储、大数据的去冗余及高效低成本的大数据存储技术,突破分布式非关系型大数据管理与处理技术、异构数据的数据融合技术和数据组织技术,研究大数据建模技术、大数据索引技术和大数据移动、备份、复制等技术,开发新型数据库技术。新型数据库技术将数据库分为关系型数据库和非关系型数据库。其中关系型数据库包含了传统关系型数据库和新型 SQL 数据库;非关系型数据库主要是指 NoSQL,又分为键值数据库、列存数据库、图数据库及文档数据库等。

4. 大数据分析与挖掘技术

数据挖掘就是从大量的、不完全的、有噪声的、模糊的和随机的实际应用数据中提取出隐含在其中的,人们事先不知道但又潜在有用的信息和知识的过程。数据挖掘涉及的技术方法很多:根据挖掘任务可分为分类或预测模型发现、数据总结、聚类、关联规则发现、序列模式发现、依赖关系或依赖模型发现、异常和趋势发现等。

大数据分析与挖掘技术包括改进已有数据挖掘、机器学习、开发数据网络挖掘、特异群组挖掘和图挖掘等新型数据挖掘技术,突破基于对象的数据连接、相似性连接等大数据融合技术和用户兴趣分析、网络行为分析、情感语义分析等面向领域的大数据挖掘技术。

5. 大数据安全技术

大数据安全技术包括改进数据可用性、数据销毁、透明加解密、数据访问控制和数据审计等技术,突破隐私保护和推理控制、数据真伪识别和取证、数据持有完整性验证等技术,开发数据安全治理技术工具。

6. 大数据展现与应用技术

大数据展现涉及大数据可视化技术,大数据应用技术能够将隐藏于海量数据中的信息和知识挖掘出来,为人类的社会经济活动提供依据,从而提高各个领域的运行效率,大大提高整个社会经济的集约化程度。

9.1.4 大数据的典型应用

近年来,"用数据说话、用数据决策、用数据管理、用数据创新"的共识逐步达成,大数据的应用已经涉及生活中的各个重要领域,尤其在金融、互联网、生物医学、物流、公共安全等领域应用效果不断显现。

1. 大数据在金融行业的应用

金融行业在长期的业务开展过程中积累了海量的数据,这些数据蕴含着珍贵的信息价值,蕴藏了诸如客户偏好、社会关系、消费习惯等丰富全面的信息资源,成为金融行业数据应用的重要基础。

随着金融业务与大数据技术的深度融合,数据价值不断被发现,有效地促进了业务效率的提升、金融风险的防范、金融机构商业模式的创新以及金融科技模式下的市场监管。目前,金融大数据已在交易欺诈识别、精准营销、黑产防范、信贷风险评估、供应链金融、股市行情预测等多领域的具体业务中得到广泛应用。大数据的应用分析能力,正在成为金融机构未来发展的核心竞争要素。

2. 大数据在互联网领域的应用

互联网行业拥有得天独厚的数据优势。一方面,随着移动信息技术的不断进步,越来越多、种类各异的互联网应用迅速落地,使得互联网行业自身便可产生大规模、多维度、高价值的数据资源;另一方面,互联网为传输数据而生,在"互联网＋"的新经济形态下,各行业产生的数据资源大都要借助互联网技术进行流通、共享与交互,互联网因此汇聚了大规模的数据,并极大地促进了数据要素的价值传导。

作为大数据应用落地成型最早的行业,互联网企业深耕于如何将大数据资源转化为商业价值,在大数据的助推下进行商业模式的创新及业务的延伸,提升用户体验,进行精细化运营,提高网络营销效率。以精准营销为典型代表的互联网大数据应用正有力推动着企业升级思维,创新模式,以数据驱动重构商业形态。

3. 大数据在生物医学领域的应用

大数据在生物医学领域也得到了广泛的应用和认可。在流行病预测方面,大数据使人类在公共卫生管理领域迈上了一个新的台阶;在智慧医疗方面,大数据技术可以让患者体验一站式医疗、护理和保险服务;在生物医学方面,大数据使得利用数据科学知识分析生物学过程成为可能。特别的,在近几年的新型冠状病毒引发的肺炎疫情防控期间,经过全社会上下艰苦卓绝的努力,国内疫情防控阻击战取得了重大的战略成果。大数据在疫情监测分析、人员管控、医疗救治、复工复产等各个方面,得到了广泛应用,发挥了巨

大数据如何
成为这次疫
情防控的重
要手段

大作用,为疫情的防控工作提供了强大支撑(拓展阅读9-3:大数据如何成为这次疫情防控的重要手段)。

4. 大数据在其他领域的应用

在物流领域,大数据技术使物流智能化,省去了很多机械的人力工作,大大提升了物流系统的效率和效益;在汽车行业,大数据和人工智能技术的结合开发的"无人汽车"和车联网保险精准定价让车主可以获得更加贴心的服务;在公共安全等社会治理领域,大数据技术为社会治理创新提供技术支撑,借助大数据可以不断提高社会治理的精准性,更好、更快地应对突发事件,提高社会治理决策科学化水平,以保证社会和谐稳定。

9.2 人工智能

人工智能(Artificial Intelligence,AI)是在计算机科学、控制论、信息论、神经心理学、哲学、语言学等多个学科研究的基础上发展起来的综合性很强的交叉学科,是一门新思想、新观念、新理论、新技术不断出现的新兴学科,也是正在迅速发展的前沿学科。

9.2.1 人工智能概述

1. 智能的概念

人工智能的目标是用机器实现人类的部分智能。智能及智能的本质是古今中外许多哲学家、脑科学家一直在努力探索和研究的问题,但至今仍然没有完全了解。智能的发生、物质的本质、宇宙的起源、生命的本质一起被列为自然界的四大奥秘,因此很难给出智能的确切定义。

目前,人们根据对人脑已有的认识,结合智能的外在表现,从不同的角度、不同的侧面,用不同的方法对智能进行研究,其中影响较大的观点有思维理论、知识阈值理论及进化理论等。

(1)思维理论。思维理论认为,智能的核心是思维,人的一切智能都来自大脑的思维活动,人类的一切知识都是人类思维的产物,因而,通过对思维规律与方法的研究,有望揭示智能的本质。

(2)知识阈值理论。知识阈值理论认为,智能行为取决于知识的数量及其一般化的程度,一个系统之所以有智能,是因为它具有可运用的知识。因此,知识阈值理论把智能定义为:智能就是在巨大的搜索空间中迅速找到一个满意解的能力,这一理论在人工智能的发展史中有着重要的影响,知识工程、专家系统等都是在这一理论的影响下发展起来的。

(3)进化理论。进化理论认为,人的本质能力是在动态环境中的行走能力、对外界事物的感知能力、维持生命和繁衍生息的能力。正是这些能力为智能的发展提供了基础,因此智能是某种复杂系统所浮现的性质,是由许多部件交互作用产生的,智能仅仅是由系统中的行为以及行为与环境的联系所决定的。

综合上述各种观点,国内知名人工智能专家王万良教授认为:智能是知识与智力的总和,其中知识是一切智能行为的基础,而智能是获取知识并应用知识求解问题的能力。

2. 智能的特征

(1)具有感知能力。感知能力是指通过视觉、听觉、触觉、嗅觉、味觉等感觉器官感知外部世界的能力,感知是人类获取外部信息的基本途径。人类的大部分知识都是通过感知获取,然后经过大脑加工获得的。如果没有感知,人们就不可能获得知识,也不可能引发各种智能活动。因此,感知是产生智能活动的前提,如我们80%的信息都是通过视觉获得的。

(2)具有记忆与思维能力。记忆与思维是人脑最重要的功能,是人类有智能的根本原因,记忆用于存储由感知器官感知到的外部信息以及由思维所产生的知识;思维用于对记忆的信息进行处理,即利用已有的知识对信息进行分析、计算、比较、判断、推理、联想及决策等。思维是一个动态过程,是获取知识以及运用知识求解问题的根本途径。

(3)具有学习能力。学习是人的本能,人人都在通过与环境的相互作用,不断地学习,从而积累知识,适应环境的变化。学习既可能是自觉的、有意识的,也可能是不自觉的、无意识的;既可以是由教师指导的,也可以是通过自己实践进行的。

(4)具有行为能力。人们通常用语言或者是某个表情、眼神及形体动作来对外界的刺激做出反应,传达某个信息,这些称为行为能力或表达能力。如果把人们的感知能力看作是信息的输入,那么行为能力就可以看作是信息的输出,它们都受到神经系统的控制。

3. 人工智能

所谓人工智能,就是用人工的方法在机器上实现智能,也称为机器智能。关于人工智能的含义,早在它被正式提出之前,就由英国数学家图灵提出了。1950年,图灵发表了题为《计算机与智能》的论文,文章以"机器能思维吗?"开始,论述并提出了著名的图灵测试,形象地指出了什么是人工智能以及机器应该达到的智能标准。图灵在这篇论文中指出,不要问机器是否能思维,而是要看它能否通过图灵测试。

现在许多人仍把图灵测试作为衡量机器智能的准则,但也有许多人认为图灵测试仅仅反映了结果,没有涉及思维过程,即使机器通过了图灵的测试,也不能认为机器就有智能。针对图灵测试,哲学家约翰·塞尔勒在1980年设计了"中文屋思想实验"以说明这一观点(图9-2)。实验设计如下:一个人在一个房间里,虽然他只懂英文,但它有一本中

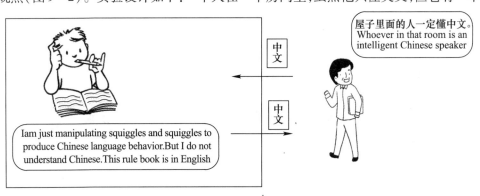

图9-2　中文屋实验示意图

文处理规则的书。屋外的人给他送入中文的纸条,他根据规则将一些中文字符抄在纸条上送出去作为应答。这样屋外的人就以为屋内的人懂中文,但实际上屋内的人根本不懂。中文屋实验想说明的就是一个按照规则执行的计算机,即便不会思维也可能做出正确的回答。

实际上要使机器达到人类智能的水平是非常困难的,但是人工智能的研究正朝着这个方向前进,特别是在专业领域内,人工智能更是能够充分利用计算机的特点,具有显著的优越性。

人工智能是一门研究如何构造智能机器(智能计算机)或智能系统,使它能模拟、延伸、扩展人类智能的学科。通俗地说,人工智能就是要研究如何使机器具有能听、会说、能看、会写、能思维、会学习、能适应环境变化、能解决面临的各种问题等功能的一门学科。

9.2.2 人工智能发展简史

人工智能不是一个新的概念,自古以来就是人类追求的目标。人工智能发展可分为 4 个时期:孕育时期、形成时期、发展时期、新时期。

1. 孕育时期

这个阶段主要是 1956 年以前。早在公元前 4 世纪,伟大的哲学家和思想家亚里士多德就在《工具论》(公元 1 世纪由亚里士多德学派的安德罗尼科编辑出版)中提出了形式逻辑的一些主要定律,至今仍是演绎推理的基本依据。17 世纪,德国数学家莱布尼茨提出了万能符号和推理计算的思想,为数理逻辑奠定了基础也成为现代机器思维设计的早期萌芽。1936 年,图灵提出了图灵机模型,为计算机奠定了理论模型;1943 年,生物学家麦卡洛可(W. S. McCulloch)和数理逻辑学家匹兹(W. Pitts)提出了神经网络中著名的 M-P 模型,为人工神经网络研究奠定了基础。

2. 形成时期

这个阶段主要是 1956 年至 1969 年。1956 年夏季,达特茅斯学院助教麦卡锡(J. McCarthy)联合麻省理工学院教授明斯基(M. L. Minsky)、贝尔实验室研究员香农(C. E. Shannon)、IBM 公司的塞缪尔(A. L. Samuel)以及卡内基梅隆大学的西蒙(H. A. Simon)等人在达特茅斯学院召开了一次为时两个月的学术研讨会,讨论关于机器智能的问题,会上麦卡锡提议正式采用"人工智能"这一术语。达特茅斯会议(拓展阅读 9-4:达特茅斯会议)是一次具有历史意义的重要会议,标志着人工智能作为一门新兴学科正式诞生了。图 9-3 所示就是当年参加会议的主要科学家。

达特茅斯会议

1957 年,罗森布拉特(Rosenblatt)研制成功了感知机,推动了连接机制的研究;1965 年,鲁宾逊(J. A. Robinson)提出了归结原理,为定理的机器证明做出了突破性的贡献;1959 年,塞尔福里奇推出了第一个模式识别程序;1960 年,麦卡锡研制出了人工智能语言 LISP,成为建造专家系统的重要工具。1969 年国际人工智能联合会议(IJCAI)召开,标志着人工智能这门新兴学科已经得到了世界的认可。

约翰·麦卡锡	马文·明斯基	克劳德·香农	雷·索罗莫洛夫	艾伦·纽厄尔
希尔伯特·西蒙	亚瑟·塞缪尔	奥利弗·塞尔福里奇	纳撒尼尔·罗切斯特	特伦查德·摩尔

图 9-3　参加达特茅斯会议的主要科学家

3. 发展时期

这个时期主要指 1970 年以后,人工智能的研究者们总结了前期研究的经验和教训。1977 年,费根鲍姆在第五届国际人工智能联合会上提出了"知识工程"的概念,对以知识为基础的智能系统研究与建造起到了重要作用。这个阶段专家系统取得了较大的成功,使人们越来越清楚地认识到知识在人工智能中的重要性,人工智能研究必须以知识为中心。此时,知识的表示、利用、推理取得了一定的突破,建立了主观贝叶斯理论、确定性理论、证据理论等,解决了许多人工智能理论和技术难题。1997 年 5 月,IBM 深蓝超级计算机(拓展阅读 9-5:深蓝超级计算机)在一场"人机大战"中击败了当时的国际象棋棋王卡斯帕罗夫,如图 9-4 所示。虽然深蓝还远非对人类思维方式的模拟,但计算机可以利用自身速度和准确的优势实现人类思维的很多任务。

深蓝超级
计算机

图 9-4　深蓝对阵卡斯帕罗夫

4. 新时期

新时期主要是指 2011 年以后,随着互联网、大数据、云计算等技术的发展,人工智能在算力、算法、数据方面获得了重要支撑,使得以深度学习为代表的人工智能技术在图像、语音、自然语言处理、智能驾驶等领域取得了突破性的进展。

1989 年,杨立昆(Yann LeCun)设计了卷积神经网,在图形识别等领域有着广泛的应用;2006 年,辛顿(Hinton)等人根据生物学的重要发现,提出了深度学习方法,使得很多领域多年来未解决的问题得以取得进展,他们也因此获得了2018 年的图灵奖(拓展阅读 9-6:2018 年图灵奖得主)。目前,深度学习在理论上和可解释性上还落后于实践的发展,这也成为制约神经网络应用的主要瓶颈。

2018 年图灵奖得主

9.2.3 人工智能的流派与分类

1. 人工智能的流派

要了解人工智能,就要知道如何在一般意义上定义知识;关于什么是知识,直到现在仍然没有定论,但有一点是明确的,那就是知识的基本单位是概念。概念有 3 个作用或功能:第一个是指物功能,即指向客观世界的对象,表示客观世界对象的可观测性;第二个是指心功能,即指向人心智世界里的对象,代表心智世界里的对象表示;第三个是指名功能,即指向认知世界或符号世界表示对象的符号名称,这些符号组成各种语言。要了解一个概念就需要知道概念的 3个功能,要知道概念的名字、知道概念所指的对象,更要在心里有该概念的具体形象。

人工智能也是一个概念,要使一个概念成为现实,自然要实现概念的 3 个功能。人工智能的 3 个流派关注于如何才能让机器具有人工智能,并根据不同功能给出了不同的研究路线。专注于 AI 指名功能的人工智能流派称为符号主义,专注于 AI 指心功能的人工智能流派称为连接主义,专注于实现 AI 指物功能的人工智能流派称为行为主义。

(1) 符号主义(Symbolism)。符号主义是一种基于逻辑推理的智能模拟方法,又称为逻辑主义(Logicism)、心理学派(Psychlogism)或计算机学派(Computerism),其原理主要为物理符号系统假设和有限合理性原理,长期以来,一直在人工智能中处于主导地位。

符号主义学派认为人工智能源于数学逻辑。数学逻辑从 19 世纪末起就获得迅速发展,到 20 世纪 30 年代开始用于描述智能行为。计算机出现后,又在计算机上实现了逻辑演绎系统。该学派认为人类认知和思维的基本单元是符号,而认知过程就是在符号表示上的一种运算。符号主义致力于用计算机的符号操作来模拟人的认知过程,其实质就是模拟人的左脑抽象逻辑思维,通过研究人类认知系统的功能机理,用某种符号来描述人类的认知过程,并把这种符号输入到能处理符号的计算机中,从而模拟人类的认知过程,实现人工智能,典型成果就是专家系统和知识工程。

（2）连接主义（Connectionism）。连接主义又称为仿生学派（Bionicsism）或生理学派（Physiologism），是一种基于神经网络及网络间的连接机制与学习算法的智能模拟方法。其原理主要为神经网络和神经网络间的连接机制和学习算法。这一学派认为人工智能源于仿生学，特别是人脑模型的研究。

连接主义学派从神经生理学和认知科学的研究成果出发，把人的智能归结为人脑高层活动的结果，强调智能活动是由大量简单的单元通过复杂的相互连接后并行运行的结果。其中人工神经网络、深度学习（拓展阅读 9 - 7：深度学习）就是其典型代表性技术。

深度学习

（3）行为主义。行为主义又称进化主义（Evolutionism）或控制论学派（Cyberneticsism），是一种基于"感知—行动"的行为智能模拟方法。

行为主义最早来源于 20 世纪初的一个心理学流派，认为行为是有机体用以适应环境变化的各种身体反应的组合，它的理论目标在于预见和控制行为。维纳和麦卡洛克等人提出的控制论和自组织系统以及钱学森等人提出的工程控制论和生物控制论，影响了许多领域。控制论把神经系统的工作原理与信息理论、控制理论、逻辑以及计算机联系起来。早期的研究工作重点是模拟人在控制过程中的智能行为和作用，对自寻优、自适应、自校正、自镇定、自组织和自学习等控制论系统的研究，并进行"控制动物"的研制。到了 20 世纪六七十年代，上述这些控制论系统的研究取得一定进展，并在 80 年代诞生了智能控制和智能机器人系统。

人工智能研究进程中的这 3 种假设和研究范式推动了人工智能的发展。就人工智能三大学派的历史发展来看，符号主义认为认知过程在本体上就是一种符号处理过程，人类思维过程总可以用某种符号来进行描述；连接主义则是模拟发生在人类神经系统中的认知过程，提供一种完全不同于符号处理模型的认知神经研究范式；行为主义与前两者均不相同，认为智能是系统与环境的交互行为，是对外界复杂环境的一种适应。这些理论与范式在实践之中都形成了自己特有的问题解决方法体系，并在不同时期都有成功的实践范例，到底哪个流派是正确的，或者全部正确、全部错误，还要等待时间来验证。

2. 人工智能的分类

人工智能的概念很宽，所以人工智能也分很多种，我们可以按照实力或者发展阶段将人工智能分为以下三大类。

（1）弱人工智能。擅长于单个方面的人工智能。例如，能战胜象棋世界冠军的人工智能，但是它只会下象棋。弱人工智能是能制造出真正地推理（Reasoning）和解决问题（Problem_solving）的智能机器，但这些机器只不过看起来像是智能的，并不真正拥有智能，也不会有自主意识，说到底只是人类的工具。我们现在就处于弱人工智能转向强人工智能时代。

（2）强人工智能。强人工智能也称通用人工智能，是人类级别的人工智能。强人工智能是指在各方面都能和人类比肩的人工智能，人类能干的脑力活动它都能干。创造强人工智能比创造弱人工智能难得多。这里的"智能"是指一种宽泛的心理能力，能够进行思考、计划、解决问题、抽象思维、理解复杂理念、快速学习和从经验中学习等操作。这样的机器能有自我意识的,可以独立思考并制定解决问题的最优方案,可能也有自己的价值观和世界观体系。可见,想要实现强人工智能很难,也很遥远。

（3）超人工智能。哲学家、知名人工智能思想家 Nick Bostrom 把超级智能定义为"在几乎所有领域都比最聪明的人类大脑都聪明很多,包括科学创新、通识和社交技能"。超人工智能可以是各方面都比人类强一点,也可以是各方面都比人类强万亿倍的。不过,超人工智能目前可能还只是想象中的事。

9.2.4 人工智能主要研究领域

目前,随着智能科学与技术的发展和计算机网络技术的广泛应用,人工智能技术应用到越来越多的领域,下面简要介绍几个主要的研究领域。

1. 模式识别

模式识别是一门研究对象描述和分类方法的学科。分析和识别的模式可以是信号、图像或者是普通数据。模式是对一个物体或者某些其他感兴趣实体定量的或者结构的描述,而模式类是指具有某些共同属性的模式集合。用机器进行模式识别的主要内容是研究一种自动技术,依靠这种技术机器可以自动或者尽可能少地需要人工干预,把模式分配到其他各自的模式类中去。近年来,迅速发展的模糊数学及人工神经网络技术已经应用到模式识别当中,形成模糊模式识别、神经网络模式识别等方法,展示了巨大的发展潜力。声纹识别、雷达信号识别中就用到很多模式识别技术。

2. 机器视觉

机器视觉或者计算机视觉（Computer Version,CV）是用机器代替人眼进行测量和判断,是模式识别研究的一个重要方面。计算机视觉通常分为低层视觉和高层视觉两类,低层视觉主要执行预处理功能,如边沿检测、移动目标检测、纹理分析以及立体造型、曲面色彩等。主要的目的是使看得见的对象更突出,这时还不是理解阶段;高层视觉主要是理解对象,需要掌握与对象相关的知识,机器视觉的前沿课题包括实时图像的并行处理,实时图像的压缩、传输与复原,三维景图的建模识别,动态和时变视觉等。机器视觉与模式识别存在很大程度的交叉性,两者的主要区别是机器视觉更注重三维视觉信息的处理,而模式识别仅仅关心模式的类别,此外,模式识别还包括听觉等非视觉信息。机器视觉应用范围广泛,如人脸识别、车牌识别等都属于机器视觉领域。

3. 自然语言理解

目前,人们使用计算机时,大多是用高级编程语言（如 Python、C 语言）来告诉计算机做什么,以及怎么做。如果能让计算机听懂、看懂人类语言,那将使计算机具有更广泛的用途。自然语言理解就是研究如何让计算机理解人类自然语言的一个研究领域。关于自然语言理解的研究可以追溯到 20 世纪 50 年代初期。当时,由于通用计算机的出现,人们开始考虑用计算机把一种语言翻译成另一种语言的可能性。在此之后的十多年中,机器翻译一直是自然语言理解中的主要研究课题。2006 年以来,应用深度学习方法构造的神经机器翻译系统,相比于传统机器翻译系统翻译速度和准确率大幅提高,使得机器翻译进入了神经机器翻译阶段。机器人聊天系统也是自然语言理解的重要研究内容。

4. 数据挖掘与知识发现

数据挖掘和知识发现是 20 世纪 90 年代初期崛起的一个活跃的研究领域。知识发现系统通过各种学习方法,自动处理数据库中大量的原始数据;提炼出具有必然性的、有意义的知识,从而揭示出蕴含在这些数据背后的内在联系和本质规律,实现知识的自动获取。知识发现是数据库中发现知识的全过程,而数据挖掘则是这个过程当中的一个特定的、关键的步骤。

数据挖掘的目的是从数据库中找出有意义的模式,这些模式可以是一组规则、聚类、决策树、依赖网络或以其他方式表示的知识。一个典型的数据挖掘过程可以分为 4 个阶段,即数据预处理阶段、建模阶段、模型评估阶段及模型应用阶段。数据预处理阶段主要包括数据的理解、属性选择、连续属性离散化、数据噪声及丢失值处理、实例选择等;建模阶段包括学习算法的选择,算法参数的确定等;模型评估阶段是进行模型训练和测试,对得到的模型进行评价,在得到满意的模型后,就可以用此模型对新数据进行解释。知识获取是人工智能的关键问题之一。因此,知识挖掘和数据挖掘成为当前人工智能的一个研究热点。

5. 人工生命

人工生命(Artificial Life,AL)是 1987 年计算机科学家克里斯托弗·兰顿(Christopher Langton)博士提出的。人工生命是以计算机为研究工具,模拟自然界的生命现象,生成表现自然生命系统行为特点的仿真系统。该领域主要研究天体生物学、宇宙生物学、自催化系统、分子自装配系统、分子信息处理等生命自组织和自复制,研究多细胞发育、基因调节网络、自然和人工的形态形成理论、生命系统的复杂性,研究进化的模式和方式,人工仿生学、进化博弈、分子进化、免疫系统进化、学习等,研究具有自治性、智能性、反应性、运动性和社会性的智能主体的形式化模型、通信方式、协作策略,研究生物感悟的机器人、自治和自适应机器人、进化机器人、人工脑等。

人工智能的研究和应用领域非常广泛,无法用言语穷尽,人之所想、智能之所及都是人工智能的研究和应用领域。

9.2.5 国家新一代人工智能发展规划

为抢抓人工智能发展的重大战略机遇,构筑我国人工智能发展的先发优势,加快建设创新型国家和世界科技强国,2017 年 7 月 8 日,国务院部署制定了《新一代人工智能发展规划》(拓展阅读 9-8:新一代人工智能发展规划),人工智能成为国家战略。

新一代人工智能发展规划

人工智能是引领未来的战略性技术,世界主要发达国家把发展人工智能作为提升国家竞争力、维护国家安全的重大战略,加紧出台规划和政策,围绕核心技术、顶尖人才、标准规范等强化部署,力图在新一轮国际科技竞争中掌握主导权。当前,我国国家安全和国际竞争形势更加复杂,必须放眼全球,把人工智能发展放在国家战略层面系统布局、主动谋划,牢牢把握人工智能发展新阶段国际竞争的战略主动,打造竞争新优势、开拓发展新空间,有效保障国家安全。

同时,也要清醒地看到,我国人工智能整体发展水平与发达国家相比仍存在差距,人工智能尖端人才远远不能满足需求。面对新形势新需求,必须主动求变应变,牢牢把握人工智能发展的重大历史机遇,紧扣发展、研判大势、主动谋划、把握方向、抢占先机,引领世界人工智能发展新潮流,服务经济社会发展和支撑国家安全,带动国家竞争力整体跃升和跨越式发展。我国人工智能战略主要分为以下三步。

第一步,到 2020 年人工智能总体技术和应用与世界先进水平同步,人工智能产业成为新的重要经济增长点,人工智能技术应用成为改善民生的新途径,有力支撑进入创新型国家行列和实现全面建成小康社会的奋斗目标。

第二步,到 2025 年人工智能基础理论实现重大突破,部分技术与应用达到世界领先水平,人工智能成为带动我国产业升级和经济转型的主要动力,智能社会建设取得积极进展。

第三步,到 2030 年人工智能理论、技术与应用总体达到世界领先水平,成为世界主要人工智能创新中心,智能经济、智能社会取得明显成效,为跻身创新型国家前列和经济强国奠定重要基础。

9.3 量子计算与量子计算机

量子计算是一种遵循量子力学规律调控量子信息单元进行计算的新型计算模式,其典型代表就是量子计算机。量子计算是当代最重要的核心科学技术之一。近年来,美国、英国、法国等科技强国纷纷对量子科技加大研发投入。2016 年,英国启动"国家量子技术专项";2018 年,美国出台"国家量子行动法案";2021 年,法国启动量子技术国家战略,可见量子科技的重要。我国对量子科技的发展与应用高度重视,习近平总书记在 2020 年 10 月曾指出:"量子科技发展具有重大科学意义和战略价值,是一项对传统技术体系产生冲击、进行重构的重大颠覆性技术创新,将引领新一轮科技革命和产业变革方向。""十四五"规划也将量子计算放到重要位置。

9.3.1 量子计算

1. 量子纠缠与量子叠加

量子并不是粒子,它是一个尺度,我们所说的电子、光子都属于量子的范畴。当我们所观察的物质小到一定范围时,它的物理性质就会与宏观世界截然不同,量子力学就是为了研究这一现象而出现的。微观世界的粒子有许多特殊的性质,比如纠缠与叠加。

所谓"量子纠缠",是指不论两个粒子间距离多远,一个粒子的变化会影响到另一个粒子的现象,即两个粒子之间不论相距多远,它们还是相互联系的。例如,一个无自旋的粒子分裂成两个粒子,它们的自旋一定相反。但在观测到它们的自旋前,它们是随机的,对一个粒子的观测会瞬时影响到另一个粒子。这是一种"神奇的力量",爱因斯坦将其戏称为"遥远的鬼魅行为"。量子纠缠是量子保密系统的基础。

科学家在观测量子时发现量子状态无法确定,量子在同一时刻可能出现在 A 地,也可能出现在 B 地,或可能同时出现在不同的地方。量子在某个位置出现是概率性的,不是确定性,这就称为量子叠加态。当我们不去观测量子时,量子处在叠加态,当我们观测量子时,量子就处于某一状态,这种观测行为导致了量子叠加态塌缩。

2. 量子计算基础

量子计算是一种遵循量子力学规律调控量子信息单元进行计算的新型计算模式。在理解量子计算的概念时,通常将它和经典计算相比较。经典计算使用二进制进行运算,每个计算单元(比特)总是处于 0 或 1 的确定状态。量子计算的计算单元称为量子比特(qbit),它有两个完全正交的状态 0 和 1,同时,由于量子体系的状态有叠加特性,因此,不仅其状态可以有 0 和 1,还有 0 和 1 同时存在的叠加态,以及经典体系根本没有的量子纠缠态。一台拥有 4 bit 的经典计算机,在某一时刻仅能表示 16 个状态中的 1 个,而有 4 qbit 的量子计算机可以同时表示这 16 种状态的线性叠加态,即同时表示这 16 个状态。随着量子比特数目的递增,一个有 n qbit 的量子计算机可以同时处于 2^n 种可能状态的叠加,也就是说,可以同时表示 2 的 n 次方数目的状态。在此意义上,对量子计算机体系的操作具有并行性,即对量子计算机的一个操作,实现的是对 2 的 n 次方种可能状态的同时操作,而在经典计算机中需要 2 的 n 次方数目的操作才能完成。因此,在原理上,量子计算机可以具有比经典计算机更快的处理速度。

9.3.2 量子计算机

量子计算机(Quantum Computer)是一种运行规律遵循量子力学,能够进行高速数学和逻辑运算、存储及处理量子信息的物理装置。量子计算机的概念源于对可逆计算机的研究。量子计算机的基本运行单元是量子比特。量子计算机从概念提出到现在,已经有 40 多年的发展历史。从目前来看,量子计算机的实现已经不存在原则上不可逾越的困难,可解决部分实际问题的量子计算机正初见曙光。

1. 量子计算机的诞生

20 世纪 80 年代,正当电子计算机迅猛发展之际,物理学家却提出"摩尔定律是否会终结"这个不合时宜的命题,并着手开展研究,最后竟然得出结论:摩尔定律必定会终结。原因是摩尔定律的技术基础是不断提高电子芯片的集成度,即单位芯片面积的晶体管数目。但这个技术受制于两个物理因素:一是芯片集成度越高,由于非可逆门操作时丢失的大量比特所转换的热量将越严重,最终会烧穿电子芯片;二是终极的运算单元是单电子晶体管,单电子的量子效应必然会影响芯片的正常工作。但当时多数学者对物理学家的这个结论不以为然,甚至认为物理学家是杞人忧天。然而,物理学家并未停下脚步,继续着手第二个命题的研究:摩尔定律失效后,如何进一步提高处理信息的速度,即什么是后摩尔时代的新技术?于是,诞生了"量子计算机"的设计蓝图。

1982 年,美国物理学家费曼(R. Feynman)最早提出"量子模拟"的概念,即采用按量子力学规律运行的装置来模拟量子体系的演化。随后,英国物理学家德意奇(D. Deutsch)提出"量子图灵机"(拓展阅读 9-9:量子图灵机)的概念,"量子图灵机"可等效为量子电路模型。从此"量子计算机"的研究便在学术界逐渐引起人们的关注。

量子图灵机

2. 量子计算机的工作原理

量子计算天然地具有并行计算的能力,可以将电子计算机上某些难解的问题在量子计算机上变成易解的问题。量子计算机为人类社会提供了具有强大无比运算能力的新型信息处理工具。做个形象的类比,量子计算机的运算能力与经典电子计算机相比,大致等同于经典电子计算机与算盘相比。由此可见,一旦量子计算得到广泛应用,人类社会各个领域都将会发生翻天覆地的变化。

量子计算的运算单元称为量子比特,它具有量子叠加态,因此,量子信息的制备、处理和探测等都必须遵从量子力学的运行规律。量子计算机的工作原理示意图如图9-5所示。量子计算机与电子计算机一样,用于解决某种数学问题,因此它的输入数据和结果输出都是经典的数据。区别在于处理数据的方法上,两者具有本质的不同。量子计算机将经典数据制备在量子计算机整个系统的初始量子态上,经由一系列幺正操作演化为量子计算系统的末态,对末态实施量子测量便输出运算结果。图9-5中虚框内都是按照量子力学规律运行的。图9-5中的幺正操作(U操作)是信息处理的核心,如何确定U操作呢?首先选择适合于待求解问题的量子算法,然后将该算法按照量子编程的原则转换为控制量子芯片中量子比特的指令程序,从而实现了U操作的功能。

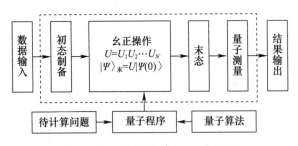

图9-5 量子计算机工作原理

量子计算机的实际操作过程如图9-6所示。工作人员在计算机上操作输入问题和初始数据,经由量子软件系统转化为量子算法,随之进行量子编程,将一系列指令发送至量子计算机的控制系统,该系统对量子芯片系统实施对应的操控,操控结束后,量子测量的数据再反馈给量子控制系统,最终返回到工作人员的电脑上。

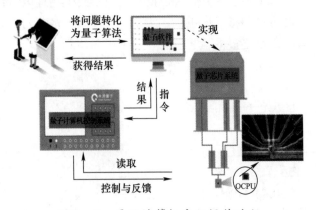

图9-6 量子计算机实际操作过程

3. 量子计算机的性能参数

与现代电子计算机一样,对量子计算机的性能衡量也有相应的指标,这些指标主要有量子体积、限制保真度、相干时间等。

(1)量子体积(Quantum Volume)。一种由 IBM 公司提出的增长规律类似于摩尔定律的新指标。该指标的主要用途就是用来衡量设计的量子计算机的性能。此外,对一台量子计算机而言,其性能好坏又主要受限于这台量子计算机的量子比特数、测量误差、设备交叉通信、设备连接、电路软件编译效率等因素。因此,量子体积可以理解为这些因素对量子计算机性能影响的综合衡量指标。量子体积越大,其解决复杂问题的能力就越强,相应地,其性能就越好。

(2)限制保真度(Typical Limiting Fidelity)。保真度的概念在量子信息技术中有着十分重要的地位。由于量子态在量子计算、量子密码中一般充当着信息载体的作用,所以为了衡量量子态前后的差距,保真度成了一个必不可少的衡量工具。对保真度而言,不管其衡量量子态的场景是什么,它都是数值越大越好。在量子计算中,科学家为了更好地描述量子计算机,则在一般保真度的基础上提出了限制保真度的概念。限制保真度的提出,量化了量子计算机得到正确答案的概率,进一步完善了对量子计算机的描述。

(3)相干时间(Coherence Time)。在量子信息中,一般将量子系统相干性受外界因素影响而逐渐消失的过程称为量子退相干,也即量子系统中量子比特叠加状态的消失过程,而这个过程所持续的时间则称为相干时间。此外,量子退相干对量子计算有很大的影响,量子退相干会使系统的量子行为转变为经典行为,这个转变过程可能是由系统噪声导致的,也可能是由量子比特的测量导致的。但不管什么原因,该过程都不可避免地使包含在量子系统中的一些信息随着退相干过程而损失掉,进而使量子计算机的计算出现一定程度的偏差。因此,对量子计算机而言,其所有的量子操作都必须在量子退相干现象出现之前完成,也只有这样才能使得量子操作保持在一个较高的保真度。换言之,如果一台量子计算机有着较长的退相干时间,那么其量子操作的时间就越多,相应的处理效率也就越高。

9.3.3 量子计算机的研究路线

目前,量子计算主要分为固态器件和光学路线两大类路线,谷歌、IBM、英特尔这几家大公司采用的"固态器件路线",霍尼韦尔公司主打离子阱体系,采用的属于"光学路线"。下面分别看看这两大路线各自的优、缺点。

目前阶段,光学路线的离子阱体系在操控精度和相干时间上具有较大的优势,具有较高的制备和读出量子比特的效率。此外,虽然该体系需要使用真空,但是不需要大型冷却装置,因而可以在室温下运行,极大地降低了开发、运行成本,因此离子阱量子计算机也是比较有前途的发展方向之一。但是与超导、半导体等固态体系相比,离子阱体系的缺点也比较明显,一是可操控性较差,二是很难与经典计算相兼容。整体来看,目前世界上绝大部分量子计算机采用的都是固态器件的路线,因为在加工制造、与经典计算兼容等方面,固态器件都具有明显的优势。采用离子阱等光学路线的学派更多是应用在科学研究上。

超导量子计算是目前国际上发展最快最好的一种固态量子计算的实现方法。超导量子电路的能级可以通过外加电磁场进行干预,电路更容易实现定制化开发,而且现在的集成电路工艺已经十分成熟,超导量子电路的可扩展性优势十分明显。但是,超导量子电路也存在一些问题,由于量子体系的不可封闭性,环境噪声、磁通偏置噪声等大量不受控的因素存在,经常会导致量子耗散和相干性退化。此外,超导量子体系工作时对物理环境要求极为苛刻,如超低温是超导量子计算实现过程中不可避免的问题。

硅基半导体量子计算机是固态器件路线的另一个重要研究方向,这种量子计算机最大的优势是容易与现有的半导体加工制备技术相兼容,一旦克服了某些关键技术难题,便可在当下十分成熟的微电子工艺平台上开展大规模研发,从而获得迅速的发展。因此,尽管目前阶段半导体量子芯片的量子比特数远低于超导芯片,但未来其发展潜力不可低估。目前,不少国际大公司以及国内本源量子公司也在从事该方向的研究开发。

9.3.4 量子计算机的研究进展

目前,量子计算机的研制从以科研院校为主体变为以企业为主体后,发展极其迅速。2016 年,IBM 公司公布全球首个量子计算机在线平台,搭载 5 位量子处理器。2019 年,量子计算机研制取得重大进展:年初 IBM 推出全球首套商用量子计算机,命名为 IBMQ SystemOne,这是首台可商用的量子处理器,其展示图如图 9 - 7 所示。2019 年 10 月,谷歌在《自然》上发表了一篇里程碑论文,报道他们研发出了量子计算机原型机——悬铃木,该机器内部具有一个 53qbit 的超导量子芯片(图 9 - 8),并用该芯片实现了一个量子电路的采样实例,耗时仅为 200s。同样的实例在当今最快的经典超级计算机上可能需要运行大约 1 万年。谷歌宣称实现了"量子霸权"(拓展阅读 9 - 10:量子霸权),即信息处理能力超越了最快的经典处理器。

量子霸权

图 9 - 7 IBM 全球首套可商用量子计算机 IBMQ SystemOne(见彩插)

图 9 - 8 谷歌推出的 53qbit 超导芯片(见彩插)

2020 年 6 月和 8 月,霍尼韦尔与 IBM 先后分别宣布实现了 64 位量子体积的量子计算机,如图 9 - 9 所示。同期,杜克大学和马里兰大学的研究人员首次设计了一个全连接的 32qbit 离子阱量子计算机寄存器,相较于之前公开的霍尼韦尔和 IBM 最大 6qbit,该设计提高了 5 倍以上,也是此前公开最多量子比特完全连接的技术架构。

图 9 - 9　IBM 实现的基于超导体系的 QV64 量子芯片和
霍尼韦尔基于离子阱体系的 QV64 设备照片(见彩插)

"九章"量子
计算机

"祖冲之"号
量子计算机

2020 年,中国科学技术大学潘建伟院士团队研发的"九章"量子计算原型机(图 9 - 10)成功达到了量子计算的概念,在许多性能表现上都超过了"悬铃木",实现了与美国同等的量子计算技术。"九章"量子计算原型机(拓展阅读 9 - 11:"九章"量子计算机)由 76 个光子构成,超级计算机需要数亿年才能完成的计算任务,"九章"只需要几分钟就可以。"九章"的问世也让我国成为世界上第二个实现"量子优越性"的国家。2021 年 5 月,潘建伟院士团队在"九章"的基础上,推出了"祖冲之"号量子计算机(拓展阅读 9 - 12:"祖冲之"号量子计算机)(图 9 - 11),完全超越"悬铃木"成为当下最完善的量子计算原型机。达到 62 个超导量子的"祖冲之"号无论是在保真度还是计算速度上,都达到了国际领先的水平。

图 9 - 10　"九章"量子计算机设备照片(见彩插)

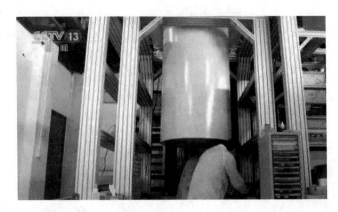

图 9-11 "祖冲之"号量子计算机设备照片(见彩插)

2021 年 10 月,"九章"二号和"祖冲之"二号也被研制出来了,央视新闻称,中国科学院量子信息与量子科技创新研究院科研团队这次在光量子和超导量子两种量子计算系统领域均取得重要进展,其成果使我国一举成为当今世界上唯一一个在两种量子计算物理体系上实现"量子霸权"的国家。

9.3.5 量子计算机的典型应用领域

1. 破译密码

当前广泛应用的基于 RSA 公开密钥算法的密码体系,其安全性来自电子计算机难以快速地完成大数因子分解,即将大数 N 分为两个素数 q 和 p 相乘 $N=qp$,设 $N=129$ 位。1994 年全世界 1600 台工作站采用硬件平行运算花了 8 个月才完成这个分解,但若采用量子算法,在 2000 位量子计算机上只要 1s 即可以分解成功。随着 N 增大,电子计算机所需时间将指数上升,而量子计算机则以多项式上升,所以,一旦量子计算机研制成功,这种 RSA 密码以及现有的所有公开密码体系都将被攻破。

2. 搜索问题

即从庞大无规律的数字库中找到特定的信息,如从包含有 N 个条目的电话号码薄中搜索到一个特定的号码,如果电子计算机需要操作 N 次才能找到,而量子计算机只需 $\sqrt{N}$ 次。看似提速不多,但当 N 非常大时,效果就非常明显。设 $N=10^6$,电子计算要操作 100 万次,而量子计算机只需要 1000 次。

3. 新药开发

设想需要设计一种能够识别并抑制 HIV 病毒活性的 RNA 分子,通常先要在计算机上模拟,寻找最有效的分子结构。由于分子是由特定原子通过特定化学键连接而成的,原子和化学键遵从量子力学运动规律。在电子计算机上模拟随着原子数目增加,所需运算资源将指数增长,这很难做到;采用量子计算机模拟则是多项式增长,很容易实现。

4. 量子机器学习

机器学习在语音转换、人脸识别、智能城市等众多领域已建立起成熟的生态。然而,机器学习对算力要求极高,目前部分应用已经发展到必须借助大规模的计算机集群才能运行的阶段。本身具备有超越电子计算机能力极限的量子计算机将是下一代机器学习的理想平台。

5. 量子计算与经典计算的联合

不管是最小计算单元还是对多变量的计算处理,量子计算和经典计算都存在十分显著的差异。两种计算方式各有优、缺点,如量子计算的最大优点是算力强大,但经典计算实现较为简单。综上所述,量子计算与经典计算的相互补足,可以有效地解决未来实际生活中大部分与算力相关的问题。正是因为两者的协同关系,有关学者提出了量子 – 经典联合的概念,并期望利用量子 – 经典联合的混合方案来解决实际生活中困难的多变量问题。

习　题

1. 什么是大数据? 大数据的特点是什么?
2. 大数据处理有哪些关键基础? 其处理流程分为几个部分?
3. 请举例说明大数据的典型应用,并说明该例子为什么属于大数据应用。
4. 什么是数据思维? 你怎么看待数据思维?
5. 什么是人工智能? 人工智能的研究学派包括哪些?
6. 图灵测试是否合理? 你是怎么认为的?
7. 以人的智能能够造出超人工智能吗? 你怎么想?
8. 举例说明人工智能还有哪些应用领域。
9. 你是怎么看待卡脖子问题的?
10. 量子有哪些宏观世界没有的特别现象?
11. 大数据、人工智能和量子计算都被列为国家战略,为什么会如此受到重视? 说说你的看法。
12. 请说说你对量子优越性的理解。

参 考 文 献

[1] 龚沛曾,杨志强. 大学计算机[M].7 版. 北京:高等教育出版社,2017.

[2] 李暾,毛晓光,刘万伟,等. 大学计算机基础[M].3 版. 北京:清华大学出版社,2018.

[3] 王万良. 人工智能导论[M].5 版. 北京:高等教育出版社,2020.

[4] 储岳中,王小林,王广正,等. 大学计算机基础 [M]. 北京:高等教育出版社,2018.

[5] 李德毅,于剑. 人工智能导论[M]. 北京:中国科学技术出版社,2018.

[6] 徐红云,解晓萌,郭芬,等. 大学计算机基础教程[M].3 版. 北京:清华大学出版社,2018.

[7] 张莉. 大学计算机教程[M].7 版. 北京:清华大学出版社,2019.

[8] 翟萍,王贺明,张魏华,等. 大学计算机基础[M].5 版. 北京:清华大学出版社,2018.

[9] 郭光灿,陈以鹏,王琴. 量子计算机研究进展[J]. 南京邮电大学学报(自然科学版),2020,40(5):3 – 10.

[10] 吴国林. 量子计算及其哲学意义[J]. 人民论坛·学术前沿,2021,40(5):21 – 37.

[11] 罗兴国,仝青,张铮,邬江兴. 拟态防御技术[J]. 中国工程科学,2016,8(6):69 – 73.

[12] 邬江兴. 网络空间拟态防御原理简介(下)[J]. 网信军民融合,2017(2):43 – 47.

[13] 汤小丹,梁红兵,哲凤屏,等. 计算机操作系统[M].4 版. 西安:西安电子科技大学出版社,2014.

[14] 王道平,陈华. 大数据导论[M]. 北京:北京大学出版社,2019.

[15] 蒋加伏,孟爱国. 大学计算机[M]. 北京:北京邮电大学出版社,2018.

[16] 胡文骅,等. 多媒体技术应用基础[M]. 上海:上海交通大学出版社,2018.

[17] 程轶波,程凤龙,雷扬. 多媒体技术与应用[M]. 天津:天津科学技术出版社,2018.

图 6 - 20　非屏蔽双绞线和屏蔽双绞线

图 6 - 21　同轴电缆

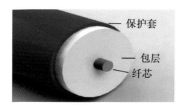

图 6 - 22　光纤

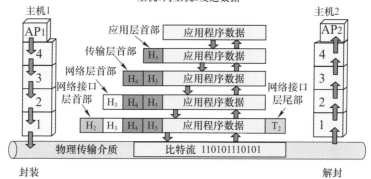

图 6 - 33　TCP/IP 模型通信过程

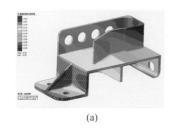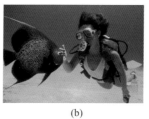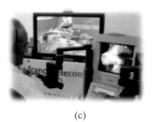

| (a) | (b) | (c) |

图 7 - 3　多媒体典型应用

(a)模拟展示；(b)生物智能模拟；(c)远程手术。

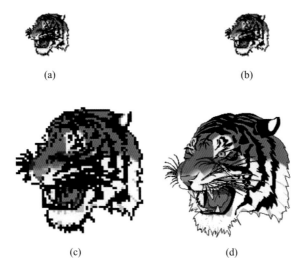

(a)　　　　　　　　　　　　　　(b)

(c)　　　　　　　　　　　　　(d)

图 7-6　图像与图形对比

(a)原图 PNG 格式；(b)原图 SVG 格式；(c)放大 PNG 格式；(d)放大 SVG 格式。

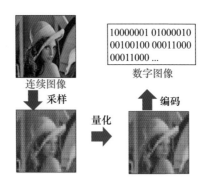

图 7-7　图像数字化过程

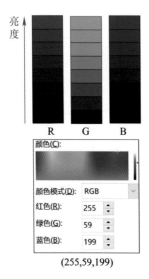

(255,59,199)

图 7-8　RGB 颜色

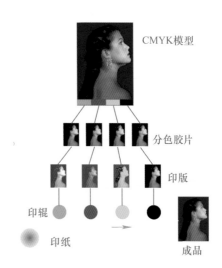

图 7-9　CMYK 全彩印刷

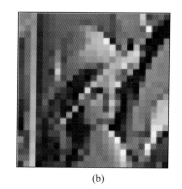

图 7 - 10　不同图像分辨率的清晰度

(a)200×200；(b)25×25。

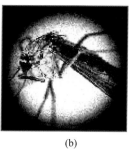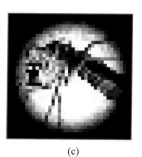

(a)　　　　　　　　　　(b)　　　　　　　　　　(c)

图 7 - 11　不同扫描分辨率的清晰度

(a)300dpi；(b)96dpi；(c)21dpi。

(a)　　　　　　　　　　　　　　　(b)

图 7 - 15　中国共产党第一次全国代表大会会址

(a)RGB 彩色图像；(b)灰度图像。

图 9 - 7　IBM 全球首套可商用量子计算机 IBMQ SystemOne

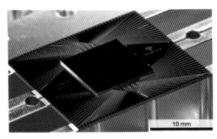 

图 9-8　谷歌推出的 53qbit 超导芯片

图 9-9　IBM 实现的基于超导体系的 QV64 量子芯片和
霍尼韦尔基于离子阱体系的 QV64 设备照片

图 9-10　"九章"量子计算机设备照片

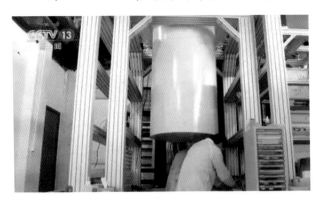

图 9-11　"祖冲之"号量子计算机设备照片